"美丽冰冻圈"融入区域发展的途径与模式

杨建平　陈虹举　贺青山　等　著

科　学　出　版　社

北　京

内 容 简 介

本书系统阐述"美丽冰冻圈"的内涵、"美丽冰冻圈"与区域可持续发展的关系、"美丽冰冻圈"融入区域发展的途径与模式等冰冻圈在美丽中国生态文明建设中的科学研究内容,也是冰冻圈科学有关应用研究的最新成果。本书主要围绕冰冻圈与水、冰冻圈与灾害、冰冻圈与区域经济核心问题,从冰冻圈服务与灾害风险两方面,较翔实地分析"美丽冰冻圈"融入冰冻圈水资源影响区、冰冻圈灾害影响区与冰冻圈旅游经济区的途径与模式。

本书可供对冰冻圈、地理、水文、灾害风险、旅游、人文及社科等相关领域感兴趣的大专学历以上人员、相关科研和教学人员以及政府管理部门有关人员阅读。

审图号:GS 京(2023)2290 号

图书在版编目(CIP)数据

"美丽冰冻圈"融入区域发展的途径与模式/杨建平等著. —北京:科学出版社,2023.10
ISBN 978-7-03-076966-4

Ⅰ.①美⋯ Ⅱ.①杨⋯ Ⅲ.①冰川学-研究 Ⅳ.① P343.6

中国国家版本馆 CIP 数据核字(2022)第 219592 号

责任编辑:周 杰/责任校对:郝甜甜
责任印制:徐晓晨/封面设计:无极书装

科 学 出 版 社 出版
北京东黄城根北街 16 号
邮政编码:100717
http://www.sciencep.com

北京建宏印刷有限公司 印刷
科学出版社发行 各地新华书店经销
*
2023 年 10 月第 一 版 开本:787×1092 1/16
2023 年 10 月第一次印刷 印张:17 1/4
字数:400 000
定价:200.00 元
(如有印装质量问题,我社负责调换)

本书由下列项目资助

· **中国科学院战略性先导科技专项 (A 类)**

　　"美丽冰冻圈"增值增效途径与应用示范（XDA23060700）

　　"冰冻圈融入区域发展的途径与模式"子课题（XDA23060704）

· **甘肃省自然科学基金项目**

　　"疏勒河流域冰川水文调节功能变化及其对绿洲经济影响研究"
（22JR5RA071）

· **中国科学院 青海省人民政府 三江源国家公园联合研究专项**

　　"三江源水源涵养功能维持及水系统安全保护策略"（LHZX-2020-11）

· **甘肃省科技重大专项计划**

　　"冰冻圈快速退化及其对区域可持续发展的影响"（22ZD6FA005）

《"美丽冰冻圈"融入区域发展的途径与模式》
著 者 名 单

杨建平　中国科学院西北生态环境资源研究院

陈虹举　中国科学院西北生态环境资源研究院
　　　　兰州交通大学交通运输学院

贺青山　中国科学院西北生态环境资源研究院
　　　　兰州交通大学艺术设计学院

康韵婕　山西师范大学
　　　　山西省平遥县第四中学

唐　凡　中国科学院西北生态环境资源研究院
　　　　吉首大学旅游学院

王彦霞　中国科学院西北生态环境资源研究院

葛秋伶　中国科学院西北生态环境资源研究院

郭新瑜　中国科学院西北生态环境资源研究院

前　　言

冰冻圈科学是一门新颖的科学。2007 年 7 月，在意大利佩鲁贾（Perugia）举行的国际大地测量学与地球物理学联合会（IUGG）第 24 届全会上，正式成立了国际冰冻圈科学协会（IACS），标志着冰冻圈科学正式诞生。

中国是冰冻圈科学研究的"先行者"，在冰冻圈科学诞生之年，科学技术部应时启动了国家重点基础研究发展计划项目"我国冰冻圈动态过程及其对气候、水文和生态的影响机理与适应对策研究"，在全球率先开展对冰冻圈及其变化的脆弱性与适应领域的探索性研究。之后，围绕中国冰冻圈与水、冰冻圈与灾害、冰冻圈与区域经济三大核心问题，中国冰冻圈科学家陆续深入开展了冰冻圈变化影响、风险、脆弱性与适应研究，基本形成了比较系统的中国冰冻圈变化适应研究体系。2019 年出版的《中国冰冻圈变化的脆弱性与适应研究》是 2007~2019 年之前中国冰冻圈科学适应研究领域的集大成。

2015 年，中国科学家首次提出了冰冻圈服务概念，这使中国冰冻圈科学研究向应用基础研究又迈进了一步。2019 年中国科学院根据"美丽中国"建设需要，启动了战略性先导科技专项"美丽中国生态文明建设科技工程"。冰冻圈作用区曾是中国最大的生态脆弱区与最大的集中连片特困区与国家级贫困县集中分布区，该项目拟通过冰冻圈环境修复，实现生态"变绿"，发挥冰冻圈资源价值，使冰冻圈融入区域社会经济发展，实现社会经济"变富"。该项目的实施使冰冻圈科学研究开始走向应用示范。冰冻圈如何融入区域可持续发展？有哪些途径与模式？将会产生何种影响与社会经济效益？本书就是 2019 年以来针对上述问题研究成果的系统总结。

本书是继《中国冰冻圈变化的脆弱性与适应研究》之后，在冰冻圈应用基础研究领域里的最新科研成果。本书开篇从国际与国内两个视角提纲挈领总结冰冻圈变化的适应研究，既是对《中国冰冻圈变化的脆弱性与适应研究》的承接，又是系统性升华。之后，探究"美丽冰冻圈"的内涵、"美丽冰冻圈"与区域可持续发展的关系、"美丽冰冻圈"融入区域发展的途径与模式理论架构，为后续实证研究的展开奠定方法论基础。基于中国冰冻圈变化影响的显著区域差异性与冰冻圈－社会生态系统核心问题的地区差异性，选取冰冻圈水资源显著影响的西北内陆河流域、冰冻圈灾害影响的青藏高原、冰冻圈旅游经济发展相对较好的大香格里拉地区，实证分析"美丽冰冻圈"融入内陆河流域绿洲经济、高寒畜牧业经济、区域旅游经济的途径与模式，并针对一些特定问题提出相应的对策建议。

本书共 6 章，杨建平执笔第 1 章、第 2 章、第 5 章部分内容及第 6 章；贺青山执笔第 3 章；陈虹举执笔第 4 章；唐凡执笔 5.2 节和 5.5.3 小节；康韵婕执笔 5.3 节和 5.5.1 小节；王彦霞执笔 5.4 节；葛秋伶执笔 5.5.2 小节；郭新瑜执笔第 5 章部分内容。杨建平对本书文字进行了统稿，并汇编了参考文献。

本书在撰写和出版过程中得到"冰冻圈融入区域发展的途径与模式"子课题全体成员的大力支持，科学出版社也给予了全方位技术支持。子课题组成员对本书章节布局、内容取舍、逻辑合理性等方面提出了宝贵修改意见。

作　者

2023 年 5 月

目　录

第1章 绪 论

全球环境变化研究领域正在掀起一场由自然科学为基础，向以自然、人文和社会经济交叉融合为主，服务可持续发展的跨学科集成研究的转变，其标志就是 2012 年 6 月在里约热内卢联合国可持续发展大会（"Rio+20"）上正式启动未来地球（Future Earth）计划。而早在 2007 年，中国科学家在冰冻圈研究中就敏锐洞悉到冰冻圈变化的自然过程会给区域社会经济带来显著影响。如何将冰冻圈变化的自然过程与其对社会可持续发展的影响关联起来开展研究成为值得关注的核心问题。同年，在国家重点基础研究发展计划支持下，冰冻圈科学领域启动的"我国冰冻圈动态过程及其对气候、水文和生态的影响机理与适应对策"项目，在全球率先开展了冰冻圈变化的脆弱性与适应途径的理论探索和实践研究。该项目在探讨冰冻圈自身脆弱性的基础上，通过在典型区域将经济、社会、生态、技术与冰冻圈变化相结合，开展冰冻圈变化的脆弱性与适应研究，探索应对与适应冰冻圈变化影响的对策建议与战略措施（秦大河和丁永建，2009）。之后，2010 年和 2013 年陆续启动了全球变化研究重大科学研究计划项目"北半球冰冻圈变化及其对气候环境的影响与适应对策"（2010～2014 年）与全球变化重大科学研究计划重大科学目标导向项目（即超级 973 项目）"冰冻圈变化及其影响研究"（2013～2017 年），进一步深入研究冰冻圈变化的社会经济影响、风险与适应机制（王宁练等，2015；丁永建和效存德，2013）。上述研究带动了中国冰冻圈变化影响与适应研究的广泛开展（杨建平等，2015，2019；Wang et al.，2015；Xiao et al.，2015；王世金和汪宙峰，2017；Qin et al.，2018；王世金等，2018；Yang et al.，2019；方一平等，2019），并逐渐形成了冰冻圈科学学科体系（Qin et al.，2018；秦大河等，2017a）。

纵观上述研究，研究区域由中国扩展至北半球、全球，研究内容从影响机理与适应逐步发展到影响程度、脆弱性、风险与适应，范围不断扩大，内容逐步深化。概括而言，中国冰冻圈变化适应研究是以冰冻圈变化的自然影响为连接点，以社会经济影响研究为突破，以风险与脆弱性和冰冻圈服务与价值研究为桥梁与纽带，以趋利避害应对和适应冰冻圈变化影响为目的的冰冻圈科学框架下的新兴研究方向，从起步到逐渐发展，冰冻圈变化适应研究已走过十余年，目前冰冻圈变化适应研究已从借鉴、学习摸索阶段发展到自我创新的新进程。本章从冰冻圈变化适应研究的科学内涵与内容切入，通过评述国际冰冻圈变化适应研究现状，阐明当前冰冻圈变化适应研究的国际背景。在此基础上，依据已有的研究成果，从理论探索与实践研究两个层面，系统总结中国冰冻圈变化适应研究过去十余年所取得的进展与成果。

1.1 冰冻圈变化的适应研究

冰冻圈是指地球表层连续分布且具有一定厚度的负温圈层，其组成要素包括冰川（含冰盖）、冻土（包括季节冻土和多年冻土）、积雪、河冰和湖冰、海冰、冰架、冰山和海底多年冻土，以及大气圈对流层和平流层内的冻结状水体（秦大河等，2017a）。国际上有关冰冻圈变化影响与适应的研究尚无相对明确的科学定义、方法体系和相应的研究内容等。然而，冰冻圈作为气候系统的一个重要圈层，气候变化适应的有关概念和理论方法完全可以借鉴（杨建平等，2015）。

　　根据国内外现状，本书将冰冻圈变化的适应研究定义为"针对冰冻圈变化引发的风险与脆弱性、服务能力与价值开展适应理论、方法和应用研究的科学"，是冰冻圈科学学科体系中的重要分支和新兴研究领域。冰冻圈已经或正在发生显著变化，适应是人类应对冰冻圈变化影响的优先选择。在变化—影响—适应这一链条上，不同时空尺度冰冻圈自身变化的过程、机理及其未来演变态势是适应研究的前提与基础，其变化程度、未来走势决定了影响的利弊方向、危险性程度与系统的暴露程度，是适应选择的自然维度。冰冻圈变化产生诸种影响，其中既有正向影响，又有负向影响。正向影响主要是冰冻圈提供的各种惠益，即冰冻圈服务，包括供给服务、调节服务、社会文化服务、承载服务、支持服务（Xiao et al.，2015；效存德等，2019）；负向影响，即冰冻圈灾害，如冰雪崩、雪灾、冰川泥石流、冰湖溃决、热融侵蚀等。不仅负向影响威胁自然与人类系统的可持续发展，而且正向影响亦可能转变成风险，如随着冰冻圈显著萎缩，融水径流减少到一定程度并超过某一阈值，其供给与调节功能减弱甚至消失，将给全球依赖高山冰雪融水供给的干旱地区绿洲社会-生态系统带来巨大风险。冰冻圈变化引发其服务能力的强弱变化与转化、各种影响与冰冻圈灾害事件是社会-生态系统的外部驱动力，而社会-生态系统的暴露度、脆弱性与恢复力为系统内部因素，从社会经济层面决定了风险的程度与适应冰冻圈变化影响的能力，是适应方案与途径选择的社会经济维度。冰冻圈变化—冰冻圈变化的服务与功能/灾害—风险—系统的暴露度、脆弱性与恢复力—适应构成了冰冻圈变化适应的主要研究内容（图1-1）。冰冻圈变化适应研究是当前全球变化研究中自然科学与社会科学交叉融合研究的典型代表。

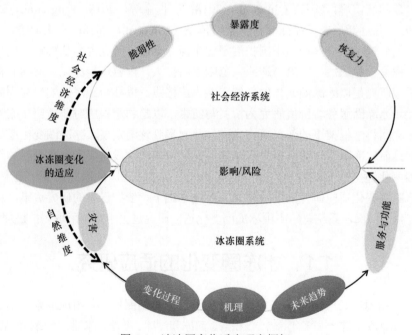

图1-1　冰冻圈变化适应研究框架

1.2　国际上冰冻圈变化的适应研究

国际上，冰冻圈一直是被纳入气候变化框架而进行研究的。1990~2006 年，科学家主要关注冰冻圈在气候系统中的作用，对它的研究主要包含在气候变化与变率研究中，适应方面主要聚焦冰冻圈变化对水资源与海平面变化的影响。2000 年启动的气候与冰冻圈计划（Climate and Cryosphere Project，CliC）就是这一时期的重要标志（CliC，2001）。2007 年政府间气候变化专门委员会（Intergovernmental Panel on Climate Change，IPCC）发布第四次气候变化评估报告（IPCC，2007），首次将冰冻圈从气候变率与变化研究中分离出来独立成一章进行评估，同年国际冰冻圈科学协会成立，成为国际大地测量学与地球物理学联合会新的一级学会，使冰冻圈由三级学科跃升为一级学科（丁永建和效存德，2013）。从此，冰冻圈的学科地位得到显著提升，冰冻圈研究走向了快速发展的轨道，其影响由水资源、海平面变化，延伸到资源开发、航道开通、人居环境、健康、疾病、文化等人文经济领域。目前，冰冻圈研究已形成以自然科学研究为基础，以自然、人文、社会经济等多学科交叉融合的应用基础与应用研究为出口的学科体系化研究，其宗旨是服务社会经济可持续发展，关注点不仅是其对气候系统的作用，更重要的是对人类社会经济可持续发展的现实与潜在影响及其应对、适应与减缓。其中，冰冻圈变化的风险、脆弱性与适应逐渐受到科学家的关注（Carey et al.，2012，2014a；Hill，2013；McDowell et al.，2012；Fang et al.，2016；Andreas et al.，2018；Ding et al.，2019）。

近年来，随着冰冻圈快速变化影响的日益凸显，国际上有关冰冻圈变化的适应研究蓬勃发展，不同国家（如加拿大、秘鲁等）（Hugh and Olav，2012；Huggel et al.，2015）、不同国际组织（如 IPCC，世界银行、北极理事会等）（IPCC，2014；World Bank，2011；AMAP，2011，2017a，2017b，2017c，2017d，2019）从不同视角、不同时空尺度对冰冻圈及其组成要素变化的影响与适应进行了多层面、全方位的研究。纵观这些研究，主要呈现以下特点：①根据资料来源与研究方法，冰冻圈变化适应研究可分为具体研究与评估研究两类。具体研究是针对某一地区某一冰冻圈要素，运用一定研究方法与手段，对其变化影响与适应进行的研究，如阿尔卑斯山地区冰川危险性评价（Huggel et al.，2004；Grover et al.，2015）、安第斯山地区冰川变化的影响与适应研究等（Vergara et al.，2007；Hegglin and Huggel，2008；Carey et al.，2012；Hill，2013）；评估研究则是基于已出版的文献，对冰冻圈变化及其影响与适应进行综合集成性分析，如 IPCC 气候变化评估报告中有关冰冻圈的部分、北极监测与评估计划（Arctic Monitoring and Assessment Programme，AMAP）评估报告（AMAP，2011，2019）等。②研究地区聚焦于阿尔卑斯山、兴都库什–喜马拉雅山、安第斯山、落基山这些全球高山地区与北极及其周边地区（Olefs and Obleitner，2007；Hegglin and Huggel，2008；Carey et al.，2012；He et al.，2012；Bhadwal et al.，2013；McDowell et al.，2012；Haeberli and Whiteman，2014；Streletskiy et al.，2014；Carey et al.，2014b；Huggel et al.，2004，2015；Grover et al.，2015）。③影响方面的研究内容涉及水文、水资源与水安全（Committee on Himalayan Glaciers，Hydrology，Climate Change，and Implications for Water Security，2012；Bhadwal et al.，2013；McDowell et al.，2012；Grover et al.，2015；Haeberli and Whiteman，2014），寒区生态系统与生

态安全（Olav and Richard，2007；Hugh and Olav，2012；IPCC，2014；Haeberli and Whiteman，2014；Streletskiy et al.，2014；AMAP，2011，2017），灌溉农业与食品安全（Immerzeel et al.，2010；Nolin et al.，2010；Bhadwal et al.，2013；Carey et al.，2014），交通、基础设施、矿产资源开发、航道开通（Huggel et al.，2004；Nolin et al.，2010；Hugh and Olav，2012；Whiteman，2014；Haeberli and Streletskiy et al.，2014；AMAP，2011，2017a，2017b，2017c，2017d），生计、健康、文化等（Vergara et al.，2007；Beniston，2012；Paerregaard，2013；Boelens，2014；Allison，2015；Konchar et al.，2015；AMAP，2011，2017，2019）。极端事件引发的冰冻圈灾害风险亦受到日益关注（Carey et al.，2012；Haeberli and Whiteman，2014；Streletskiy et al.，2014；Andreas et al.，2018；Ding et al.，2019）。④适应研究方面：注重从冰冻圈变化影响、灾害风险研究与评估中寻求适应行动的多源信息；根据历史上社会–生态系统对冰冻圈变化影响的一些案例研究，探寻降低冰冻圈变化影响、灾害风险的途径与开展有效适应的行动方案（Haeberli and Whiteman，2014；Grover et al.，2015）。

　　总之，国际上冰冻圈变化适应研究呈多点开花、广泛涉猎之势，已成为全球环境变化研究领域的新热点，其研究从影响、危险性、灾害风险、脆弱性到适应能力、恢复力、适应途径选择等，涵盖了适应研究的诸多方面，但不论是具体研究，还是评估研究，仍比较碎片化，尚未形成一套有机的冰冻圈变化适应理论与应用研究体系。另外，更多关注点在冰冻圈变化的影响方面，且主要从自然层面切入，通过冰冻圈变化的影响与危险性研究为适应行动提供信息，而基于人文视角的研究几乎空白。与此不同，在综合考虑自然与人的因素，探讨冰冻圈变化适应研究方法，建立冰冻圈变化适应研究理论体系并指导理论实践等方面中国科学家已经走在了世界的前列。

1.3　中国冰冻圈变化的适应研究

1.3.1　中国冰冻圈变化适应研究的理论框架与方法体系

　　冰冻圈是地球气候系统的五大圈层之一，因这种隶属关系，国际上冰冻圈变化的适应研究没有独立的理论体系。中国科学家基于对冰冻圈独特结构、过程与特性的认识，并结合其变化影响的特点，借鉴国际气候变化适应研究理论框架，从 2007 年伊始，对冰冻圈变化的适应研究理论与方法进行了长达十余年的探索。这个过程可以分为以下两个阶段。

　　（1）2007～2015 年冰冻圈变化的脆弱性与适应研究阶段。该阶段基于对国际国内气候变化适应研究与冰冻圈变化及其影响研究的认知，在探索冰冻圈及其变化的脆弱性概念基础上（杨建平和张廷军，2010），以影响—脆弱性—适应为主线，详细阐述了冰冻圈变化的社会经济影响研究、脆弱性研究、适应研究内容及其关键科学问题，探讨了冰冻圈变化的脆弱性与适应研究方法，初步建立了中国冰冻圈及其变化的脆弱性与适应研究体系（杨建平等，2015）。

　　（2）2015 年至今冰冻圈变化适应研究阶段。随着冰冻圈变化及其影响研究的深入与认知的进一步提升，2015 年中国科学家率先提出冰冻圈服务概念，并初步探讨了冰冻圈功能与服务的框架与价值评估体系（Xiao et al.，2015）。之后，在国家自然科学基金委员会重大项目"中国冰冻圈服务功能形成过程及其综合区划研究"的资助下，较为系统化地开展中国冰冻圈服务的形成过程、分类体系、评估内容、评估方法等研究（效存德等，2019，2020；Su et al.，2019；应雪等，2019）。

综合上述两个阶段的研究，构建了中国冰冻圈变化的适应研究理论与方法体系（图 1-2），其以冰冻圈变化的影响为起点，根据冰冻圈与人类圈的关系，冰冻圈变化对人类社会的影响可以分为致利和致害两类，致利影响就是冰冻圈可为人类社会带来众多惠益，即冰冻圈服务，包括供给服务、调节服务、文化服务、承载服务、支持服务五大类型十七个亚类（图 1-2）；致害影响是冰冻圈给人类社会带来的负面影响，即冰冻圈灾害。我国冰冻圈的主体为冰川、冻土与积雪，故冰冻圈灾害亦主要为冰川灾害、冻土灾害与积雪灾害三大类型若干亚类（图 1-2）。冰冻圈灾害事件增加与冰冻圈服务能力下降将给社会-生态系统带来多重危险性，而社会-生态系统因其暴露于冰冻圈变化不利影响之下以及自身脆弱性，将可能发生水资源短缺风险、灾害风险、农业与生态系统风险、气候风险、工程风险、传统文化与宗教风险、健康风险等诸多极端灾害风险与渐进风险，社会-生态系统需要从学习能力、反应能力、监测能力与预见能力四方面，构建坚韧的恢复力，从文化、行为、信息、基础设施、技术、经济、观测系统、政策、管理、制度等方面全面适应冰冻圈变化的影响（图 1-2）。可见，中国冰冻圈变化的适应研究理论与方法体系是由冰冻圈变化的影响（冰冻圈服务和冰冻圈灾害）-暴露度与脆弱性-风险-恢复力-适应构成的链条式闭环系统（图 1-2）。

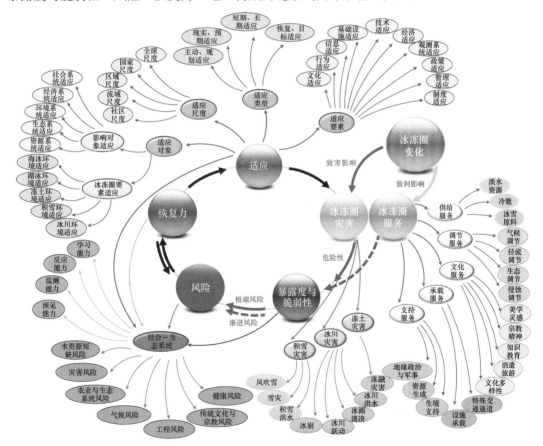

图 1-2 中国冰冻圈变化的适应研究理论与方法体系

1.3.2 中国冰冻圈变化的影响、脆弱性与适应研究

1. 冰冻圈变化的社会经济影响研究

1)冰冻圈服务研究

冰冻圈服务是指人类从冰冻圈直接或间接获得的各种惠益，关系到人类福祉的众多方面（Xiao et al.，2015），是在冰冻圈功能的基础上，满足人类物质或精神需要并为人类福祉做出的各种贡献，侧重于冰冻圈影响的致利方面（效存德等，2019）。中国冰冻圈服务具有显著的地域性，不同地区冰冻圈主要问题不同，其对社会经济的服务方式和程度亦迥异（杨建平等，2004；Fang et al.，2011）。随着气候持续变暖，冰冻圈萎缩，冰量减少，中国冰冻圈的服务能力总体呈下降态势（效存德等，2019，2020）。

冰冻圈水资源的供给和调节服务是冰冻圈众多服务功能之一。西北干旱区内陆河流域呈现高山冰冻圈–山前绿洲–下游尾间湖复合系统，冰冻圈水资源服务是流域水资源供给的主要来源。自20世纪60年代以来，中国冰川融水径流量逐步增加，2001～2006年平均融水径流量达到7.95×10¹⁰m³，高出多年平均26.2%（陈仁升等，2019），水资源供给功能呈增强趋势。然而，模拟预估研究显示，西部多数流域的冰川融水径流量在2020～2030年出现峰值，之后呈现明显减少趋势，致使冰川的补给与调节功能减弱或消失（陈仁升等，2019）。对河西走廊的石羊河、黑河与疏勒河流域冰川变化对流域绿洲农业的影响研究显示，冰川服务能力的减弱对水资源相对充足的疏勒河流域的影响在近中期（2010～2050年）并不显著，而对于水资源相对缺乏的石羊河和黑河流域，冰川补给与调节功能减弱将显著影响流域农业生产与生态修复（丁永建等，2019）。

近几十年中国冰冻圈的生境支持与生态调节功能亦在减弱或下降。在中国冰冻圈的核心区——青藏高原，多年冻土退化主要通过活动层水热状况变化，使高寒植被生境改变，引起草场退化、植被覆盖度下降、产草量减少、草地承载力下降等，从而影响畜牧业经济（杨建平等，2004；Fang et al.，2011）。长江黄河源区和青藏高原多年冻土变化对高寒草地承载力的影响研究表明，1980～2013年，因气候变暖，多年冻土退化，活动层厚度增加，长江黄河源区草地承载力下降了4.4%，而青藏高原则下降了10.9%。

2)冰冻圈灾害风险研究

冰冻圈灾害是自然灾害的一部分，是冰冻圈环境变化过程中，对人类生命安全、财产、资源和社会构成危害的事件或现象（丁永建等，2019）。受全球气候变暖影响，中国冰冻圈已经变暖并持续呈变暖趋势，致使冰冻圈不稳定性增加，冰川跃动、冰湖扩张、冻融灾害频发（Ding et al.，2019；邬光剑等，2012）。冰冻圈灾害已进入频发期，给区域社会经济带来巨大风险。

基于国际灾害风险研究新理念，中国科学家建立了由冰冻圈致灾事件危险性、承灾体暴露度与脆弱性，以及承灾区适应能力构成的冰冻圈灾害综合风险评估概念模型，分别对青藏高原冰湖溃决灾害与雪灾风险进行了综合评价。中国喜马拉雅山区和念青唐古拉山中东段为冰湖溃决灾害极高和高风险区，潜在危险性冰湖较多是该区风险高与极高的关键成

灾因子（Wang et al.，2015；王世金和汪宙峰，2017）。青藏高原雪灾高风险区呈东北西南走向分布于青海青南高原、甘肃甘南藏族自治州（简称甘南州）、四川甘孜藏族自治州（简称甘孜州）西北部，西藏索县、那曲、日喀则等地区，尤其是长江、黄河和澜沧江源区是雪灾高风险集中分布区。降雪量较大、持续时间较长与牲畜超载是导致雪灾高风险的关键因素（丁永建等，2019）。雪灾对区域社会经济影响显著，研究表明，在江河源区，随雪灾发生强度增加，牛羊肉产量呈明显下降趋势，雪灾强度每增加 1 个单位，将导致牛羊肉产量降低 0.213 个单位（Fang et al.，2016）。

2. 冰冻圈变化的脆弱性研究

冰冻圈变化的脆弱性是指系统对冰冻圈变化影响的脆弱性，是系统易受冰冻圈变化带来的不利影响的程度，这种脆弱性是系统对冰冻圈变化影响的暴露度、敏感性及其适应能力的函数（杨建平与张廷军，2010），系统包括自然系统、社会系统与自然–社会耦合系统。中国冰冻圈变化的脆弱性研究有两种形式：一是区域尺度的宏观综合评价；二是典型案例研究。前者是在划定中国冰冻圈作用区的基础上，从宏观视角评价冰冻圈变化的脆弱性；后者是基于中国冰冻圈变化影响的区域差异性，选取具有一定代表性的典型区开展细化研究。两者研究的着眼视角不同，尺度不同，研究目的有差异。

1）中国冰冻圈变化的脆弱性宏观评价研究

中国冰冻圈作用区介于 22.27°N～54.06°N，68.18°E～136.43°E，面积 $7.49×10^6$km^2，占国土面积的 78.1%，涵盖 1173 个县（丁永建等，2019）。1981～2000 年冰冻圈变化导致的中国冰冻圈作用区内的脆弱性以轻度脆弱为主，只有喜马拉雅山地区呈高度与极高度脆弱。在 IPCC SRES A1、A1B 和 B1 情景下，未来到 21 世纪中叶，中国冰冻圈作用区的脆弱性呈降低趋势，只有西藏大部地区为中度及其以上脆弱程度（He et al.，2012；丁永建等，2019）。

2）典型案例区冰冻圈变化的脆弱性研究

截至目前，在中国已经开展了针对西北干旱内陆河流域冰冻圈水资源变化的脆弱性、长江黄河源区冻土变化的脆弱性、喜马拉雅山地区冰冻圈综合变化的脆弱性等典型地区的案例研究。由于篇幅所限，书中不一一赘述每个案例区的脆弱性研究结果，而是综合评估河西内陆河流域、横断山地区与喜马拉雅山地区冰冻圈变化的脆弱性程度。为消除地区差异对评估结果的影响，采取无量纲的比例法统计各地区脆弱性不同级别的占比，以方便各地区之间进行比较。图 1-3 显示，极强度、强度与中度脆弱类型，均是横断山地区比例最高，分别为 11.2%、27.9% 和 28.1%，其次为河西内陆河流域，分别为 9.5%、19.1% 和 19.1%，喜马拉雅山地区比例最小，分别为 6.8%、15.9% 和 25.0%；轻度、微度脆弱性合计比例，河西内陆河流域最高，为 52.4%，其次为喜马拉雅山地区，为 52.3%，横断山地区最低，为 32.8%。可见，中国冰冻圈变化的脆弱性程度各地区差异显著。三个评估案例区中，横断山地区冰冻圈变化的脆弱性程度最高，其次为河西内陆河流域，喜马拉雅山地区位列第三。

脆弱性是系统暴露度、敏感性与适应能力综合作用的结果，脆弱性与暴露度、敏感性正相关，与适应能力反相关。在中国西部，各地区社会–生态系统对冰冻圈变化的脆弱性差异显著，这主要是地区所处位置、冰冻圈发育及其变化情况、各地区社会经济发展水平所决定的暴露度、敏感性与适应能力的异同所致。

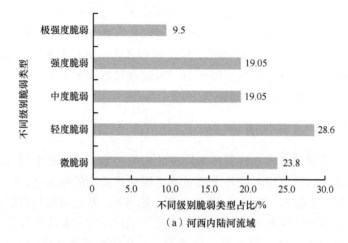

（a）河西内陆河流域

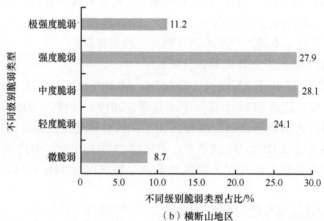

（b）横断山地区

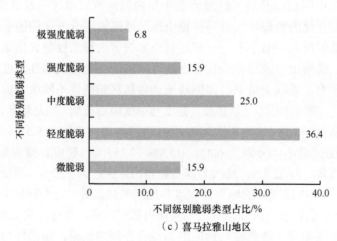

（c）喜马拉雅山地区

图 1-3　典型案例区冰冻圈变化的脆弱性

3. 冰冻圈变化的适应性研究

中国冰冻圈变化的适应性研究主要呈现四种形式：①基于脆弱性或灾害风险评估、评价结果，提出针对具体问题的适应对策措施；②基于社会调查的适应措施及其效果评估；③对提出的一些具体措施进行定量评估，分析其实施效果；④在前三种形式的基础上，从区域或国家尺度提出较宏观的适应战略或对策建议。

1）基于脆弱性或灾害风险评估的适应对策研究

在中国西北干旱区的内陆河流域，水是绿洲系统社会经济可持续发展的核心，针对冰冻圈变化对水资源的影响，基于脆弱性评价结果，我们提出了划定绿洲面积红线、控制人口规模、实施高效节水、调整产业结构四项适应措施。目前，在干旱内陆河流域绿洲地区，调整产业结构实质上主要是调整农业种植结构。因为在产业中，农业占比达到80%以上。可以说，近60年来，干旱区绿洲农业整体上仍处在以种植业为主导的初级水平。因此，调整农业主导绿洲经济的传统方式是适应冰冻圈水资源变化的根本途径。具体地，流域上游应提高冰川服务功能的开发与利用，绿洲区提升生态服务功能，在生态功能–价值链上重新审视绿洲发展。

在青藏高原地区，冰冻圈灾害是区域社会经济发展的瓶颈，冰湖数量增加、面积扩大是导致冰湖溃决灾害的主要因素，工程措施是目前主要的应对措施，如冰湖坝体工程措施。雪灾既是冰冻圈灾害，又是一种天气气象灾害，发生频率高，范围较广，区域社会经济系统应下内功，落实国家草畜平衡战略，一方面改良草地，加强人工草地建设；另一方面，以草定畜，要严控冬、春季牲畜超载。

2）基于社会调查的适应措施研究

在西北干旱区的石羊河、黑河、疏勒河与阿克苏河流域，我们开展了针对已实施适应措施的社会调查，发现四大河流域适应措施存在一定差异性。在石羊河、黑河与疏勒河流域，种植业结构调整和节水措施实施效果好，老百姓接受程度高（杨圆等，2015）；在阿克苏河流域，修建水库提高用水保证率、推广节水技术、增加开采地下水和工业使用先进技术减少水需求四项措施实施效果好；水票制位居疏勒河流域各项实施措施之首，反映了它在疏勒河流域上、中、下游一体化管理的效果（杨圆等，2015）（表1-1）。

表 1-1　西北干旱典型内陆河流域实施效果较好的适应冰冻圈水资源变化的措施

	石羊河	黑河	疏勒河	阿克苏河
措施	（1）发展设施农业 （2）种植业结构调整 （3）推广节水技术 （4）节水宣传	（1）种植业结构调整 （2）节水宣传 （3）推广节水技术 （4）退耕还林还草	（1）水票制 （2）发展设施农业 （3）节水宣传 （4）种植业结构调整	（1）修建水库，提高用水保证率 （2）推广节水技术 （3）增加开采地下水 （4）工业使用先进技术，减少水需求

3）适应措施定量评估研究

①种植业结构调整。种植业结构调整是中国适应水资源短缺的一项重要措施，在西北干旱区内陆河流域尤其如此。利用多元线性规划方法，对河西走廊疏勒河流域双塔灌区现

有农作物种植结构进行优化，调整后农作物种植面积略小于2010年的种植面积，但农作物总产值显著增长，是2010年的1.18倍（李曼等，2015）。在水资源有限的情况下，用最优化方法调整种植结构才能实现社会、经济、生态效益最大化。②节水技术。节水技术亦是重要的水资源适应措施之一，分为常规节水与高效节水技术。常规节水技术就是传统的大地块改小地块和平整田地，高效节水技术就是使用灌溉设施进行农田灌溉，包括喷灌、滴灌、管灌、微灌等。在河西走廊的石羊河、黑河和疏勒河流域，高效节水技术可大幅提高节水效果，约节水50%（李曼等，2015）。越是水资源短缺流域，节水的效果越好。③人工草地与牲畜暖棚建设措施。冬春季饲草的保障水平、牲畜的御寒条件直接影响青藏高原雪灾的损失程度，换言之，人工草地与牲畜暖棚建设强度的干预可以有效降低雪灾造成的损失。人工草地建设对雪灾造成的损失具有明显的缓冲作用，干预强度越高，对减少损失的作用也相应越大，而且在雪灾强度变化的初始阶段，人工草地干预效果比较明显。

牲畜暖棚建设对降低因灾致损的作用极其显著，干预强度越高，对减少因灾损失的作用也越大。与人工草地建设的干预效果相类似，牲畜暖棚建设在雪灾强度变化的初始阶段，干预效果更为明显，但与人工草地建设相比，牲畜暖棚建设的干预效果更加显著，指示着牲畜暖棚建设在青藏高原地区适应雪灾中的优先性和重要性。

4）中国冰冻圈变化的适应战略与措施体系研究

在前述基于脆弱性或灾害风险评估的适应对策研究、基于社会调查的适应措施研究与适应措施定量评估研究的基础上，结合国家需求与中国冰冻圈变化及其影响研究的未来发展趋势，丁永建等（2019）提出中远期尺度中国适应冰冻圈变化的战略措施（图1-4）：

（1）实施地–空–天三位一体模式精准监测冰冻圈变化，建立冰冻圈资源定期调查机制，实施冰冻圈变化专项研究计划群，广泛开展国际合作交流，加强、深化冰冻圈科学研究，定期发布冰冻圈变化评估报告；

（2）建立冰冻圈变化预警、预报与应急方案，完善国家预警机制与应急管理体系；

（3）加大冰冻圈相关装备研发技术力度，开发新型冰冻圈相关装备，服务冰冻圈资源开发利用。

除上述中远期适应战略措施之外，在当前和近期，中国应建立国家、地方、个体/家庭三级层面上下联动的适应机制，从结构性、社会性与制度性三方面综合应对冰冻圈变化引发的水、生态、灾害问题（图1-4和表1-2）。

结构性方案突出强调了适应策略与措施的具体性，其结果和目标具有清晰明确的时间、空间和范畴，综合考虑中国冰冻圈变化的水、生态与灾害问题，国家层面的结构性方案主要包括跨流域调水、增加山区水库建设、增加废污水处理厂建设、推广节水技术、加强草地建设、提高寒区基础设施设计标准、国际贸易与援助。在地方层面，针对冰冻圈变化影响的区域特点，结构性措施主要包括增加居民区或居民点防洪堤坝、强化牲畜暖棚建设广度、调整和优化产业结构、培育抗旱作物品种与优良畜种、水票制。个体/家庭层面主要为共享长期积累的地方传统知识（图1-4和表1-2）。

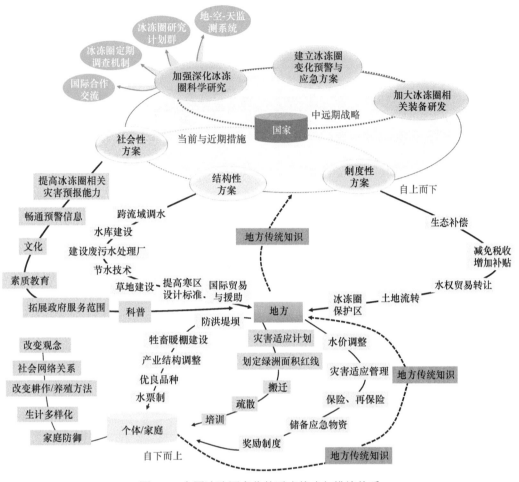

图 1-4 中国冰冻圈变化的适应战略与措施体系

社会性方案包括教育、信息和行为等多种措施，其目的是降低国家劣势群体的脆弱性和社会不平等现象。在国家层面，迫切需要加强冰冻圈变化监测，提高预警、预报能力；实施冰冻圈科学知识教育和科普；深化冰冻圈变化的风险、脆弱性与适应研究，为决策者和公众及时提供有效信息。在地方层面，制订基于社区的冰冻圈变化适应计划；畅通信息传达与交流渠道；制订疏散计划等。在个体/家庭层面，改变传统观念、改变耕作/养殖方法、制定家庭防御计划、生计多样化、建立良好的可依赖的社会关系、共享传统地方知识，可使应对与适应更加有效（图 1-4 和表 1-2）。

制度性方案主要用于规范、促进适应措施的实施，主要包括经济、法律法规和政策措施。这些措施主要由国家或各级政府制定，各部门联合实施（图 1-4 和表 1-2）。

表 1-2   当前与近期中国冰冻圈变化适应措施清单

类型	国家	地方	个体/家庭
结构性方案	跨流域调水	增加居民区或居民点防洪堤坝	共享长期积累的传统地方知识
	增加山区水库建设	强化牲畜暖棚建设广度	
	增加废污水处理厂建设	调整产业结构，优化产业结构	
	推广节水技术	培育抗旱作物品种与优良畜种	
	加快草地建设	水票制	
	提高寒区基础设施设计标准		
	国际贸易与援助		
社会性方案	提高冰冻圈相关灾害预报能力	灾害适应计划	改变传统观念
	畅通预警与应急信息	划定绿洲面积红线	建立良好的可依赖的社会关系
	文化	撤退与搬迁	改变耕作/养殖方法
	冰冻圈科学知识融入教育	疏散	生计多样化
	拓展政府服务范围	培训	制订家庭防御计划
	科普		共享传统地方知识
制度性方案	生态补偿	水价调整	共享传统地方知识
	减免税收和增加补贴	灾害适应管理	
	水权贸易与转让制度	保险、再保险、风险分担	
	土地流转	储备应急物资	
	冰冻圈保护区	奖励制度	

1.4 本章小结

冰冻圈变化适应研究犹如星星之火，正在全球变化研究中兴起，其科学理念与未来地球计划高度契合。同时，冰冻圈适应又位居冰冻圈科学体系[冰冻圈科学树（Qin et al.，2018）]"金字塔塔尖"，是冰冻圈自然过程融通可持续发展的最后一环，直接与人类圈连接。其最终目标是在冰冻圈与人类圈相互作用中寻找社会经济可持续发展的解决方案，涉及人类社会的诸多方面，加之冰冻圈不同要素影响的时空尺度差异较大，影响的程度不同，与人文关联的紧密关系存在差异，对社会经济影响有利、有弊，且利弊共存、可变，这些都给冰冻圈适应研究带来巨大挑战。

中国冰冻圈变化适应研究自 2007 年起步始，经过十余年两个阶段的探索研究，在理论体系方面，建立了由冰冻圈变化影响（冰冻圈服务和冰冻圈灾害）—风险—恢复力—适应构成的中国冰冻圈变化适应研究理论与方法体系；在实践研究方面，与时俱进，从冰冻圈变化的气候、水文和生态社会经济影响研究，进一步深入细化成致利——冰冻圈服务与致害——冰冻圈灾害研究，既深化了对冰冻圈自然属性的认知，又拓展、提升了对其社会功能的认识。同时，从冰冻圈与人类圈两大系统交互作用视角，主要以案例形式，开展冰冻圈灾害风险研究、社会–生态系统对冰冻圈变化的脆弱性、恢复力与适应研究，系统揭示冰冻圈变化影响下不同地区冰冻圈灾害风险的级别与可能损失、社会–生态系统的脆弱性程度与适应选择。

尽管中国冰冻圈变化适应研究已成有机体系，但在理论研究方面，尚需进一步充实与完善，尤其是需要探讨将冰冻圈与人类圈相耦合的灾害风险、脆弱性与适应定量评估方法；在实践应用研究方面，要突破传统，提高认识，既加强案例细化研究，又要拓展尺度，深入宏观研究，满足国家适应冰冻圈变化及其影响的战略需求，满足地方或企业应对冰冻圈变化影响的战术需求，满足家庭与个体对冰冻圈变化及其影响的科普需要。

第 2 章 "美丽冰冻圈"融入区域发展的途径与模式理论架构

建设美丽中国是党的十八大报告首次提出的重大战略思想和全新执政理念，作为生态文明建设的宏伟目标与实现中华民族永续发展的战略构想，美丽中国是绿水青山向金山银山实现价值转变的途径和载体，是生态文明的关键环节，是实现"五位一体"的最高重要举措，是生态–经济–社会–人口和谐相处的基本路径，是生态环境治理的最高目标。党的十九大报告进一步明确了美丽中国建设的阶段性目标：到 2035 年，生态环境根本好转，美丽中国目标基本实现；到本世纪中叶，物质文明、政治文明、精神文明、社会文明、生态文明得到全面提升。

生态脆弱区是指两种不同类型的生态系统的交界过渡区域，中国是世界上生态脆弱区分布面积最大、脆弱生态类型最多、生态脆弱性表现最明显的国家之一，生态脆弱区占中国陆地面积的 70% 以上。冰冻圈是地球表层具有一定厚度且连续分布的负温圈层（秦大河等，2018），是很脆弱的生态环境要素（IPCC，2007），中国冰冻圈的主体是冰川、冻土和积雪，冰冻圈作用区面积占中国陆地面积的 78.1%（丁永建等，2019），囊括了中国 5/8 的生态脆弱类型，生态脆弱区再叠加自身脆弱的冰冻圈，增加了脆弱生态环境问题的多样性与治理的复杂性。冰冻圈亦是一类特殊的自然资源，中国冰冻圈资源丰富，但长期以来对其认识局限于水资源方面，对其经济资源（能源、旅游等）、生态资源（水源涵养、碳氮储存等）、文化资源（宗教、探险、体育等）的认识与关注不足，开发利用程度低。2016 年 3 月 7 日习近平总书记在全国两会参加黑龙江省代表团审议时指出，"绿水青山是金山银山，冰天雪地也是金山银山"。同年，《冰雪运动发展规划（2016—2025）》颁布，将以 2022 年北京-张家口冬奥会为契机，大力发展冰雪产业，使之成为经济增长的新引擎。

作为自然环境的重要组成部分与独特的自然资源，冰冻圈对人类社会经济发展影响深远，其变化与影响，尤其是对区域社会经济可持续发展的影响越来越受到高度关注（Hill，2013；McDowell et al.，2013；Haeberli and Whiteman，2014；Fang et al.，2016；Andreas et al.，2018；Ding et al.，2019）。近年来，随着全球气候持续变暖，冰冻圈不稳定性增加（Ding et al.，2019），冰冻圈灾害风险研究亦受到日益关注（Haeberli and Whiteman，2014；Andreas et al.，2018；Ding et al.，2019，2021）。此外，从功能与服务视角，研究冰冻圈的功能变化及其服务价值亦成为当前冰冻圈领域的新的研究内容（效存德等，2016，2019；Su et al.，2019；Immerzeel et al.，2020）。

冰冻圈变化具有牵一发而动全身的自然与社会经济效应。在气候持续变暖，冰冻圈不断萎缩但灾害增加趋势下；在全球环境持续变化，中国正在加快形成以国内大循环为主体、国内国际双循环相互促进的新发展格局之际，如何防范与应对冰冻圈灾害风险，将冰冻圈资源优势转变成经济效益？如何提升、优化冰冻圈作用区与影响区的现有发展模式？如何针对不同冰冻圈要素，探寻、发展崭新的转变途径与模式，促进区域社会经济高质量发展，成为当下乃至未来一段时间迫切需要解决的重要问题。因此，本章从剖析"美丽冰冻圈"内涵切入，从冰冻圈变化对人类社会致利与致灾影响两条线，阐述了冰冻圈与区域可持续发展的逻辑关系。在此基础上，根据中国冰冻圈变化影响的区域差异性，选取祁连山–河西地区、青藏高原三江源地区、大香格里拉地区，分别代表冰冻圈水资源影响区、冰冻圈灾害影响区、冰冻圈旅游经济区，从冰冻圈水资源、冰冻圈灾害风险、冰冻圈旅游三方面，解析"美丽冰冻圈"融入不同影响地区发展的途径与模式，为以"寒""旱"为特征的经济欠发达地区，因地制宜开发利用冰冻圈资源，促进区域社会经济绿色发展提供参考。

2.1 "美丽冰冻圈"的内涵

水体处于冻结状态是冰冻圈区别于其他环境要素的主要特性（秦大河等，2018），也因此使冰冻圈成为地球自然生态系统中的独特成员，其"美丽"有两重属性。其一，作为一种自然系统，冰冻圈具有自然美，广袤的冰盖和冰原、瑰丽迷人的山地冰川、星罗棋布形状各异的多年冻土地貌、一望无际的高寒苔原和草甸、皑皑高山雪峰等形成了丰富多样的自然景观之美；其二，作为一种独特资源，冰冻圈具有社会、经济服务之美。冰冻圈自身环境特性、独特的结构和过程使其具有供给功能、调节功能、文化功能、承载功能和支持功能（效存德等，2019），从而可为人类系统提供多种服务惠益。冰冻圈服务是指人类社会从冰冻圈获取的各种惠益，包括直接或间接从冰冻圈系统获得的资源、产品、福利和享受等（效存德等，2016，2019），包括供给服务、调节服务、文化服务、承载服务与支持服务（图 2-1），这些服务支撑了以人为核心的社会经济系统的发展，并形成了与低纬度、低海拔地区迥异的高纬与高山地区独特的社会–冰冻圈系统（寒区的社会生态系统）发展模式。

现代人–地系统具有复杂性、地域性和动态性特征，人–地交互作用过程、格局及其综合效应正在发生深刻变化。在冰冻圈与人类圈构成的这一特殊人–地关系地域系统中，冰冻圈受全球气候变暖影响而加速退缩，其"颜值"（自然景观美）在萎缩"衰老"，一些功能和服务已呈减弱迹象，并可能继续加剧，出现功能衰退和丧失（效存德等，2019）。与此同时，冰冻圈极端灾害事件却呈增加趋势（Ding et al.，2021）。这两方面作用可能使人类社会经济系统，尤其是受冰冻圈变化显著影响地区的社会经济系统面临多重危机与灾害风险，如水危机、生境危机、文化危机、冰雪崩风险、冰湖溃决风险、冻融灾害风险等。冰冻圈不仅拥有自然景观之美，为人类社会提供各种服务之美，但亦存在灾害风险的一面，避害趋利，化害为利，人类唯有减缓与适应冰冻圈变化的影响，与冰冻圈保持和谐，社会经济系统方可在一定时间内持续获取冰冻圈服务（图 2-1）。可见，"美丽冰冻圈"是"自然之美、服务之美、和谐之美的综合体、利与害的辩证统一体"。

综合上述分析，可见"美丽冰冻圈"是在特定时期、特定地域内，遵循冰冻圈自然变化规律、冰冻圈资源永续利用规律和冰冻圈保护规律，防范冰冻圈灾害风险，合理开发利用冰冻圈资源，服务区域社会经济建设，形成冰冻圈环境优美、冰冻圈文化传承、人与冰冻圈和谐、区域社会稳定及经济富裕的可持续发展格局。"美丽冰冻圈"概念源于美丽中国，是美丽中国概念在特殊自然环境要素——冰冻圈的延伸与应用。美丽中国，顾名思义为中国美丽，是一个国家/区域整体美丽，是生态、经济、社会、政治、文化和谐发展。"美丽冰冻圈"为一种自然要素美丽，既然是一种自然环境要素，其变化就必然存在利与害两方面的影响，利用有利的一面，防范并化害为利，冰冻圈才更美丽，故冰冻圈美丽是利与害的辩证统一。另外，从社会经济属性上，"美丽冰冻圈"与特定区域美丽密不可分，是自然环境要素与特定区域美丽的综合体，是生态、经济、社会、文化和谐发展。它既是美丽中国的一部分，又具有自身独特的"美丽"内容，可以说"美丽冰冻圈"在一定程度上丰富了美丽中国概念的内涵。

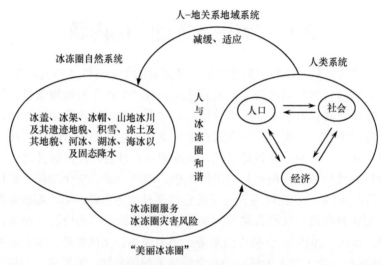

图 2-1 "美丽冰冻圈"内涵示意图

2.2 "美丽冰冻圈"与区域可持续发展的关系

鉴于冰冻圈的自然、社会经济双重属性，冰冻圈与区域可持续发展的关系可以从自然属性层面与社会经济层面两条线梳理。就自然属性而言，作为地球气候系统五大圈层之一的冰冻圈，其通过与大气圈、水圈、岩石圈和生物圈相互作用，影响全球能量平衡、水量平衡、碳氮平衡、水盐平衡、热盐平衡等，并通过能水、热盐和生物地球化学的改变，影响天气/气候、水循环和水资源、陆地和海洋生态系统、地表环境与灾害，进而影响人类社会经济可持续发展（Vaughan et al.，2013；Field et al.，2014；AMAP，2017；Richter-Menge et al.，2017；Qin et al.，2018；Boy et al.，2019）（图 2-2）。在社会经济层面，冰冻圈又具有两面性，一方面冰冻圈是区域社会经济发展不可或缺的重要资源，通过其在气候、水资源、生态、工程、旅游和休闲、探险和体育、特色人文等领域的利用，为人类社会产生可观的服务价值（效存德等，2016，2019；Su et al.，2019）。另一方面，处于变化中的冰冻圈也给人类社会带来灾害与风险，即冰冻圈灾害，根据冰冻圈的组成要素，冰冻圈灾害可以划分为冰川灾害、冻土灾害、积雪灾害、海冰灾害、河湖冰灾害等。这些灾害不仅影响寒区基础设施、农牧业、交通运输、冰雪旅游发展，而且增加、危及受影响地区人居生命财产安全与风险，乃至国家安全。随着全球持续变暖与冰冻圈加速退缩，一些冰冻圈功能逐渐衰退与丧失（效存德等，2019），冰冻圈对社会经济发展的惠益作用面临严重危机。同时，冰冻圈极端灾害事件呈加剧态势（Ding et al.，2021；王世金和效存德，2019），其致害效应日渐凸显。未来随着冰冻圈继续快速萎缩，冰冻圈变化的"红利"（惠益效应）或将快速减小，而灾害影响将可能进一步增加与扩大，冰冻圈变化及其影响对区域社会经济发展的惠及与制约作用需引起高度关注。

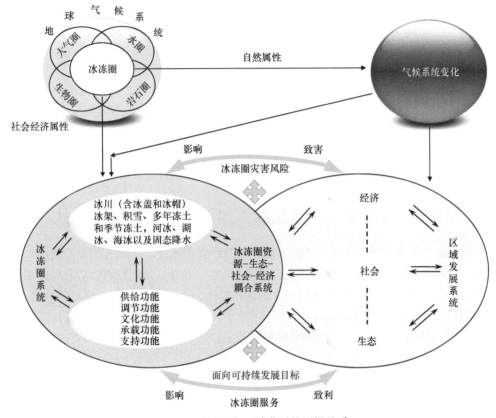

图 2-2　冰冻圈与区域发展的逻辑关系

可持续发展是实现人口、资源、环境、经济相协调的一种社会结构范式。作为一种全新的发展战略和发展观，自 1987 年世界环境与发展委员会（World Commission on Environment and Development，WECD）在其报告《我们共同的未来》中提出其概念以来，可持续发展就成为人类一种理想的发展模式和一种普遍的政策目标（徐中民和程国栋，2001），也是中国实现"两个一百年"奋斗目标，乃至中华民族永续发展的基石。中国是中低纬度地区冰冻圈最发育的国家，为促进美丽中国建设，实现生态文明，应将冰冻圈资源优势转变为价值优势，服务社会经济高质量发展需要，因而"美丽冰冻圈"、区域社会经济发展、民生福祉构成冰冻圈–区域社会经济复合命运共同体。在"美丽冰冻圈"–生态文明–区域可持续发展这一关系链条上，"美丽冰冻圈"形象地体现区域可持续发展的目标和冰冻圈增值增效途径的现实需求，是区域生态文明建设的具体化目标。从内在逻辑来看，由冰冻圈服务与灾害风险组成的"美丽冰冻圈"系统和由社会、经济和生态组成的区域社会经济系统相互作用，形成了冰冻圈资源–生态–社会–经济耦合系统（图2-2）。两大系统内部的各要素相互影响，相互作用；同时，两大系统之间存在着复杂的反馈关系，冰冻圈系统是建设"美丽冰冻圈"之美丽区域的物质基础之一，支撑与约束着区域社会经济系统的发展，而区域社会经济系统又影响着"美丽冰冻圈"，加速或减缓冰冻圈系统的变化。

2.3 "美丽冰冻圈"融入典型地区发展的路径与模式

中国冰冻圈的主体是冰川、冻土（包括多年冻土和季节冻土）和积雪，主要分布于西部高山、青藏高原、新疆北部、内蒙古与东北地区，其存在形式、分布范围与变化影响均具有显著差异性。故此，本书从北向南依次选取祁连山–河西地区、青藏高原三江源（长江、黄河和澜沧江）地区和横断山大香格里拉地区作为案例研究区，其分别代表冰冻圈水资源影响区、冰冻圈灾害影响区与冰冻圈旅游经济区，主要从冰雪水资源利用、雪灾害与高寒畜牧业、冰雪旅游与地区经济三方面，解析冰冻圈融入区域发展的不同途径与模式。

2.3.1 祁连山–河西地区冰冻圈融入绿洲经济的途径与模式

祁连山位于青藏高原东北缘，地处甘肃、青海两省交界处，东起乌鞘岭的松山，西到当金山口，北临河西走廊，南靠柴达木盆地，海拔4000～6000m，发育现代冰川2683条（丁永建等，2019），是河西三大内陆河流域（自东向西依次为石羊河、黑河和疏勒河）的发源地。作为"固体水库"，祁连山冰冻圈是河西地区的"水塔"，是绿洲农业经济系统与干旱荒漠生态系统维持与发展的"生命线"。河西内陆地区位于中国西北干旱区东部（37°17′N～42°48′N，93°23′E～104°12′E），面积2.71×10⁵km²，是经济相对发达、人口密集的绿洲分布区和古丝绸之路的主要通道。该地区远离海洋，深居欧亚大陆腹地，降水量介于40～400mm，年蒸发量却高达1500～3000mm（林纾等，2014），降水基本不产生径流，水资源供给主要依赖山区来水。

随着西部大开发战略持续实施、"一带一路"建设逐步加快、生态文明与美丽中国建设全面展开，作为西北地区的重要生态屏障与甘肃省重要经济走廊，祁连山–河西地区对水资源的需求增加，尤其凸显出对冰冻圈水资源利用的依赖性与重要性。就水量而言，在河西三大河流域中，即使占比最大的疏勒河，冰雪融水的比例也只有36.6%，黑河和石羊河流域更小，多年平均冰川融水补给比例分别为9.0%和3.18%，其对绿洲社会经济的供给服务主要取决于其冰雪融水补给比例（丁永建等，2019）。然而，就调节服务而言，其对中国内陆河流域尤为重要，以黑河干流山区流域为例，其冰川覆盖率仅有0.5%，多年平均冰川融水比例仅为3.5%，但在干旱年份却接近5.0%，在干旱月份则高达16%（丁永建等，2017；陈仁升等，2019）。正是调节功能的存在，才使得河西地区河流具有相对稳定的河川径流，使绿洲灌溉农业与生态受旱涝威胁相对小，绿洲得以长期保持稳定。因此，在祁连山–河西地区，乃至中国西北干旱半干旱区，冰冻圈水资源服务是水源涵养、水量补给与径流调节服务的综合（图2-3）。

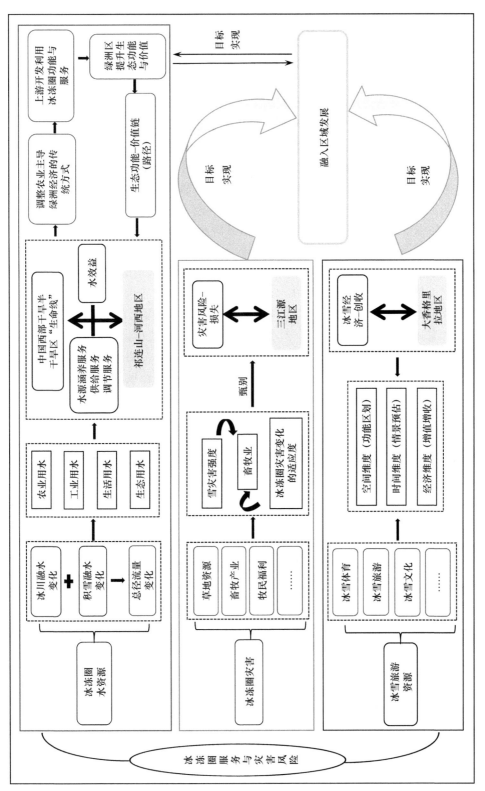

图2-3 冰冻圈融入区域发展的途径与模式解析

　　传统模式研究上，主要从自然视角，聚焦冰冻圈水量供给功能。从冰冻圈与区域可持续发展相互关系视角看，冰冻圈是社会经济发展的重要资源之一，是资源就有价值，而其价值不仅体现在水量供给方面，也体现在水源涵养与径流调节两方面，是三者的综合。因此，以"水"为联系纽带，建立冰冻圈水资源服务与水效益之间的关系，才能更加综合地量化冰冻圈水资源在绿洲社会经济体中的服务价值。

　　受全球气候变暖影响，中国冰冻圈处于持续萎缩状态。未来，在祁连山地区，全球温升 2℃阈值下，黑河流域冰川将完全消失，流域径流量将减少 5.6%；疏勒河冰川径流也呈现减少趋势，但由于降水的增加，流域径流量仍增加 25.1%（陈仁升等，2019）。因此，应对与适应未来水资源量减少与丰枯不均引发的极端缺水事件对绿洲系统的冲击，应分别从冰冻圈系统与绿洲社会经济系统着手。就冰冻圈系统而言，要以祁连山国家公园设立为契机，加大园内生态保护、修复与建设，提高山区水源涵养功能；要精细化研究冰冻圈变化，提高冰冻圈水文水资源预估精度，明确冰冻圈的水源涵养、水量补给与径流调节功能及其变化，为流域水资源管理与调度提供精准信息；就受冰冻圈水资源影响的河西地区而言，其处于干旱半干旱气候带，属资源型缺水，水资源主要优先用于保障农业生产。含有冰雪融水的河川径流出山之后，通过干渠、支渠、斗渠和毛渠四级渠道直接用于绿洲农业灌溉。根据《2019 年甘肃省水资源公报》，石羊河、黑河和疏勒河流域农业用水分别占流域总用水量的 89.15%、89.73% 和 85.58%。工业生产、生活、生态用水主要依靠抽取地下水，渠道渗透和定期分水，所占比例甚小，三者用水合计分别只占三大河流域总用水量的 10.85%（石羊河）、10.27%（黑河）和 14.42%（疏勒河）。在水量有限的条件下，农业用水大，其他产业用水相应就会被压缩。因此，降低农业，尤其是种植业用水比例，是河西地区乃至干旱半干旱区产业转型升级、社会经济高质量发展的核心与关键。为了节约水资源，河西三大河流域实施了水票制，分级逐层管理水资源利用；实施了多种节水措施，包括滴管、喷灌、管灌等；采取工程措施，对渠道进行衬砌；调整农业结构，降低高耗水品种的种植；实施"土地流转"政策，规模化、节约化农业生产。尽管实施了上述一系列措施，但收效不甚理想，与 2010 年相比，2019 年农业用水比例石羊河流域反而增加了 1.5%，黑河流域只下降了 1.26%，疏勒河流域降幅较大，也只有 5.52%。目前的发展方式恐难突破水资源约束的瓶颈，河西内陆河流域未来的可持续发展需寻找新的解决方案。

　　冰冻圈通过水源涵养、水量供给与径流调节功能为河西内陆绿洲社会经济发展与荒漠生态系统维持提供水资源，祁连山冰冻圈又通过其"湿岛效应"凝聚来自河西地区蒸散发的水汽，以保持自身的生态稳定，二者相依相生构成冰冻圈–绿洲–荒漠耦合系统。河西地区乃至干旱半干旱地区是一种冰冻圈水资源支撑型区域发展模式。这种冰冻圈、绿洲、荒漠生态环境，加之深居内陆地区，使祁连山–河西地区区位优势不明显，吸引力低，人才、技术、资金等资源缺乏，社会经济欠发达。然而，其生态功能突出，是中国重要的生态安全屏障和水源涵养地。因此，立足祁连山冰冻圈，在生态功能–价值链上审视绿洲发展，调整农业主导绿洲经济的传统方式是中国西北干旱半干旱区解决水资源利用问题的根本路径（图 2-3）。具体地，针对流域不同地区，发挥冰冻圈的不同功能，最大化其服务价值。上游地区在保护的基础上，开发利用冰冻圈文化服务，助力产业结构优化；绿洲地区在提高经济效益的同时，要增强水资源服务的生态效益，提升生态服务价值，促进产业转型升级。

2.3.2 三江源地区冰冻圈融入高寒畜牧业经济的途径与模式

三江源包括黄河、长江和澜沧江源，位于青藏高原腹地，介于 31°39′N～36°12′N、89°45′E～102°23′E，面积 3.02×10⁵km²，地势西高东低，平均海拔 4000m 以上，是我国冰冻圈的核心区，2161 条现代冰川分布于源区及其周边的高山（丁永建等，2019），多年冻土广布，其上发育了高寒草甸、高寒草原等植被类型，是典型的生态环境脆弱区（陈仁升等，2019）、重要的高寒畜牧区、雪灾多发区，其因特殊的地理位置和自然地理环境，也是中国重要的生态安全屏障。冰川、多年冻土、积雪等多要素共存的冰冻圈环境，使三江源区长期处于冰冻圈变化的诸种影响之下，是冰冻圈惠益服务与灾害风险双重叠加地区。三江源区地势高亢，气候严寒，年平均气温 −4～−1℃，年平均降水量 200～550mm。如此高寒环境的源区，畜牧业是其社会经济的主要支柱产业，农业只存在于气候较温暖的河谷地区，工业主要是手工业与农产品加工。因此，相对于冰冻圈的惠益服务，结构单一且脆弱的源区畜牧业经济更易受到多重冰冻圈极端灾害事件的影响。

就对区域社会经济的影响而言，不同冰冻圈灾害的影响方式与程度不同。冰川灾害（如冰川泥石流、冰川消融洪水、冰湖溃决等）主要呈"线状"发展模式，影响冰川流域；冻土灾害（如热融滑塌、冻胀丘、沉陷等）主要呈"斑块状与线状"发展模式，影响基础设施与工程建筑；而积雪灾害主要呈"面状"发展模式，其影响社会经济的方方面面，且范围相对更大更广。因此，对三江源区畜牧业经济而言，积雪灾害是最主要的冰冻圈灾害，本书也主要从雪灾风险角度深入解析冰冻圈融入源区畜牧业经济的发展模式（图 2-3）。

在三江源区，降雪可以增加冰川积累量，有助于维持冰川的相对稳定；降雪可以使草地蓄积水分，有助于来年生长；积雪消融可以增加河川径流；降雪时的降温效应及上述作用可维持三江源区的高寒气候、冰冻圈环境、高寒草地生态系统，从而有助于提升水源涵养功能、稳定与保障水源。然而，极端降雪除上述自然作用之外，将引发灾害风险。积雪过厚，牲畜无法觅食，再加上冻害、饲草料储备不足，极易形成雪灾，造成巨大经济损失。例如，2019 年春节前后，三江源玉树地区雪灾导致牲畜死亡 5.79 万头（只、匹），直接经济损失 1.92 亿元。积雪异常也可形成消融洪水，威胁河流周边村镇。除影响三江源本地之外，积雪异常还通过地–气相互作用影响热带海洋与亚洲夏季风，导致我国东部地区的夏季降水与气温异常（刘彩虹等，2020；鲁萌萌等，2020），进而影响东部发达地区的社会经济发展。

草地资源是畜牧业经济发展的载体，牧民福利是畜牧业经济获益的重要结果，草地、牧民与畜牧业是畜牧业经济的"三位一体"。高峻的地势、严寒的气候、多个冰冻圈要素共存的生态环境形成了三江源畜牧业经济的本底资源，是其经济体的重要组成部分，也使其直接暴露于冰冻圈环境之中；三江源区高寒草地生长季节短，草地生产力与承载力较低，加之牧民世代以放牧为生、受教育水平低、生存生活技能单一等，致使畜牧业经济这一承险体脆弱，适应能力较低（图 2-3），极易受到积雪灾害影响。三江源区乃至青藏高原是一种冰冻圈生态支撑＋灾害影响型区域发展模式，高寒畜牧业经济与冰冻圈灾害风险相伴生。未来，冰冻圈极端事件频发、加剧态势下（王世金和效存德，2019；Ding et al.，2021），降低积雪灾害风险、减小风险损失需要从三方面着手：①加强源区乃至青藏高原积雪异常研究，建立早期灾害风险预警预报系统，及时为牧民与各级政府部门提供防范信息；②通过政策、技术、资金等支持，大力加强暖棚、人工草地等基础设施建设，提高畜牧业经济应对雪灾风险的能力；③引入商业保险，通过保险形成风险分摊机制，降低损失。

2.3.3　大香格里拉地区冰冻圈融入区域经济的途径与模式

大香格里拉地区位于川藏滇交界处，介于 94°E～102°E、26°N～34°N。根据 2002 年川藏滇三省联合发布的《旅游合作宣言》，其区域范围涵盖川西南、滇西北、藏东南的 9 个地州（市）、50 个县域，具体为四川甘孜州、凉山彝族自治州（简称凉山州）、攀枝花市；云南迪庆藏族自治州（简称迪庆州）、大理白族自治州（简称大理州）、怒江傈僳族自治州（简称怒江州）、丽江市；西藏昌都地区和林芝地区（刘巧等，2006）。大香格里拉地区位于横断山区，山高谷深，区位优势不明显，工农业基础薄弱，但境内雪山冰川、森林草甸、高山峡谷等自然景观与藏文化、茶马文化等人文景观完美结合，被世人普遍认同为"中国最美的地方"，成为著名旅游地之一。

大香格里拉作为世界知名品牌，该地区有着得天独厚的冰雪旅游资源，尤以冰川旅游突出，主要有玉龙雪山冰川、梅里雪山冰川、贡嘎山海螺沟冰川、稻城亚丁雪峰、米堆冰川等，其因具有可进入性强、离客源地市场较近的优势，成为中国典型的冰冻圈旅游优先开发区。2008 年，国家旅游局与国家发展和改革委员会通过纲领性指导文件《中国香格里拉生态旅游区总体规划（2007—2020）》，确定了可持续、国际化、综合发展和区域旅游共同体的战略目标。作为大香格里拉地区的核心旅游品牌，冰雪旅游在质量与空间上得到进一步提升与扩展，并成为该区域绿色发展的强大动力。坐拥丰富冰雪资源的大香格里拉地区，借国家发展冰雪产业政策的"东风"，开展冰、雪旅游深层次产品开发和冰雪运动，进一步提升冰雪旅游品位，促进地区经济增值增收，并将冰雪旅游绿色产业发展和精准扶贫相结合，探索出一条适合山区资源开发与生态旅游发展的新方向，可为西部其他地区冰冻圈资源开发提供范式。

大香格里拉地区尽管冰雪旅游开发相对较早（王世金等，2012a），但目前只有玉龙雪山冰川和贡嘎山海螺沟冰川开发相对比较成熟。即使如此，各景区景观同质化比较严重，地区差异性、独特性不明显，冰雪景观单一，缺乏体验型项目，严重制约了冰雪旅游品牌提升，经济效益难以发挥、升级。加之气候持续变暖，海洋型冰川显著萎缩的不利影响，作为自然景观的冰雪旅游未来前景堪忧。因此，开展冰雪旅游资源功能区划，并预估未来可能变化态势，围绕冰川资源特点，结合各地人文景观与文化，突出差异性和独特性，拓展冰雪旅游项目，变直接利用（目前主要是观光）为深度开发（如冰雪文化），延伸冰雪旅游产业链，提高冰雪旅游知名度，切实助力地区经济提档升级（图 2-3）。

综上所述，中国冰冻圈要素多，范围广，其融入区域发展的途径与模式迥异。在祁连山-河西内陆地区,冰冻圈、绿洲、荒漠三者相依相生,冰冻圈资源主要以水源涵养、水量供给与径流调节形式,融入绿洲社会经济发展,并以绿洲工农业、生活与生态水效益体现其服务价值,是一种冰冻圈水资源支撑型区域发展模式;三江源高寒区,冰冻圈生态环境是畜牧业经济的载体,暴露于这种环境的高寒畜牧业经济与冰冻圈灾害风险相伴生,是一种冰冻圈生态支撑+灾害影响型区域发展模式;位于横断山海洋型冰川区的大香格里拉地区,冰冻圈旅游资源优势突出,发展冰雪旅游,是基于冰冻圈资源的旅游经济驱动型区域发展模式。

2.4 本章小结

本章从人-地关系视角,分析了"美丽冰冻圈"的内涵,从冰冻圈的自然与社会经济双重性,致利与致害两方面,剖析了"美丽冰冻圈"与区域可持续发展的逻辑关系。在此基础上,选取了代表冰冻圈水资源影响区的祁连山-河西地区、代表冰冻圈灾害影响区的三江源区和代表冰冻圈旅游经济区的大香格里拉地区,从冰冻圈服务与灾害风险视角,解析了"美丽冰冻圈"融入区域发展的途径与模式,得出以下结论。

(1)"美丽冰冻圈"是"自然之美、社会经济服务之美、和谐之美"的综合体,利与害的辩证统一体。

(2)"美丽冰冻圈"区域发展的本质是由冰冻圈自然生态系统与社会经济系统组成的复杂"人-地关系地域系统",即冰冻圈资源-生态-社会-经济耦合系统各要素、子系统间的良好运行和协调高效发展,是实现"美丽冰冻圈"区域高水平、可持续发展目标的关键。

(3)冰冻圈融入区域发展的途径与模式地区差异显著。在干旱半干旱内陆地区,冰冻圈资源主要以水源涵养、水量供给与径流调节形式,融入绿洲社会经济发展,是一种冰冻圈水资源支撑型区域发展模式;青藏高原高寒区,冰冻圈生态环境决定了畜牧业经济的脆弱性,冰冻圈灾害影响畜牧业经济,并以灾害损失展示其负向作用程度,是一种冰冻圈生态支撑+灾害影响型区域发展模式;在冰冻圈旅游经济区,依托冰雪优势资源,发展冰雪旅游业,是一种基于冰冻圈资源的旅游经济驱动型区域发展模式。

第3章 "美丽冰冻圈"融入内陆河流域绿洲 经济的途径与模式

在西部内陆地区,冰冻圈资源主要以水源涵养、水量供给与径流调节形式,融入区域社会经济发展,是一种冰冻圈水资源支撑型区域发展模式。目前有关水源涵养功能与服务的研究尚处于空白,故本书主要就水量供给与径流调节功能与服务,首先在整个西部地区尺度,分析寒区与干旱区八个流域的冰川水文调节功能及其地区差异,在此基础上,以天山南北坡流域的玛纳斯河流域、呼图壁河流域、木扎提河流域与库车河流域为典型研究流域,进一步量化分析冰冻圈水资源融入内陆河流域社会经济的途径与模式。

3.1 中国西部寒旱区流域冰川水文调节功能变化

冰冻圈服务是最近几年由我国科学家率先提出的科学概念及新的重要研究领域(效存德等,2016,2019),并于2020年在 *Nature* 国际发布(Immerzeel et al.,2020)。作为冰冻圈的功能与服务之一,冰川的水文调节功能及其重要性正被逐渐认识。冰川作为固体水库表现出显著的调节径流变化的作用(叶柏生等,1999;陈仁升等,2019;丁永建等,2017,2020a),这一调节作用最早发现于1961年(Meier and Tangborn,1961),之后,在亚洲喜马拉雅山地区、欧洲阿尔卑斯山、南北美洲的落基山脉地区的冰川流域水文研究过程中,相继观测与得到证实(Krimmel and Tangborn,1974;Chen and Ohmura,1990;杨针娘,1991;Comeau et al.,2009;Immerzeel et al.,2010;Farinotti et al.,2012;Uhlmann et al.,2013)。

目前有关冰川的水文调节作用,尚缺乏有效定量评估方法。纵观国内外研究现状,相关重要研究进展主要有两点:① 界定了对流域径流有稳定调节作用的临界冰川覆盖率。相关研究表明,冰川作为"固体水库"通过自身变化在年和季节尺度调节径流,与没有冰川的流域相比,有冰川覆盖的流域其径流变化小,且更加稳定(Fountain and Tangborn,1985;叶柏生等,1999;Comeau et al.,2009),而且冰川覆盖面积越大,其对径流变化的影响就越强(Chen and Ohmura,1990;叶柏生等,1999)。加拿大落基山脉东坡南、北萨斯喀彻温河流域的研究显示,当流域冰川覆盖率大于3%时,冰川对径流的年内调节效果明显(Comeau et al.,2009),而在我国西部地区主要流域,当冰川覆盖率超过5%时,冰川才具有显著的调节作用(叶柏生等,1999)。② 提出了判断冰川对流域径流具有调节作用的静态界定指标。Hopkinson 和 Young(1998)在研究加拿大阿尔伯塔省班夫弓河流域冰川消融对河流径流的影响时,提出通过对比流域总径流变差系数(C_B)与流域总径流量和冰川融水径流量之差的变差系数(C_W),来确定冰川是否对流域径流具有调节能力。该方法的优点是能够精确判定某一流域在研究时段或观测时段内冰川是否对河流径流具有调节功能；缺点是只从径流视角揭示冰川的调节作用/功能，且无法判别冰川调节功能的强弱、无法表征这种调节功能的动态变化。最近 20 年，绝大多数研究集中于冰川物质与融水径流变化的未来预估方面（Horton et al.，2006；Huss，2011；Immerzeel et al.，2012；Pellicciotti et al.，2014；Zhao et al.，2019），有关冰川径流调节作用的评估方法及其定量成果研究则鲜见报道。

综上所述，当前有关冰川水文调节功能的研究尚处在定性认识水平，普遍认为，随着冰川加速萎缩、物质亏损，冰川径流增加，但在到达峰值后快速减少，冰川的径流调节功能减弱或消失，将导致多数冰冻圈流域径流丰枯不均、灾害风险增加，特别是干旱地区流域（Horton et al.，2006；Immerzeel et al.，2012；陈仁升等，2019）。受全球气候持续增暖影响，冰川整体在变热、不稳定性增加（Ding et al.，2019），未来冰川退缩的速度将不断增加，冰川变化可能超过所有模型模拟的预期，冰川变化引发的极端水文事件将进入高发期（丁永建等，2019）。这些变化势必对西部水资源持续利用、绿洲生态和环境安全以及社会经济可持续发展产生广泛和深刻的影响（丁永建等，2020b，2020c）。因此，从冰川调节功能切入，研究其定量评估方法，评估冰川水文调节功能及其变化，特别是极端变化对西北干旱区社会经济发展的影响是当前关注的焦点，也是国家的重要战略需求。

本节使用我国西部寒旱区流域的冰川径流及总径流模拟预估数据，从趋势与波动变化视角，分析冰川径流的不稳定性，在此基础上，依据径流变差系数法定义冰川水文调节指数，量化冰川径流调节功能，分析不同时期、RCP2.6 和 RCP4.5 两种情景下冰川水文调节功能的动态变化，以期为寒旱区水资源管理与合理使用提供参考。

3.1.1 数据与研究方法

1. 研究区概况

选取我国青藏高原五大源区流域（黄河源、长江源、澜沧江源、怒江源和雅鲁藏布江源）与西北内陆地区四个流域（木扎提河、呼图壁河、玛纳斯河与疏勒河）进行冰川水文调节功能分析，详细信息见表 3-1，各流域分布情况见图 3-1。

表 3-1 中国西部寒旱区九个流域具体信息一览表

流域	冰川径流占总径流的比例/%	冰川面积占流域面积的比例/%	控制水文站	气候模式	RCP 情景		参考文献
					RCP2.6	RCP4.5	
黄河源	0.35	0.10	唐乃亥水文站	CSIRO-MK 3.6.0	√	√	Zhao et al.，2019
长江源	3.73	0.89	直门达水文站	HadGEM2-ES	√	√	Zhao et al.，2019
澜沧江源	1.34	0.41	昌都水文站	MIROC 5	√	√	Zhao et al.，2019
怒江源	4.36	1.38	嘉玉桥水文站	MIROC-ESM	√	√	Zhao et al.，2019
雅鲁藏布江源	5.48	2.08	奴下水文站	MIROC-ESM-CHEM	√	√	Zhao et al.，2019

续表

流域	冰川径流占总径流的比例/%	冰川面积占流域面积的比例/%	控制水文站	气候模式	RCP 情景		参考文献
					RCP2.6	RCP4.5	
木扎提河	66.81	48.20	阿哈布隆水文站	BCC-CSM1.1（m）	—	√	赵求东等，2020
呼图壁河	6.62	3.90	石门水文站	CanESM2	√	√	陈仁升等，2019
玛纳斯河	20.27	11.79	肯斯瓦特水文站	GFDL-CM3	√	√	陈仁升等，2019
疏勒河	23.10	3.54	昌马水文站	IPSL-CM5A-LR	√	√	陈仁升等，2019

注：表 3-1 中冰川径流占总径流的比例为 1971～2010 年的多年平均值。

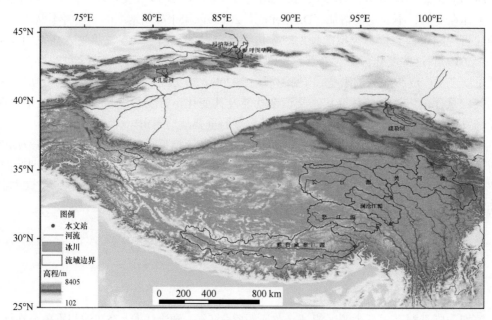

图 3-1　中国西部寒旱区流域范围与位置

2. 数据及其来源

本研究所用数据主要有两部分：一是西部寒旱区流域年总径流量模拟预估数据；二是年冰川径流量模拟预估数据，数据均来自中国科学院西北生态环境资源研究院超级 973 项目"冰冻圈变化的影响与适应研究"第六课题组的研究成果（陈仁升等，2019；Zhao et al.，2019；赵求东等，2020）。这些预估数据是运用 CMIP5 RCP2.6 和 RCP4.5 情景的统计降尺度气候模式结果驱动冰冻圈流域水文模型（VIC-CAS）而获得的。VIC-CAS 模型原理及精度评价方法如下。

3. 冰冻圈流域水文模型（VIC-CAS）原理及精度评价方法

1）VIC-CAS 模型原理

VIC 模型又叫"可变下渗容量模型"，是一个基于土壤–植被–大气传输方案（soil vegetation

atmospheric transfer schemes，SVATS）思想的具有物理机制的大尺度分布式水文模型，由华盛顿大学、加利福尼亚州大学伯克利分校和普林斯顿大学的研究人员共同研发而成（Liang et al.，1996）。该模型可同时开展能量平衡和水量平衡模拟，在考虑积雪消融和累积、土壤冻融过程的基础上，可以计算出每个单元网格的日尺度或次日尺度的全部能量和水量（Liang et al.，1996；Nijssen et al.，2001；Hamman et al.，2018），在国内外得到广泛应用。

由于 VIC 模型不具备冰川水文过程模拟能力，故 Zhao 等（2015）提出了次网格化的冰川水文过程耦合方案，取名 VIC-CAS 模型。目前，VIC-CAS 模型已广泛应用于区域水文过程模拟研究（Zhao et al.，2015，2019；Zhang et al.，2019a；Jin et al.，2021）。

VIC 模型包括气象因子模块、蒸散发模块、积雪模块、冻土模块以及产汇流模块，上述模块介绍详见参考文献（赵求东，2011；晋子振，2019），下面着重介绍冰川模块计算方法。次网格化的冰川耦合方案是将子流域作为模型计算单元，子流域的冰川被划分为连续的高程带，冰川区的气温和降水通过梯度方法次网格化至各冰川高程带（图 3-2），之后采用加强度日因子方法计算逐个高程带上每条冰川的累积和消融过程（Zhao et al.，2015，2019）。冰川体积变化根据冰川年物质平衡进行计算，利用面积–体积关系计算得到每条冰川的面积变化。

冰川区气温和降水梯度的计算公式如下

$$T_{band} = T_0 + T_{alt,m} \times (E_{band} - E_0) \tag{3-1}$$

$$P_{band} = P_0 \left[1 + \frac{P_{alt,m}(E_{band} - E_0)}{P_{0,m}} \right] \tag{3-2}$$

式中，T_{band} 为高程带的日平均气温，℃；T_0 为子流域的日平均气温，℃；E_{band} 为高度带的平均高程，m；E_0 为子流域平均高程，m；$T_{alt,m}$ 为月气温梯度，℃/m；P_{band} 为高程带内的日降水量，mm；P_0 和 $P_{0,m}$ 分别为格网或子流域内日降水量和月降水量，mm；$P_{alt,m}$ 为月降水梯度，mm/m。

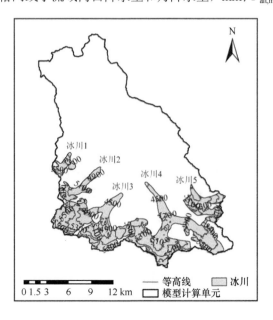

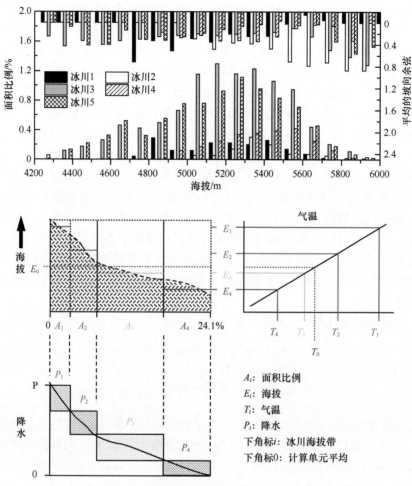

图 3-2　VIC-CAS 模型的子流域计算单元冰川耦合方案示意

资料来源：赵求东等，2020

Zhao 等（2019）采用加强度日因子模型进行冰川累积和消融计算，公式为

$$M_{i,\text{band}} = \left\{ \begin{array}{ll} \text{DDF}_{\text{snow/ice}} \times \left(1 - R_{\text{exp}} \times \cos \text{as} P_{i,\text{band}}\right) \times T_{\text{band}} & T_{\text{band}} > 0 \\ 0 & T_{\text{band}} \leq 0 \end{array} \right\} \tag{3-3}$$

式中，$M_{i,\text{band}}$ 为第 i 个冰川高程带雪/冰总融水量，mm；$\text{DDF}_{\text{snow/ice}}$ 为雪/冰度日因子，mm/℃；R_{exp} 为坡向消融影响系数；$\cos \text{as} P_{i,\text{band}}$ 为第 i 个冰川高程带平均坡向余弦。

冰川面积变化采用了面积–体积经验公式（Liu et al.，2003；Kotlarski et al.，2010），公式如下

$$V = cA^{\gamma} \tag{3-4}$$

$$A = (V/c)^{\frac{1}{\gamma}} \tag{3-5}$$

式中，V 和 A 分别为模型每个计算单元冰川体积和冰川面积；c 和 γ 为常数。

2）模型精度评价方法

模型精度采用纳什效率系数、相对误差和决定系数进行评价，公式如下。

（1）纳什效率系数（NSE）

$$\text{NSE} = 1 - \sum_{i=1}^{n}(Q_{obs} - Q_{sim})^2 \bigg/ \sum_{i=1}^{n}(Q_{obs} - \overline{Q}_{obs})^2 \tag{3-6}$$

式中，Q_{obs} 和 Q_{sim} 分别为观测和模拟的月径流量，m^3/s；$\overline{Q}_{obs}$ 为观测月径流量的平均值，m^3/s。

（2）相对误差（E_r）

$$E_r = 100 \times \left(\sum_{i=1}^{n}Q_{sim} - \sum_{i=1}^{n}Q_{obs}\right)\bigg/ \sum_{i=1}^{n}Q_{obs} \tag{3-7}$$

式中，Q_{obs} 和 Q_{sim} 的含义同式（3-6）。

（3）决定系数（R^2）

$$R^2 = \left[\sum_{i=1}^{n}(Q_{obs}-\overline{Q}_{obs})(Q_{sim}-\overline{Q}_{sim})\right]^2 \bigg/ \sum_{i=1}^{n}(Q_{obs}-\overline{Q}_{obs})^2 \sum_{i=1}^{n}(Q_{sim}-\overline{Q}_{sim})^2 \tag{3-8}$$

式中，Q_{obs}、Q_{sim} 和 Q_{obs} 的含义同式（3-6）；$\overline{Q}_{sim}$ 分别为观测和模拟的月径流量的平均值，m^3/s。

4. 径流模拟过程简述

VIC-CAS 模型数据输入包括气象强迫数据（日降水量，日平均风速，日平均、最高和最低气温），未来气候情景数据，第一次冰川编目数据和土壤数据等。未来气候情景数据选取数据完整的 19 个 GCM，采用 QDM（bias-correction with quantile delta mapping）统计降尺度方法（Cannon et al.，2015；Eum and Cannon，2017），对 GCM 的输出数据进行降尺度，提取研究流域 1971～2005 年与 RCP2.6 和 RCP4.5 排放情景下的 2041～2070 年的模拟数据。分析 2041～2070 年相比基准期（1971～2005 年）平均的气温和降水量变化情况。因不同气候模式在青藏高原区和西北内陆区表现有较大差异，故青藏高原和西北内陆区分别选取 5 个和 4 个表现较好的 GCM 开展径流未来变化研究（Zhao et al.，2019；赵求东等，2020），基准期为 1971～2013 年，预测期为 2014～2100 年（表 3-1）。冰川数据采用第一次冰川编目数据作为模型的输入，第二次冰川编目数据作为模型的校正和验证数据。利用观测的 1971～2005 年月径流数据和两次中国冰川编目的冰川面积变化数据开展模型多目标参数化校正和验证。月径流验证结果表明，通过调整模型参数，模型能够很准确地模拟率定期和验证期的月径流量。在模型校正期和验证期，月径流模拟的纳什效率系数（NSE）和决定系数（R^2）均高于 0.76，且模拟时段的相对误差（E_r）也很小，E_r 均小于 2%（Zhao et al.，2019；赵求东等，2020）。由于 RCP2.6 和 RCP4.5 两种低中排放情景，能够较好地反映研究区未来径流变化情况，因此本书除木扎提河流域采用了 RCP4.5 情景外，其余流域两种情景的变化均包括，详见表 3-1。

5. 冰川径流稳定性分析方法

本研究利用年冰川径流时间序列的变化趋势值和波动特征值分析冰川径流的不稳定性，考虑到小的周期性波动对原始序列数据的干扰，分三个时段对各流域 40 年（1971～2010 年、

2021~2060年、2061~2100 年）的年冰川径流数据进行 5 年滑动平均，再用 5 年滑动平均序列数据计算变化趋势值和波动特征值。

1）变化趋势值的计算方法

建立我国西部寒旱区各流域历史时期及 RCP 情景下年冰川径流时间序列，时间序列均为 40 年，以时间 t_i 为自变量，年冰川径流 y_i 为因变量，建立一元线性回归方程

$$\hat{y_i} = a + bt_i \tag{3-9}$$

式中，a 和 b 分别为一元线性回归方程的回归常数和回归系数，利用最小二乘法求得。

2）波动特征值的计算方法

通过上述计算 a 和 b，得到一元线性回归方程 $\hat{y_i}$。y_i 与线性回归序列 $\hat{y_i}$ 的残差绝对值序列用 z_i 表示，建立以时间 t_i 为自变量，年冰川径流残差绝对值序列 z_i 为因变量的一元线性回归方程

$$\hat{z_i} = c + dt_i \tag{3-10}$$

同理，利用最小二乘法可求出一元线性回归方程的回归常数 c 和回归系数 d。

6. 冰川径流调节功能分析方法

Hopkinson 和 Young（1998）在研究加拿大阿尔伯塔省班夫弓河流域冰川消融对河流径流的影响时，提出通过对比流域总径流变差系数（C_B）和流域总径流量与冰川融水径流量之差的变差系数（C_W），确定冰川对径流的调节能力，公式如下

$$C_B = \sigma_B / R_B \tag{3-11}$$

$$C_W = \sigma_W / R_W \tag{3-12}$$

式中，C_B 为总径流变差系数；C_W 为非冰川径流的变差系数（流域总径流量减去冰川融水径流量的变差系数）；σ_B 为总径流标准差；σ_W 为非冰川径流标准差；R_B 为总径流量平均值；R_W 为非冰川径流量平均值。如果 $C_B < C_W$，表明冰川对流域径流具有调节作用。

基于上述径流变差系数，定义冰川水文调节指数，用于表征冰川调节功能的强弱，运用划分年代际的方法分析了冰川水文径流调节功能的动态变化，公式如下

$$\text{Glacier}_R = C_B / C_W \tag{3-13}$$

式中，Glacier_R 为冰川水文调节指数；C_B、C_W 含义同上。Glacier_R 值越小，表明冰川径流调节功能越大。

3.1.2　冰川径流稳定性分析

在气候学有关研究中，波动变化可以指示气候要素变化的振荡幅度，主要指气候要素变化的振荡强弱，可分为波动增强、波动减弱、无明显波动特征三种模态（史培军等，2014）。从冰川径流变化来看，波动减弱，则冰川径流变化幅度减小，稳定性增强，对当地有利；波动增强，则冰川径流变化幅度增大，不稳定性增强，发生极端事件的可能性增加，对当地不利。我国西部寒旱区流域冰川径流变化趋势及冰川径流波动特征如表 3-2 所示。

表 3-2 中国西部寒旱区流域冰川径流变化趋势及冰川径流波动特征统计表

时段	一元线性回归方程回归系数	黄河源	长江源	澜沧江源	怒江源	雅鲁藏布江源	木扎提河	呼图壁河	玛纳斯河	疏勒河
1971~2010 年	冰川径流变化趋势值 b	-0.000 1	0.060 4**	0.012 7**	-0.074 9**	-0.138 5*	-0.001 9**	-0.001 1	0.008 2	0.025 1**
	冰川径流波动特征值 d	-0.000 7	-0.003 5	-0.002 7	-0.013 8	0.009 1	0.000 04	-0.000 1	-0.002 2	-0.001 7
2021~2060 年（RCP2.6）	冰川径流变化趋势值 b	-0.004 6**	-0.050 6**	-0.024 7**	-0.090 6**	-0.291 4**	—	-0.001 1**	-0.037 4**	-0.042**
	冰川径流波动特征值 d	0.000 2	-0.006 3**	-0.000 2	-0.001 4	0.003 9	—	0.000 04	-0.002 9	0.000 01
2061~2100 年（RCP2.6）	冰川径流变化趋势值 b	-0.000 4	-0.033 4**	-0.002 6**	-0.009 2**	-0.040 7**	—	-0.000 3	-0.007**	-0.009 3**
	冰川径流波动特征值 d	-0.000 4	-0.000 5	0.000 02	-0.000 4	0.002		0.000 01*	0.000 3	0.000 03
2021~2060 年（RCP4.5）	冰川径流变化趋势值 b	-0.003 8**	-0.055 2**	-0.027 9**	-0.096**	-0.241 3*	-0.001 2**	-0.001 9**	-0.042 4**	-0.038 6**
	冰川径流波动特征值 d	-0.000 5	-0.003 9*	-0.001 1*	-0.005 5**	0.003 3	0.000 02	-0.000 2	0.001 7	0.000 4
2061~2100 年（RCP4.5）	冰川径流变化趋势值 b	-0.004 1**	-0.054 3**	-0.005**	-0.022 5**	-0.155 2**	-0.001 1**	0.000 2	-0.017 3**	-0.014 5**
	冰川径流波动特征值 d	0.00000 4	0.001 7	0.000 03	-0.000 1	0.008 5**	0.000 04*	0.000 03*	-0.002 3**	0.000 04

* 通过 $\alpha=0.05$ 显著性检验；** 通过 $\alpha=0.01$ 显著性检验。

就趋势变化而言，1971～2010 年，冰川径流呈现增加趋势的流域有长江源、澜沧江源、玛纳斯河和疏勒河。其中，长江源冰川径流增加幅度最大，增速达到 $6\times10^7\mathrm{m}^3/10\mathrm{a}$，通过了0.01 显著性检验。冰川径流呈现减少趋势的流域有黄河源、怒江源、雅鲁藏布江源、木扎提河和呼图壁河。其中，雅鲁藏布江源冰川径流减少幅度最大，减少速率为 $1.39\times10^8\mathrm{m}^3/10\mathrm{a}$，通过了 0.01 显著性检验。RCP2.6 和 RCP4.5 情景下，青藏高原区各流域的冰川径流均呈现出比较明显的减少趋势。其中，雅鲁藏布江源冰川径流减少幅度最大，RCP2.6 情景下，2021～2060 年，该江源冰川径流减少速率为 $2.91\times10^8\mathrm{m}^3/10\mathrm{a}$。西北内陆地区各流域冰川径流变化呈现出不同的变化趋势。具体为，RCP2.6 情景下，2021～2060 年，冰川径流均呈现出减少趋势。其中，玛纳斯河冰川径流减少幅度最大，冰川径流减少速率为 $4.2\times10^7\mathrm{m}^3/10\mathrm{a}$。RCP4.5 情景下，2061～2100 年，呼图壁河的冰川径流呈现增加趋势，冰川径流增加速率为 $2\times10^5\mathrm{m}^3/10\mathrm{a}$。RCP4.5 情景下，2061～2100 年，木扎提河、玛纳斯河和疏勒河的冰川径流呈现减少趋势，其中，玛纳斯河冰川径流减少幅度最大，冰川径流减少速率为 $1.7\times10^7\mathrm{m}^3/10\mathrm{a}$。

就波动变化而言，1971～2010 年，中国西部寒旱区大部分流域的冰川径流波动幅度呈减小趋势，这些流域包括长江源、澜沧江源、怒江源、玛纳斯河和疏勒河。其中，怒江源冰川径流波动减弱幅度最大，波动特征值为 $-1.4\times10^7\mathrm{m}^3/10\mathrm{a}$。表明上述五个流域的冰川径流处于从不稳定到稳定状态。黄河源、木扎提河、呼图壁河的冰川径流无明显波动，表明以上三个流域的冰川径流处于较稳定状态。雅鲁藏布江源的冰川径流波动幅度呈增强趋势，波动特征值为 $9.1\times10^6\mathrm{m}^3/10\mathrm{a}$，表明该流域的冰川径流处于不稳定状态。

RCP2.6 和 RCP4.5 情景下，2021 年至 21 世纪末，中国西部寒旱区大部分流域的冰川径流无明显波动，如黄河源、澜沧江源、木扎提河、呼图壁河和疏勒河的冰川径流波动特征值变化均很小，表明大部分流域冰川径流均处于较稳定状态。长江源、怒江源和玛纳斯河冰川径流波动幅度呈减弱趋势，表明冰川径流从不稳定变为稳定状态，其中，怒江源波动减弱趋势最明显，波动特征值从历史时期的 $-1.4\times10^7\mathrm{m}^3/10\mathrm{a}$ 减小为 $-1\times10^5\mathrm{m}^3/10\mathrm{a}$（RCP4.5情景）。RCP2.6 和 RCP4.5 情景下，2021～2060 年，雅鲁藏布江源冰川径流波动增强幅度呈减小趋势，2061～2100 年，冰川径流波动增强幅度呈增大趋势，RCP4.5 情景下，该流域的冰川径流波动特征值为 $9\times10^6\mathrm{m}^3/10\mathrm{a}$，通过了 0.01 显著性检验，表明雅鲁藏布江源的冰川径流在未来时期将持续处于不稳定状态。

综上所述，历史时期及 RCP2.6 和 RCP4.5 情景下至 21 世纪末，中国西部寒旱区大部分流域的冰川径流呈减少趋势，冰川径流的波动幅度减小或无明显变化，冰川径流稳定性增强或无变化。

3.1.3 冰川水文调节功能变化分析

1. 冰川径流年代际变化

20 世纪 70 年代至 21 世纪前 10 年（2001～2010 年），青藏高原地区各流域冰川径流呈现波动变化趋势（图 3-3），其中，雅鲁藏布江源的冰川融水径流量最大，多年平均值达 $2.79 \times 10^9 \mathrm{m}^3$，怒江源次之，长江源、澜沧江源和黄河源的冰川融水径流量较小，多年平均值介于 $7 \times 10^7 \sim 4.54 \times 10^8 \mathrm{m}^3$。RCP2.6 和 RCP4.5 情景下，21 世纪 20 年代长江源冰川径流继续增加，21 世纪 30 年代后开始下降，黄河源、澜沧江源、怒江和雅鲁藏布江源的冰川径流在 21 世纪 20 年代已出现时间减弱节点。到 21 世纪末，青藏高原地区各流域冰川径流均呈现下降趋势（图 3-3）。

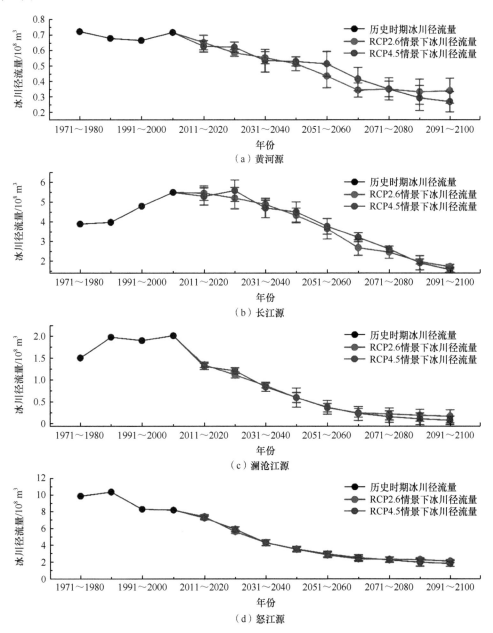

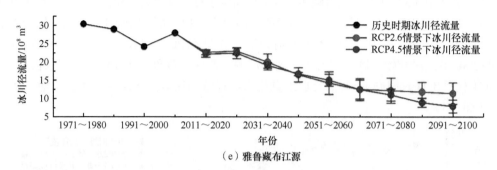

（e）雅鲁藏布江源

图 3-3　RCP 2.6 与 RCP 4.5 情景下青藏高原地区流域冰川径流量年代际变化图

　　西北内陆地区四个流域的冰川径流量亦呈现波动变化趋势（图 3-4）。20 世纪 70 年代至 21 世纪前 10 年，木扎提河的冰川径流量最大（图 3-4），多年平均值为 $9.54 \times 10^8 \mathrm{m}^3$，玛纳斯河和疏勒河次之，呼图壁河的冰川径流量较小。RCP2.6 和 RCP4.5 情景下，2011～2020 年，木扎提河、玛纳斯河、疏勒河的冰川径流量达到最大值，之后呈现下降趋势，出现时间减弱节点，木扎提河和疏勒河冰川径流减少趋势较明显，呼图壁河的冰川径流呈现缓慢减少趋势。

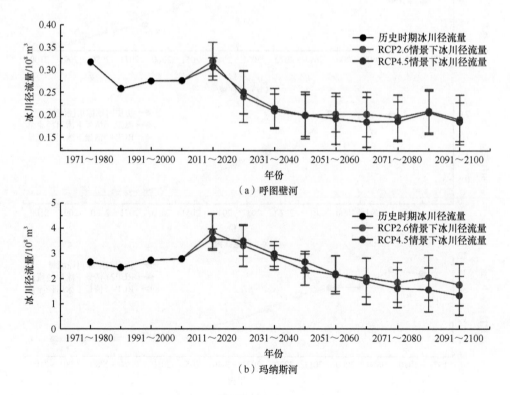

（a）呼图壁河

（b）玛纳斯河

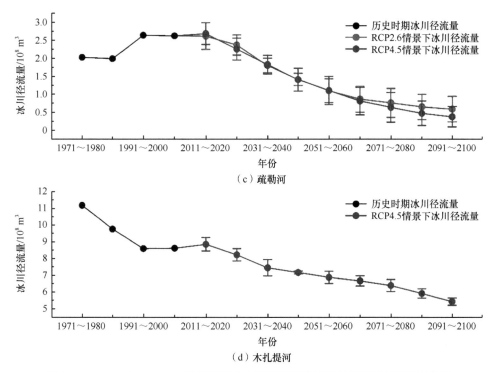

（c）疏勒河

（d）木扎提河

图 3-4 RCP 2.6 与 RCP 4.5 情景下西北内陆河地区流域冰川径流量年代际变化图

2. 冰川水文调节功能总体变化

历史时期（1971～2010 年），中国西部寒旱区各流域冰川水文调节功能呈现不同幅度变化（图 3-5）。在西北内陆地区，各流域冰川水文调节变幅较大，其中，木扎提河冰川水文调节功能最高，冰川水文调节指数（$Glacier_R$）为 0.30；疏勒河和玛纳斯河次之，$Glacier_R$ 分别为 0.75 和 0.78；呼图壁河最低，$Glacier_R$ 为 0.91。在青藏高原地区，五大江源流域的冰川水文调节功能均处于较低水平，$Glacier_R$ 介于 0.93～0.99（图 3-5）。

未来到 21 世纪末，中国西部寒旱区各流域冰川水文调节功能均呈现不同程度的下降趋势（图 3-5、图 3-6）。RCP2.6 情景下，西北内陆地区三个流域中，疏勒河冰川水文调节功能下降幅度最大，降幅达 12.99%，玛纳斯河次之，降幅为 5.04%，呼图壁河降幅最小（图 3-5）。青藏高原地区五个流域中，雅鲁藏布江源的冰川水文调节功能下降幅度最大，降幅为 3.97%，其余四个流域冰川水文调节功能一直处于较低水平，$Glacier_R$ 介于 0.97～1.00（图 3-5）。RCP4.5 情景下，西北内陆地区四个流域中，木扎提河冰川水文调节功能下降幅度最大，降幅达 25.4%，疏勒河次之，玛纳斯河和呼图壁河降幅很小（图 3-6）。青藏高原地区五个流域中，长江源的冰川水文调节功能下降幅度最大，降幅为 3.62%，雅鲁藏布江源次之，降幅为 2.15%，其余三个流域冰川水文调节功能一直处于较低水平，$Glacier_R$ 介于 0.99～1.00（图 3-6）。

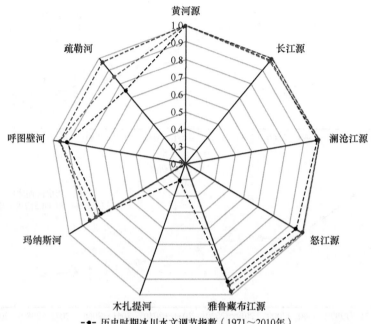

图 3-5　历史时期及 RCP2.6 情景下中国西部寒旱区流域冰川水文调节指数总体变化

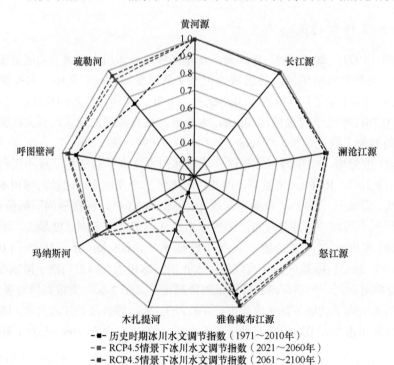

图 3-6　历史时期及 RCP4.5 情景下西部寒旱区流域冰川水文调节指数总体变化

3. 冰川水文调节功能年代际变化

为了解西部寒旱区各流域冰川水文调节功能的动态变化,本研究以 10 年为一个时段,计算冰川水文调节指数,详细剖析过去至 21 世纪末冰川水文调节功能的年代际变化。

1) 青藏高原地区流域冰川水文调节功能年代际变化

20 世纪 70 年代~21 世纪 90 年代,青藏高原地区五大江源流域的冰川水文调节功能在波动中呈减弱趋势(图 3-7)。在这一总变化趋势下,可细分为三个阶段: 20 世纪 70 年代~21 世纪 10 年代、21 世纪 10~50 年代和 21 世纪 50~90 年代。第一个阶段,即历史时期,冰川水文调节功能呈现变化波动幅度大、调节功能强的特征(长江源除外,图 3-7);第二个阶段,冰川水文调节功能变化明显有所缓和,但长江源流域呈现出较大差异性,此阶段其冰川水文调节功能增强,处于相对最强调节功能期,RCP2.6 和 RCP4.5 情景下变化所不同的是,RCP4.5 情景下波动起伏较大,而 RCP2.6 情景下比较稳定(图 3-7)。第三个阶段,两种情景下各流域调节功能进一步减弱,并保持平稳状态(图 3-7)。

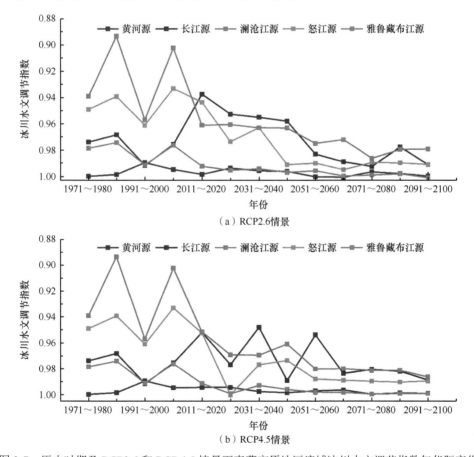

图 3-7　历史时期及 RCP2.6 和 RCP 4.5 情景下青藏高原地区流域冰川水文调节指数年代际变化

五大江源流域比较而言,雅鲁藏布江源流域冰川水文调节功能最大,在历史时期和 21 世纪 50~90 年代 RCP2.6 情景下表现尤为明显;其他四大江源流域依次为怒江源、长江源、澜沧江源与黄河源流域（20 世纪 70 年代~21 世纪 10 年代）。黄河源流域冰川水文调节功能最小，且在整个研究时期保持在一个较低水平，Glacier$_R$ 介于 0.99~1.00。图 3-7 显示，五大江源流域冰川水文调节功能减弱的起始时间节点存在一定差异，雅鲁藏布江源和澜沧江源流域为 1981~1990 年，怒江源流域为 2001~2010 年，长江源流域为 2011~2020 年，黄河源流域为 1991~2000 年。尽管存在这种不同，但一个事实就是，2011~2000 年以来青藏高原地区五大江源流域冰川水文调节功能均已处于减弱状态，20 世纪 70 年代~21 世纪 10 年代是青藏高原地区冰川水文调节功能较强时期。

2）西北内陆地区流域冰川水文调节功能年代际变化

20 世纪 70 年代至 21 世纪末，西北内陆地区各流域冰川水文调节功能亦表现为减弱趋势。其中，20 世纪 70 年代~21 世纪 10 年代调节功能相对较强，且变化起伏较大，位于祁连山西部的疏勒河流域和天山北麓的玛纳斯河流域冰川水文调节功能变化尤为剧烈（图 3-8）；21 世纪 10 年代之后，不论是 RCP2.6 情景，还是 RCP4.5 情景，冰川调节功能变化明显减弱，除疏勒河流域减弱幅度较大之外，其他流域变化相对和缓。

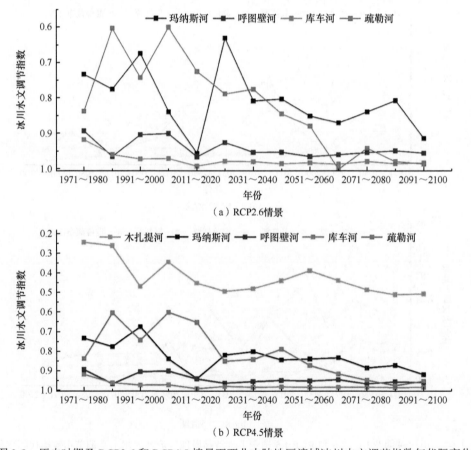

图 3-8　历史时期及 RCP2.6 和 RCP4.5 情景下西北内陆地区流域冰川水文调节指数年代际变化

在西北内陆地区，研究流域的冰川水文调节功能变化迥异。位于天山南坡的木扎提河水文调节功能相对最强，20 世纪 70 年代～21 世纪 90 年代尽管其水文调节功能呈减弱趋势，但在 RCP4.5 情景下其 Glacier$_R$ 仍介于 0.2～0.51，表明其水文调节功能处于较高水平。疏勒河流域的冰川水文调节功能仅次于木扎提河流域，但其在历史时期变化剧烈，2001～2010 年后快速减弱。玛纳斯河流域冰川水文调节功能变化阶段性特征明显，以 21 世纪 20 年代为界，之前，RCP2.6 情景下波动中增强，之后在波动中减弱，RCP4.5 情景下 21 世纪 20 年代之前减弱较快，之后减弱比较和缓。呼图壁河冰川水文调节功能较小，变化和缓，且一直保持较稳定水平（图 3-8）。

西北内陆河诸流域冰川水文调节功能变化的拐点亦存在一定差异。木扎提河（RCP4.5）、呼图壁河（RCP2.6 和 RCP 4.5）自 20 世纪 70 年代之后冰川水文调节功能就一直处于减弱态势；玛纳斯河流域在两种 RCP 情景下表现不同，RCP2.6 情景下，存在两个拐点，分别为 20 世纪 90 年代和 21 世纪 20 年代；而在 RCP4.5 情景下，拐点只为 20 世纪 90 年代（图 3-8）；疏勒河流域的冰川水文调节功能减弱的时间节点为 21 世纪前 10 年。

综上所述，中国西部寒旱区流域冰川水文调节功能处于减弱态势，20 世纪 70 年代～21 世纪 10 年代是相对最强冰川水文调节功能期，在 RCP2.6 和 RCP 4.5 情景下，未来到 21 世纪末，冰川水文调节功能明显减弱，减弱的时间节点各流域不同，最早为 20 世纪 70 年代，最晚为 21 世纪 20 年代，早晚相差 50 年。各流域因冰川性质、规模等异同，冰川水文调节功能大小呈现一定的差异，总体上，西北内陆地区流域冰川水文调节功能较高，青藏高原地区流域冰川水文调节功能一直处于较低水平。

3.1.4 讨论

过去半个多世纪，青藏高原区和西北内陆区的气温升高是个不争的事实（叶柏生等，2012；陈亚宁等，2014），受全球气候变暖影响，冰川不稳定性增加（Ding et al., 2019），未来冰川继续退缩，冰川水文调节功能也将持续减弱。青藏高原地区和西北内陆地区冰川水文调节功能变化存在较大差异，青藏高原地区冰川水文调节功能一直处于较低水平，西北内陆地区冰川水文调节功能处于较高水平，主要原因是冰川径流贡献率不同。青藏高原地区五大源的冰川径流贡献率介于 0.35%～5.48%，而西北内陆地区各流域冰川径流贡献率介于 6.62%～66.81%，西北内陆地区各流域冰川径流贡献率较高，青藏高原地区各流域冰川径流贡献率一直处于较低水平。

作为冰川三大功能之一的水文调节功能，对中国西部干旱内陆河流域来说尤为重要，冰川水文调节功能减弱或消失将可能引起流域径流丰枯不均，导致极端干旱和洪涝灾害风险增大，对西北干旱区内陆河流域产生深刻影响（丁永建等，2020b，2020c）。

3.2 天山南北坡流域水资源供给及其功能变化

中国寒旱区九个流域的冰川水文调节功能分析表明，西北内陆地区冰川水文调节功能明显高于青藏高原地区，冰川水文调节功能减弱或消失可能对干旱区内陆河流域社会经济的影响更为突出。故本节在冰冻圈水资源显著影响的西北内陆地区天山南北坡，选取不同冰川覆盖率的玛纳斯河流域、呼图壁河流域、木扎提河流域与库车河流域作为典型研究流域，使用 VIC-CAS 模型开展流域径流量与冰川融水径流量模拟与分析，并预估 SSP1-2.6（低）、SSP2-4.5（中）和 SSP5-8.5（高）情景下未来至 21 世纪中期流域水资源供给功能变化、冰川水资源调节功能变化与服务价值，综合分析地区差异。

3.2.1　数据与研究方法

1. 研究区概况

天山北坡经济带是新疆工业、农业、交通信息、教育科技等最为发达的核心区域，具有明显发展优势和潜力。该经济带亦是"一带一路"的核心建设地段和关键节点，对全疆经济发展起着重要的带动、辐射和示范作用。天山高山区的淡水资源供给为南北坡中下游区域的农业、工业发展以及居民生产生活提供了重要保障。由于天山北坡的玛纳斯河流域、呼图壁河流域和天山南坡的木扎提河流域及库车河流域的冰川覆盖率不同，所处区域的气候条件存在一定差异，各流域的社会经济发展状况亦不相同，上述四个流域在天山南北坡具有一定代表性。因此，本研究选取以上四个流域为具体研究区（图3-9），四个流域概况见下述。

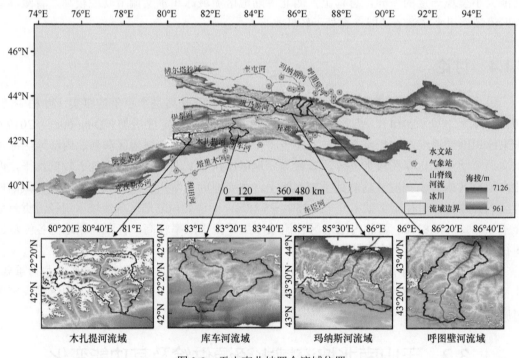

图 3-9　天山南北坡四个流域位置

1）玛纳斯河流域

玛纳斯河流域位于天山北麓中部和准噶尔盆地南缘，地处 84°42′E～86°35′E、43°22′E～

45°20′E，地势由东南向西北倾斜。流域内主要地貌类型为山麓斜坡洪冲积扇、冲积湖积平原和风积地貌。土壤和植被具有较明显的垂直地带性特征。土壤类型垂直分布从高到低依次为高山草甸土、森林灰褐土、黑钙土和棕钙土，对应植被类型依次为垫状植被、地衣、高山或亚高山草甸、天山云杉林、灌木林和荒漠草原等。玛纳斯河流域多年平均径流量$1.29×10^9m^3$，总流域面积约为$2.7×10^4km^2$（魏玲玲，2014）。流域自西向东由巴音沟河、金沟河、宁家河、玛纳斯河、塔西河五条河流组成。玛纳斯河流域地处欧亚大陆腹地，属于典型的温带大陆性干旱气候，年内降水分配不均，气温年较差大，蒸发量大。

玛纳斯河是该流域最大的一条河流，亦是准噶尔内流区冰川数量和规模最大的河流，河流全长324km，肯斯瓦特水文站以上集水面积为$5156km^2$。降水主要分布在山前平原区，年降水量为110~200mm，年内降水集中在4~8月，约占年平均降水量的70%（张正勇，2018），年蒸发量在1500~2000mm。玛纳斯河海拔为846~5138m，海拔3600m以上的区域常年被积雪和冰川覆盖，冰川覆盖面积约占流域面积的12%，冰川和积雪融水为河川径流提供了35%的径流补给。

就行政区划而言，玛纳斯河流域包括玛纳斯县、石河子市、农八师十四个团场、沙湾市以及克拉玛依市小拐乡。流域内有石河子、莫索湾和下野地三个灌区。流域内总人口约为101万人，居住着汉族、哈萨克族、回族、维吾尔族、蒙古族等32个民族。2020年末完成地区生产总值705.66亿元，其中第一产业增加值为162.21亿元，第二产业增加值为241.69亿元，第三产业增加值为301.76亿元，三次产业结构比例为23.0∶34.2∶42.8。流域内经济发展以农业产业为主，主要种植作物有棉花、小麦、玉米、番茄和葡萄等。2020年末主要作物播种面积32.01万hm^2，牲畜存栏量123.05万头（只）。

2）呼图壁河流域

呼图壁河流域位于天山北坡中段，地处准噶尔盆地南缘，地理坐标介于86°05′E~87°08′E、43°07′N~45°20′N，地势南高北低，由东南向西北倾斜。全流域分为南部山区、中部平原绿洲区以及北部荒漠区三大地貌单元。流域内土壤类型分布自南向北依次为亚高山草甸土、黑钙土、栗钙土、棕钙土、灰漠土和风沙土等。流域南部山区中山地带森林发育广泛，植被良好，中部平原区主要分布旱生灌木、天然林以及人工林，为绿洲地区农牧业生产提供了必要条件，北部荒漠区植被主要为灌木林，分布有红柳、骆驼刺、梭梭和沙拐枣等沙生植物。呼图壁河流域全长258km，年径流量$5.14×10^8m^3$（聂敏，2016）。流域主要受西风带和北冰洋冷空气影响，气候类型为中温带大陆性干旱气候，山区年平均降水量达600mm，降水量远高于平原区和荒漠区，年内降水分配不均匀。

呼图壁河流域由呼图壁河和军塘湖河两大独立水系构成。呼图壁河是天山北坡中段昌吉回族自治州的第二大河，发源自喀拉乌成山分水岭，河流总长176km，总流域面积$10\,255km^2$，其中石门水文站以上集水面积$1840km^2$，多年平均径流量$4.8×10^8m^3$，汇集了流域近94%的地表径流。呼图壁河上游源头大部分为冰川和积雪，以夏季降水和季节性融雪水补给为主。河源发育冰川239条，冰川覆盖面积$72.07km^2$，占流域面积的3.9%。山区石门水文站的多年平均气温和多年平均降水量分别为5.5℃和414mm，多年平均蒸发量为1587mm。平原区呼图壁气象站的多年平均气温和多年平均降水量分别为7.0℃和160mm，多年平均蒸发量为2390mm（姚俊强，2015）。

呼图壁河流域边界与呼图壁县行政边界基本重合。呼图壁县不仅是"乌昌核心经济圈"的重要组成部分，还是通往北疆各地及边贸口岸的重要交通枢纽。县辖七个乡镇、五个农牧林场，土地面积9421km²。2020年末总人口20.57万人（含兵团），其中城镇人口13.44万人，农村人口7.13万人，城镇化率达65.34%。呼图壁县境内居住着汉族、哈萨克族、回族、维吾尔族、蒙古族等25个民族。2020年末完成地区生产总值139.38亿元，其中第一产业增加值为50.67亿元，第二产业增加值为29.02亿元，第三产业增加值为59.69亿元，三次产业结构比例为36.35：20.82：42.83，人均生产总值为67 748元。县域经济发展以农业为主，主要种植作物有棉花、玉米、番茄和小麦等。2020年末主要作物播种面积7.6万hm²，牲畜存栏量49.52万头（只）。

3）木扎提河流域

木扎提河流域位于天山南坡拜城县西北部，东与卡普斯浪河相邻，西与温宿县接壤，北与昭苏县接壤，地势由西北向东南倾斜。流域深居欧亚大陆腹地，属大陆性季风气候，气候特点为四季分明，昼夜温差大，光照强烈；冬季严寒且持续时间比较长。多年平均气温为7.0℃。该流域主要受大西洋和北冰洋暖湿气流影响，降水垂直梯度特征比较明显，集中在高山区，降水年内分配不均匀，集中在5~9月，约占全年降水的70%。木扎提河流域主要土壤类型包括：潮土、灌淤土、草甸土、水稻土、盐土、棕漠土、风沙土和棕钙土等。流域植被类型分为野生植被和人工植被，野生植被主要包括胡杨、柽柳、花花柴、白刺、骆驼刺、猪毛菜和芦苇等；人工植被以经济作物为主，包括棉花、小麦、玉米和果树等。

木扎提河发源于天山南麓的汗腾格里峰，是渭干河五条源流中最大的一条河流，河流总长282km，海拔介于1884~6779m，破城子水文站以上集水区面积达2845km²。流域高山区发育有大量现代冰川，流域内分布有243条冰川，冰川总面积为1.28×10^3m²，占流域总面积的48.2%（赵求东等，2020），为新疆主要河流中冰川面积覆盖率最大的河流之一。丰富的高山区冰川融水是木扎提河流域的主要补给源，冰川融水占径流的比例高达81.8%（杨针娘，1991）。木扎提河多年平均径流量1.45×10^9m³，是渭干河水量的主要来源，约占到渭干河径流量的1/2。木扎提河径流年内分配不均，集中在夏季（6~8月），占年径流的69.6%，以冰雪融水为主。木扎提河在拜城盆地西北部破城子处流出山口，折向东流，入拜城盆地，流经却勒塔格山北麓沿程先后汇集发源于哈雷克套山南坡的喀布斯浪河、台勒维丘克河、卡拉苏河、克孜尔河后汇入克孜尔水库后始称渭干河，供库车市、沙雅县、新和县生产生活用水。

2020年末流域内总人口为58.97万人，其中城镇人口27.73万人，农村人口31.24万人，城镇化率达47.02%。流域内居住着维吾尔族、汉族、哈萨克族、回族和蒙古族等二十多个民族。2020年末完成地区生产总值264.05亿元，其中第一产业增加值为53.52亿元，第二产业增加值为113.85亿元，第三产业增加值为96.68亿元，三次产业结构比例为20.27：43.12：36.61。流域主要种植作物有棉花、小麦、玉米、油菜、甜菜、葡萄和杏树等。2020年末主要作物播种面积22.34万hm²，牲畜存栏量180.15万头（只）。

4）库车河流域

库车河，又称为苏巴什河，位于天山南麓中部、塔里木盆地北缘，地形北高南低，自西北向东南倾斜。流域地处暖温带，气候干燥，降水稀少，夏季炎热，冬季干冷，气温温差大，属大陆性干旱气候。库车河流域山区平均气温 3.4℃，平原区平均气温 10.5℃，年平均降水量 135mm，降水总趋势为北多南少，西多东少，5～8 月降水可占全年总降水量的 64%～78%（徐敬东，2012）。库车河土壤类型主要为盐化潮土、沼泽土、草甸土、草甸盐土和棕钙土等。植被类型主要有胡杨、红柳、骆驼刺、大芸、白刺、碱荒草等。

库车河发源于天山山脉中部科克铁克山的莫斯塔冰川，上游西支的乌什开伯西河是其主源，东支阿恰沟和大小龙池池水在库尔干陆续汇入乌什开伯西河后始称库车河，其在库如力汇入东支科克那克河后至库台克力克与西支卡尔塔西河交汇，经过连续两次转弯后南下，经康村，穿过却勒塔格山后至兰干水文站。流过水文站后，河道又分为上、中、下三段，上段河流长度为 8.5km，中段河流长度为 15.6km，下段河流长度为 12km，最后散失于下游平原和荒漠区。河流总长 221km，海拔介于 930～4553m，多年平均径流量 4.03×10^{8}m^3，兰干水文站以上集水区面积达 2946km^2，流域总面积为 5070km^2（艾力帕尔·阿合买提，2021）。库车河流域冰川面积覆盖率仅占 0.5%，夏季降水补给是其主要径流补给源。

库车河是库车市主要河流之一，流经库车市乌恰镇、依西哈拉镇、吾宗镇、亚哈镇和比西巴克乡等。2020 年末流域内总人口为 18.46 万人，其中城镇人口 7.79 万人，农村人口 10.67 万人，城镇化率达 42.20%。流域内居住着维吾尔族、汉族、哈萨克族等多个民族，其中维吾尔族人口居多，占总人口的 89%。2020 年末完成地区生产总值 109.78 亿元，其中第一产业增加值为 10.55 亿元，第二产业增加值为 59.28 亿元，第三产业增加值为 39.95 亿元，三次产业结构比例为 9.60：54.00：36.40。流域主要种植作物有棉花、小麦、玉米、梨、杏和葡萄等。2020 年末主要作物播种面积 6.01 万 hm^2，牲畜存栏量 37.40 万头（只）。

以上四个流域的主要自然与社会经济指标汇总见表 3-3。

表 3-3　天山南北坡四个流域主要自然社会经济指标

指标	玛纳斯河	呼图壁河	木扎提河	库车河
年平均径流量/10^{8}m^3	12.90	4.80	14.52	4.03
出山口流域面积/km^2	5156	1840	2845	2946
冰川覆盖率/%	12.00	3.90	48.20	0.50
年平均冰川融水补给率/%	19.75	6.28	65.59	2.24
人口/万人	101.00	20.57	58.97	18.46
GDP/亿元	705.66	139.38	264.05	109.78

注：人口和 GDP 数据均为 2020 年末统计数据。

2. 数据及其来源与预处理

VIC-CAS 模型输入数据包括气象强迫数据、气候模式数据、第一次和第二次冰川编目数据、土壤数据、植被数据、地形高程数据以及水文观测数据等，详见表 3-4。

表 3-4 VIC-CAS 模型所需输入数据及其来源

数据类型	具体描述	数据属性	主要来源	时间
气象强迫数据	32 个国家气象站点观测数据	日降水量，日平均风速，日最高、最低和平均气温	国家气象科学数据中心（http://data.cma.cn）	1971～2013 年
气候模式数据	CMIP6 气候模式数据	日降水量，日平均风速，日最高、最低和平均气温	世界气候研究计划（https://www.wcrp-climate.org）	1971～2100 年
冰川数据	中国第一、二次冰川编目数据	冰川面积	国家冰川冻土沙漠科学数据中心（http://www.ncdc.ac.cn/portal/）	—
土壤数据	全球土壤分类格网数据，空间分辨率 5′	饱和传导度、凋萎含水量、田间持水量和土壤质地	联合国粮食及农业组织土壤数据库（https://www.fao.org/soils-portal/）	2009 年
植被数据	全球地表覆盖数据，空间分辨率 1km	月平均反照率、叶面积指数	美国马里兰大学（https://daac.ornl.gov/）	2000 年
地形数据	DEM 数据，空间分辨率 30m	高度、坡度、坡向、流向	地理空间数据云（http://www.gscloud.cn）	—
水文数据	石门水文站、肯斯瓦特水文站、破城子水文站和兰干水文站	月径流量、经纬度	新疆水文局	1971～2013 年

1）气象强迫数据及其预处理

VIC-CAS 模型需要输入日时间序列的气象强迫数据，该数据是由位于研究流域内观测站点的气象数据插值得到的。首先选取天山南北坡四个流域周边的 32 个国家气象站及其水文站 1971～2013 年的气象观测数据，对研究区所在流域逐月的气温和降水的垂直梯度进行分析，然后运用梯度距离平方反比法（gradient plus inverse distance squared，GIDS）将日气温（日最高气温、日最低气温和日平均气温）和降水观测数据插值到模型计算单元的中心（赵求东等，2020），计算公式为

$$T_0 = \sum_{i=1}^{n}\left\{1/d_i^2\left[T_i + T_{\text{alt},m}\left(E_0 - E_i\right)\right]\right\} \bigg/ \left(\sum_{i=1}^{n}1/d_i^2\right) \qquad (3\text{-}14)$$

$$P_0 = \sum_{i=1}^{n}\left\{P_i/d_i^2\left[1 + \left(P_{\text{alt},m}\left(E_0 - E_i\right)\right)/P_{i,m}\right]\right\} \bigg/ \left(\sum_{i=1}^{n}1/d_i^2\right) \qquad (3\text{-}15)$$

式中，T_0 为模型计算单元非冰川区的日气温，℃；P_0 为模型计算单元非冰川区的日降水量，mm；T_i 为第 i 个相邻气象站点的日气温，℃；P_i 为第 i 个相邻气象站点的日降水量，mm；E_0 为模型计算单元的平均高程，m；E_i 为第 i 个相邻气象站点的高程，m；d_i 为第 i 个气象站点与模型计算单元之间的距离，m；$P_{i,m}$ 为第 i 个相邻气象站点对应的 m 月的多年平均降水量，mm；$T_{\text{alt},m}$（℃/m）和 $P_{\text{alt},m}$（mm/m）分别为研究区流域 m 月的气温与降水的海拔梯度；n 为相邻气象站点的个数。

模型所需的日平均风速驱动数据根据站点观测值，运用反距离权重插值法（inverse-distance-squared，IDW）获得，公式为

$$W_0 = \sum_{i=1}^{n} \left(1/d_i^2 \times W_i \right) \Big/ \left(\sum_{i=1}^{n} 1/d_i^2 \right) \tag{3-16}$$

式中，W_0 为模型计算单元的日平均风速，m/s；W_i 为第 i 个相邻气象站点的日平均风速，m/s；d_i 的含义同上。

2）模型预估驱动数据及其预处理

VIC-CAS 模型预估驱动输入数据来自国际耦合模式比较计划第六阶段（CMIP6）的全球气候模式（Global Climate Model，GCM）数据集，本研究选取了数据完整的 32 个 GCM，并提取了研究流域 1971～2005 年和 2041～2070 年两个时段的模拟数据，对比分析 2041～2070 年与基准期（1971～2005 年）平均气温和降水量变化情况，从中选择接近平均水平的五个 GCM 开展径流的模拟预估研究。GCM 输出数据为日尺度的气温（日最高、最低和平均气温）、日平均降水和日平均风速数据，选取了 SSP1-2.6（低）、SSP2-4.5（中）和 SSP5-8.5（高）三种不同排放情景，时间序列为 1971～2100 年（表 3-5）。

表 3-5　研究中选取的全球气候模式数据

模式名称	国家	研发机构	模式集合	空间分辨率（纬度×经度）
CMCC-CM2-SR5	意大利	欧洲地中海气候变化中心	r1i1p1f1	1.25°×0.94°
MIROC6	日本	日本环境研究所、日本地球环境研究中心	r1i1p1f1	1.40°×1.40°
MIROC-ES2L	日本	日本环境研究所、日本地球环境研究中心	r1i1p1f2	2.80°×2.80°
NorESM2-LM	挪威	挪威气候中心	r1i1p1f1	1.25°×0.94°
CNRM-CM6-1	法国	国家气象研究中心	r1i1p1f2	1.40°×1.40°

由于 IPCC-CMIP6 的全球气候模式（GCM）的空间分辨率一般比较低，不能直接用于 VIC-CAS 模型的气象数据驱动，需进行降尺度。本研究运用 QDM（bias-correction with quantile delta mapping）统计降尺度法（Cannon et al.，2015；Kim et al.，2021；Tong et al.，2021），对研究区的全球气候模式数据进行降尺度，从而得到该研究区未来气候变化情景。计算方案为

$$\hat{x}_{s,r}(t) = F_{o,r}^{-1}\left\{ F_{s,r}\left[x_{s,r}(t) \right] \right\} \tag{3-17}$$

$$\Delta_s(t) = \begin{cases} x_{s,f}(t)/F_{s,r}^{-1}\left\{ F_{s,f}\left[x_{s,f}(t) \right] \right\} & 降水量 \\ x_{s,f}(t) - F_{s,r}^{-1}\left\{ F_{s,f}\left[x_{s,f}(t) \right] \right\} & 其他气象要素 \end{cases} \tag{3-18}$$

$$\hat{x}_{s,f}(t) = \begin{cases} F_{o,r}^{-1}\left\{ F_{s,f}\left[x_{s,r}(t) \right] \right\}\Delta_s(t) & 降水量 \\ F_{o,r}^{-1}\left\{ F_{s,f}\left[x_{s,r}(t) \right] \right\} + \Delta_s(t) & 其他气象要素 \end{cases} \tag{3-19}$$

式中，$F_{o,r}$ 和 $F_{s,r}$ 分别为基准期（1969～2012 年）气象观测站点与气象站点对应 GCM 格网模拟的日气象数据的经验累积分布函数；$F_{s,f}$ 为未来两个时期（2013～2056 年，2057～2100 年）对应 GCM 格网模拟的日气象数据的经验累积分布函数；$x_{s,r}(t)$ 和 $x_{s,f}(t)$ 分别为对应 GCM

格网模拟的基准期与未来时期气候模式输出的日气象数据；$\Delta_s(t)$ 为同一分位点其对应的基准期与未来时期 GCM 模拟的气象数据之间的差异；$\hat{x}_{s,r}(t)$ 和 $\hat{x}_{s,f}(t)$ 为降尺度之后的日气象数据。

3）冰川面积数据

冰川面积数据来自中国第一次、第二次冰川编目。第一次冰川编目以 20 世纪 50～80 年代的航摄地形图和航空相片为主要数据源制作完成；第二次冰川编目则是利用遥感和地理信息系统技术，采用 2006～2011 年的 Landsat TM 和 ETM+ 遥感影像数据为主要数据源，通过自动和人工解译制作而成。本研究将第一次冰川编目的冰川面积数据作为模型输入数据，第二次冰川编目的冰川面积数据作为模型的校正及验证数据。

4）土壤和植被数据

模型驱动所需的土壤数据来源于联合国粮食及农业组织的土壤数据库，数据空间分辨率为 5′×5′，该数据库提供的全球土壤特性数据包括饱和传导度、田间持水量、凋萎含水量和土壤质地等。植被类型及参数数据来源于美国马里兰大学的全球地表覆盖数据集，空间分辨率为 1km×1km，植被参数数据包括月平均反照率和叶面积指数等，对模型计算单元内的各植被类型所占比例依次进行统计。

5）水文数据

水文数据为天山南北坡四个流域出山径流的月径流观测数据。玛纳斯河肯斯瓦特水文站、木扎提河破城子水文站和库车河兰干水文站月径流观测数据时间序列为 1971～2013 年，呼图壁河石门水文站的月径流观测数据时间序列为 1977～2013 年。

3. 流域径流量模拟及预估方法

玛纳斯河流域、呼图壁河流域、木扎提河流域和库车河流域出山径流量与冰川融水径流量的模拟及预估亦使用 VIC-CAS 水文模型，具体方法与模拟过程同 3.1.1 节，此处不再赘述。下面仅呈现模型模拟结果验证。

选取天山南北坡四个流域进行径流模拟，模型预热期设置为 1961～1970 年，玛纳斯河、木扎提河和库车河三个流域的率定期设定为 1971～1990 年，验证期设定为 1991～2010 年。因径流观测资料缺失，呼图壁河流域的率定期设定为 1981～1995 年，验证期设定为 1996～2010 年。图 3-10 为天山南北坡四个流域模拟与实测月径流曲线变化图，表 3-6 为模型模拟结果评价。

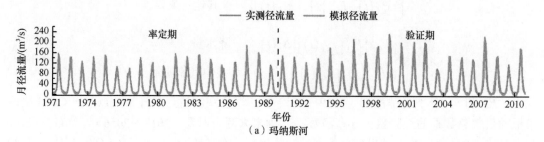

（a）玛纳斯河

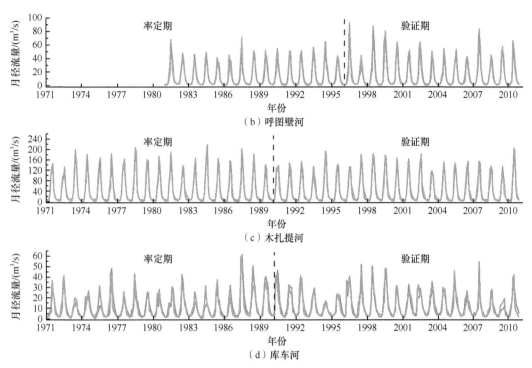

图 3-10　天山南北坡流域模拟与实测月平均径流变化曲线图

从图 3-10（a）和图 3-10（b）可以看出，天山北坡玛纳斯河流域和呼图壁河流域模拟结果较好。玛纳斯河流域模拟期为 1971～2013 年，该流域的月径流模拟值与实测值的结果较一致，部分年份的月径流模拟值比实测值偏小，尤其在 1978 年、1996 年、1999 年、2002 年和 2009 年更为明显 [图 3-10（a）]。玛纳斯河流域率定期和验证期的纳什效率系数（NSE）和决定系数（R^2）均在 0.90 左右，相对误差（E_r）分别为 –2.70% 和 –3.80%（表 3-6）。呼图壁河流域模拟期为 1977～2013 年，该流域的月径流模拟值与实测值也较为一致，1987 年、1997 年和 2002 年的月径流模拟值偏小较为明显 [图 3-10（b）]。呼图壁河流域的率定期和验证期的纳什效率系数（NSE）和决定系数（R^2）均在 0.88 左右，相对误差（E_r）分别为 4.49% 和 2.41%（表 3-6）。

表 3-6　率定期及验证期模拟结果评价

流域名称	控制水文站	率定期			验证期		
		NSE	R^2	E_r /%	NSE	R^2	E_r /%
玛纳斯河	肯斯瓦特	0.89	0.91	–2.70	0.89	0.9	–3.80
呼图壁河	石门	0.88	0.89	4.49	0.87	0.88	2.41
木扎提河	破城子	0.92	0.93	1.61	0.91	0.92	1.73
库车河	兰干	0.76	0.80	–11.61	0.76	0.79	–6.23

天山南坡木扎提河流域和库车河流域的模拟结果存在一定差异 [图 3-10（c）与（d）]，

两个流域的模拟期均为1971～2013年，总计43年。总体来说，木扎提河流域的模拟结果优于库车河流域。木扎提河流域的月径流模拟值与实测值比较一致，验证期月径流的模拟值比实测值偏小 [图 3-10（c）]，其率定期和验证期的纳什效率系数（NSE）和决定系数（R^2）均在 0.92 左右，相对误差（E_r）分别为 1.61% 和 1.73%（表 3-6）。库车河流域的模拟精度略低，2008 年的月径流模拟结果偏小 [图 3-10（d）]，该流域的率定期和验证期的纳什效率系数（NSE）均为 0.76，决定系数（R^2）分别为 0.80 和 0.79，相对误差（E_r）分别为 –11.61% 和 –6.23%（表 3-6）。

4. 水资源丰枯水年划分方法

丰枯水年划分方法源自《水文情报预报规范》（GB/T 22482—2008），采用河道来水距平百分率（I_r），划分天山南北坡流域水资源供给丰枯水年（表 3-7），运用频次法确定流域丰枯水年所占百分比，计算公式如下

$$I_r = \frac{R_w - R_a}{R_a} \times 100\% \tag{3-20}$$

式中，I_r 为河道来水距平百分率，%；R_w 为河道年径流量，m^3；R_a 为河道多年平均径流量，m^3。

表 3-7 径流丰枯等级划分标准

划分标准	河道来水距平百分率
特丰水年	$I_r \geq 20\%$
偏丰水年	$10\% \leq I_r < 20\%$
平水年	$-10\% \leq I_r < 10\%$
偏枯水年	$-20\% \leq I_r < -10\%$
特枯水年	$I_r < -20\%$

5. 水资源功能划分方法

参照孙栋元等（2019）对疏勒河流域年径流分级方法，根据年径流量（Q）、年平均径流量（Q_{mean}）和年径流量标准差（Q_σ）对流域总水资源与冰川水资源供给功能进行划分，分为极低供给、低供给、中供给、高供给和极高供给五种类型，划分标准见表 3-8，运用频次法确定各流域水资源供给功能类型。

表 3-8 水资源供给功能分级标准

序号	级别	分级标准
1	极低供给	$Q \leq Q_{mean} - Q_\sigma$
2	低供给	$Q_{mean} - Q_\sigma < Q \leq Q_{mean} - 0.5Q_\sigma$
3	中供给	$Q_{mean} - 0.5Q_\sigma < Q \leq Q_{mean} + 0.5Q_\sigma$
4	高供给	$Q_{mean} + 0.5Q_\sigma < Q \leq Q_{mean} + Q_\sigma$
5	极高供给	$Q > Q_{mean} + Q_\sigma$

3.2.2　流域水资源供给量的过去变化及冰川水资源的贡献

1. 流域水资源供给量的变化

1）年际变化

本研究用出山径流量表征供给量，不考虑地下水部分。1971～2013 年天山南北坡流域年水资源供给量年际变化如图 3-11 所示。天山北坡的玛纳斯河流域和呼图壁河流域的水资源供给量均呈明显增加趋势 [图 3-11（a）（b）]，其年均水资源供给量分别为 $1.28\times10^9\mathrm{m}^3$ 和 $4.73\times10^8\mathrm{m}^3$，最大值出现时间均为 1999 年，水资源供给量分别为 $2.02\times10^9\mathrm{m}^3$ 和 $6.34\times10^8\mathrm{m}^3$，最小值出现时间分别为 1992年和 1977年，其水资源供给量分别为 $9.33\times10^8\mathrm{m}^3$ 和 $3.13\times10^8\mathrm{m}^3$，两个流域的水资源供给增加速率分别为 $9.8\times10^7\mathrm{m}^3/10\mathrm{a}$ 和 $3\times10^9\mathrm{m}^3/10\mathrm{a}$，均通过了 95% 显著性检验（$p<0.05$）。天山南坡的木扎提河流域和库车河流域的水资源供给亦呈不同程度增加趋势 [图 3-11（c）（d）]。木扎提河流域水资源供给增加趋势较平缓 [图 3-11（c）]，水资源供给增加速率为 $1\times10^6\mathrm{m}^3/10\mathrm{a}$，其年均水资源供给量为 $1.45\times10^9\mathrm{m}^3$，最大值和最小值出现年份分别为 1978 年和 2003 年，水资源供给量分别为 $1.80\times10^9\mathrm{m}^3$ 和 $1.19\times10^9\mathrm{m}^3$。库车河流域水资源供给呈明显增加趋势 [图 3-11（d）]，水资源供给增加速率为 $4\times10^7\mathrm{m}^3/10\mathrm{a}$，其年均水资源供给量为 $4.03\times10^8\mathrm{m}^3$，最大值和最小值出现年份分别为 2002 年和 1986 年，水资源供给量分别为 $7.57\times10^8\mathrm{m}^3$ 和 $2.02\times10^8\mathrm{m}^3$。

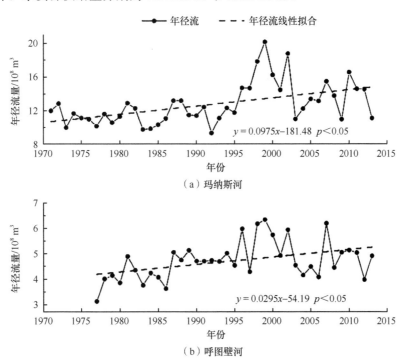

（a）玛纳斯河

（b）呼图壁河

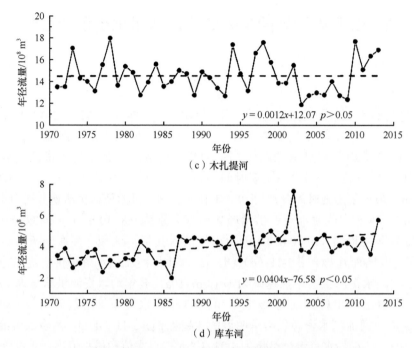

（c）木扎提河

$y = 0.0012x + 12.07 \quad p > 0.05$

$y = 0.0404x - 76.58 \quad p < 0.05$

（d）库车河

图 3-11　1971～2013 年天山南北坡流域水资源供给量年际变化

综上所述，1971～2013 年，天山南北坡四个流域水资源供给量均呈不同程度增加趋势，其年增加速率从高到低依次为玛纳斯河流域＞库车河流域＞呼图壁河流域＞木扎提河流域。

2）年内变化

图 3-12 为天山南北坡流域水资源供给年内分配变化。从图 3-12 可以看出，四个流域水资源供给年内分配差异较大。玛纳斯河、呼图壁河和木扎提河流域年内水资源供给都集中在 5～10 月，分别约占全年的 88%、90% 和 91%，库车河流域年内水资源供给都集中在 4～10 月，约占全年的 88%。夏季（6～8 月）是天山南北坡四个流域年内分配差异最大的季节，库车河夏季水资源供给约占全年的 56%，其余三个流域夏季水资源供给约占全年的 70%。四个流域年内水资源供给最大值均出现在 7 月。

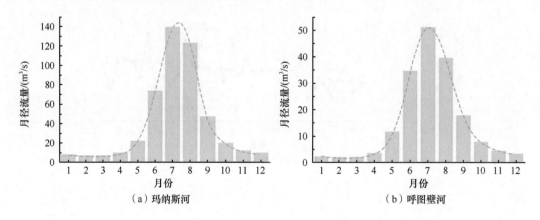

（a）玛纳斯河　　　　　　　　　　（b）呼图壁河

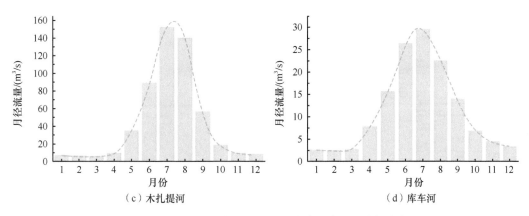

图 3-12　1971～2013 年天山南北坡流域水资源供给年内变化

3）丰枯变化

1971～2013 年天山南北坡流域水资源供给丰枯变化如表 3-9 和图 3-13 所示。过去 40 年天山北坡流域水资源供给丰枯等级变化以平水年和偏枯水年为主。玛纳斯河流域水资源供给不同丰枯等级占比中，平水年占比最高，偏枯水年占比次之，平水年和偏枯水年占比达 62%，不同丰枯等级占比排序为平水年＞偏枯水年＞特丰水年＞特枯水年＝偏丰水年。玛纳斯河流域水资源供给丰枯变化的时间节点亦有不同 [图 3-13（a）]，1996 年前，其丰枯等级占比以平水年和偏枯水年为主，1996 年后，偏丰水年和特丰水年占比明显增加，表明 1996 年后，该流域水资源供给呈明显增加趋势。呼图壁河流域水资源丰枯等级占比中，平水年占比亦最高，占比达 54.05%，偏枯水年占比次之，为 21.62%，不同丰枯等级占比排序为平水年＞偏枯水年＞特丰水年＞特枯水年＞偏丰水年。呼图壁河流域水资源供给丰枯变化的时间节点出现在 1987 年 [图 3-13（b）]，1987 年前，其丰枯等级占比以平水年和偏枯水年为主，1987 年后，偏丰水年和特丰水年占比显著增加。同时期，天山南坡流域的水资源供给丰枯等级占比亦呈不同变化趋势。木扎提河流域平水年占比高达 60.46%，偏枯水年占比次之，为 20.93%，不同丰枯等级占比排序为平水年＞偏枯水年＞偏丰水年＞特丰水年＞特枯水年。木扎提河流域水资源供给丰枯变化在时间节点上呈交替变化态势 [图 3-13（c）]。库车河流域水资源供给不同丰枯等级占比中，平水年占比最高，为 37.21%，特枯水年和偏丰水年占比相当，不同丰枯等级占比排序为平水年＞特枯水年＞偏丰水年＞特丰水年＞偏枯水年。库车河水资源供给丰枯变化的时间节点亦出现在 1987 年 [图 3-13（d）]，1987 年前，其丰枯等级占比以平水年和枯水年为主，1987 年后，偏丰水年和特丰水年占比明显增加。

表 3-9　1971～2013 年天山南北坡流域水资源供给丰枯变化统计

流域	特枯水年		偏枯水年		平水年		偏丰水年		特丰水年	
	年数/年	比例/%	年数/年	比例/%	年数/年	比例/%	年数/年	比例/%	年数/年	比例/%
玛纳斯河	5	11.63	11	25.58	16	37.21	5	11.63	6	13.95
呼图壁河	3	8.11	8	21.62	20	54.05	0	0.00	6	16.22
木扎提河	0	0.00	9	20.93	26	60.46	5	11.63	3	6.98
库车河	10	23.25	3	6.98	16	37.21	9	20.93	5	11.63

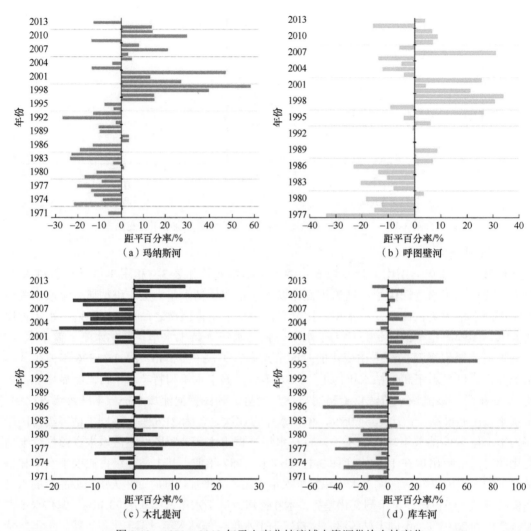

（a）玛纳斯河　　　　　　　　　　　　　（b）呼图璧河

（c）木扎提河　　　　　　　　　　　　　（d）库车河

图 3-13　1971～2013 年天山南北坡流域水资源供给丰枯变化

　　总体上，过去 40 余年，天山南北坡四个流域水资源供给丰枯等级变化以平水年和偏枯水年为主，木扎提河流域平水年占比最高，达到 60.46%；相对于其余三个流域，库车河流域不同等级的丰枯水年分布相对均衡，偏丰水年与特丰水年两个等级的占比合计为 32.56%，位于四个流域之首。就丰枯变化的时间节点而言，虽然变化不一致，表现出明显的"前枯后丰"的变化态势（木扎提河流域除外）（图 3-13），表明 20 世纪 90 年代以后，天山南北坡地区总体上水资源供给趋向偏丰，这与水资源供给呈明显增加趋势的结论一致。

2. 冰川水资源变化及其对流域水资源供给的影响

1）冰川水资源变化特征

　　1971～2013 年天山南北坡流域冰川水资源均呈减少趋势（图 3-14），减少幅度不同。玛纳斯河流域冰川水资源减少速率为 $1.36 \times 10^7 \mathrm{m}^3/10\mathrm{a}$，年冰川水资源量介于 $8.7 \times 10^7 \sim 4.70 \times 10^8 \mathrm{m}^3$

[图 3-14（a）]，最大值出现在 1974 年，最小值出现在 1993 年，年均冰川水资源量为 $2.52\times$ 10^8m^3。呼图壁河流域年冰川水资源量介于 $1.3\times10^7\sim4.7\times10^7m^3$[图 3-14（b）]，最大值出现在 1997 年，最小值出现在 1992 年，年均冰川水资源量为 $3\times10^7m^3$，冰川水资源减少速率为 $4\times10^5m^3/10a$。过去 40 余年，天山南坡木扎提河流域冰川水资源呈明显减少趋势 [图 3-14（c）]，冰川水资源减少速率为 $7.02\times10^7m^3/10a$，通过了 95% 显著性检验（$p<0.05$），其年冰川水资源量介于 $4.93\times10^8\sim1.44\times10^9m^3$，最大值出现在 1978 年，最小值出现在 1996 年，年均冰川水资源量为 $9.53\times10^8m^3$。库车河流域年冰川水资源量介于 $4\times10^6\sim1.6\times10^7m^3$[图 3-14（d）]，最大值出现在 1973 年，最小值出现在 2013 年，年均冰川水资源量为 $9\times10^6m^3$，冰川水资源减少速率为 $7\times10^5m^3/10a$。天山南北坡流域冰川水资源减少速率排序从高到低依次为木扎提河流域＞玛纳斯河流域＞库车河流域＞呼图壁河流域。

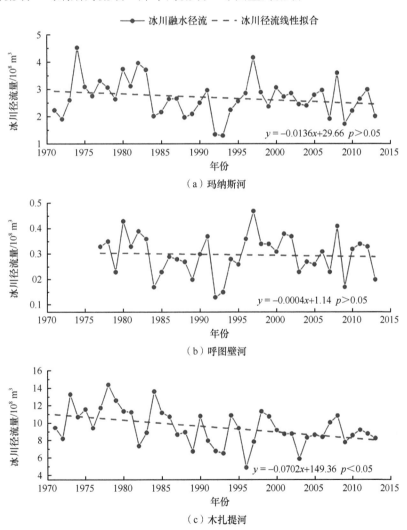

（a）玛纳斯河

（b）呼图壁河

（c）木扎提河

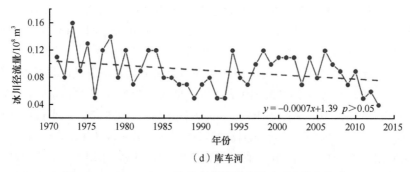

（d）库车河

图 3-14　1971～2013 年天山南北坡流域冰川水资源变化

2）冰川水资源变化对流域水资源供给的影响

过去 40 余年，天山南北坡流域冰川融水贡献比例均呈不同程度下降趋势（图 3-15）。其中，玛纳斯河、呼图壁河、木扎提河和库车河流域分别下降了 11.52%、2.31%、19.39% 和 1.98%。玛纳斯河流域冰川融水贡献率介于 7.84%～40.28%，年均贡献率为 20.24%；呼图壁河流域冰川融水贡献率介于 2.74%～11.14%，年均贡献率为 6.46%；木扎提河流域冰川融水贡献率最高，年均贡献率为 65.58%；库车河流域冰川融水贡献率介于 0.70%～6.01%，年均贡献率为 2.43%。Luo 等（2013）和 Wang X 等（2019）的研究结果表明，玛纳斯河流域的冰川融水贡献率分别为 25% 和 27%。赵求东等（2020）的研究结果表明，木扎提河流域冰川融水贡献比例为 66.6%，以上研究结果均与本研究结果比较接近。

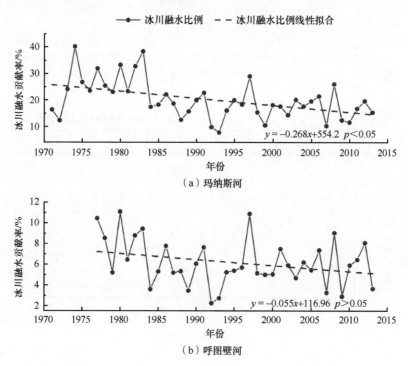

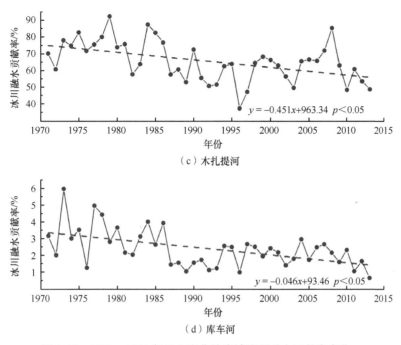

（c）木扎提河

（d）库车河

图 3-15　1971～2013 年天山南北坡流域冰川融水贡献率变化

综上所述，历史时期，天山南北坡流域冰川水资源供给均呈不同幅度下降趋势，木扎提河流域下降幅度最大，玛纳斯河流域次之，呼图壁河流域和库车河流域的下降幅度较小。研究期间，四个流域的冰川融水贡献率亦呈下降趋势。

3.2.3　流域水资源供给量变化预估

1. 研究流域气候变化预估

天山南北坡四个流域未来气温的预估结果如图 3-16 和表 3-10 所示，气温预估结果由五个气候模式在三种 SSP 情景下通过统计降尺度方法输出的日时间尺度数据统计得到。1971～2013 年（历史时期）为实际观测值，2014～2050 年为气候模式预估结果。

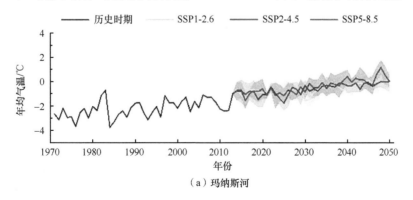

（a）玛纳斯河

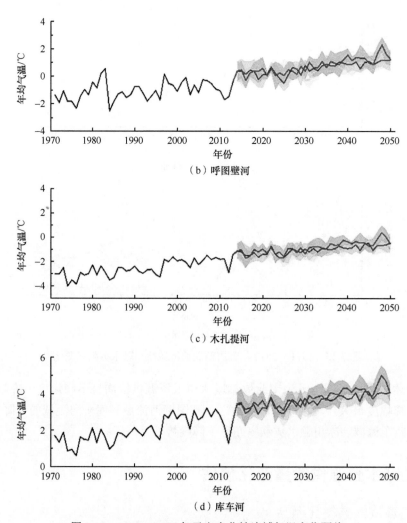

（b）呼图壁河

（c）木扎提河

（d）库车河

图 3-16　1971～2050 年天山南北坡流域气温变化预估

表 3-10　1971～2050 年天山南北坡流域气温和降水量变化统计

流域	气候情景	年均气温变化率/(℃/10a)	降水量变化率/(mm/10a)
玛纳斯河	历史时期	0.32	3.87
	SSP1-2.6	0.31	13.77
	SSP2-4.5	0.32	22.10
	SSP5-8.5	0.44	13.36
呼图壁河	历史时期	0.21	28.76
	SSP1-2.6	0.33	16.53
	SSP2-4.5	0.30	16.88
	SSP5-8.5	0.44	23.31

续表

流域	气候情景	年均气温变化率/(℃ /10a)	降水量变化率/(mm/10a)
木扎提河	历史时期	0.41	4.17
	SSP1-2.6	0.27	23.19
	SSP2-4.5	0.27	43.13
	SSP5-8.5	0.35	35.48
库车河	历史时期	0.44	19.12
	SSP1-2.6	0.27	16.00
	SSP2-4.5	0.27	28.85
	SSP5-8.5	0.40	8.35

历史时期（1971~2013 年），天山南北坡流域气温呈波动上升趋势，进入 21 世纪后，气温增加趋势更加明显，天山南坡流域气温增加速率明显高于天山北坡。天山南坡木扎提河流域和库车河流域气温增加速率分别为 0.41℃ /10a 和 0.44℃ /10a，天山北坡的玛纳斯河流域和呼图壁河流域的气温增加速率则分别为 0.32℃ /10a 和 0.21℃ /10a（表 3-10）。不同气候情景下，天山南北坡流域气温亦呈波动增加趋势，中排放情景（SSP2-4.5）下，流域气温增加幅度最小，与历史时期相比，21 世纪 40 年代玛纳斯河、呼图壁河、木扎提河和库车河流域平均气温分别增加了 2.04℃、2.09℃、1.85℃和 1.95℃，高排放情景（SSP5-8.5）下，流域气温增加幅度最大，与历史时期相比，21 世纪 40 年代上述四个流域平均气温则分别增加了 2.44℃、2.48℃、2.21℃和 2.31℃。

天山南北坡流域未来降水变化预估如图 3-17 所示。历史时期，天山南北坡四个流域降水量呈不同幅度增加趋势，呼图壁河流域平均降水量增加速率最高，为 28.76mm/10a，库车河流域次之，平均降水增加速率为 19.12mm/10a，玛纳斯河流域和木扎提河流域的平均降水量增加速率较低，分别为 3.87mm/10a 和 4.17mm/10a（表 3-10）。SSP1-2.6、SSP2-4.5 和 SSP5-8.5 情景下，2014~2050 年，天山南北坡四个流域降水量呈明显增加趋势，总体来说，天山南坡流域平均降水量增加速率高于天山北坡。三种情景下，天山南坡的木扎提河流域和库车河流域的平均降水量增加速率分别介于 23.19~43.13mm/10a 和 8.35~28.85mm/10a。同时期，天山北坡的玛纳斯河流域和呼图壁河流域平均降水量增加速率介于 13.16 ~22.10mm/10a 和 16.53~23.31mm/10a。SSP2-4.5 情景下，各流域平均降水量增加幅度最大，与历史时期相比，21 世纪 40 年代玛纳斯河、呼图壁河、木扎提河和库车河流域平均降水量分别增加了 63.21mm、55.85mm、87.15mm 和 68.36mm，SSP1-2.6 情景下，流域的平均降水量增加幅度最小，与历史时期相比，21 世纪 40 年代上述四个流域平均降水量分别增加了 35.60mm、41.66mm、20.82mm 和 29.26mm。

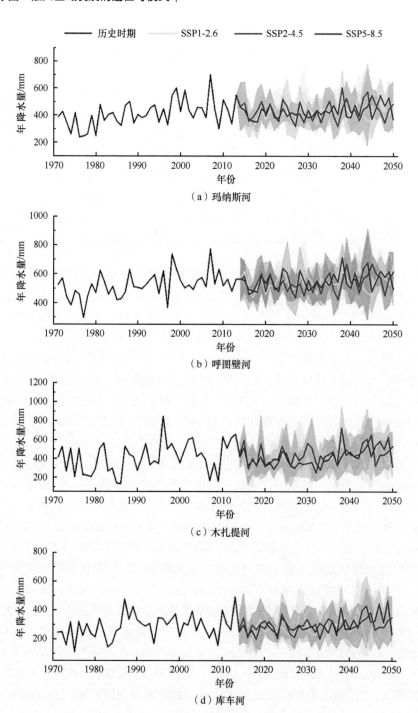

图 3-17　1971～2050 年天山南北坡流域降水量变化预估

2. 不同气候情景下水资源供给量变化预估

不同 RCP 与 SSP 组合情景下，未来到 21 世纪中期，天山南北坡流域水资源供给量均呈不同变化趋势（图 3-18）。2014～2050 年，天山北坡玛纳斯河流域水资源供给量呈明显下降趋势 [图 3-18（a）]，SSP5-8.5 情景下，该流域水资源供给量减少幅度最大，变化率为 $-3.8 \times 10^7 m^3/10a$，其年均水资源供给量介于 $1.26 \times 10^9 \sim 1.30 \times 10^9 m^3$。从年代际变化来看，SSP1-2.6 和 SSP5-8.5 情景下，玛纳斯河流域水资源供给量亦呈减少趋势（表 3-11），最大值出现在 2011～2020 年，最小值出现在 2021～2040 年，与 2011～2020 年相比，2041～2050 年该流域水资源供给量将分别减少 2.39%（SSP1-2.6）和 10.94%（SSP5-8.5）。同时期，三种气候情景下，天山北坡呼图壁河流域水资源供给量亦呈下降趋势 [图 3-18（b）]，2014～2050 年，该流域水资源供给量减少速率介于 $1 \times 10^6 \sim 1.3 \times 10^7 m^3/10a$，其年均水资源供给量介于 $4.24 \times 10^8 \sim 4.45 \times 10^8 m^3$。从年代际变化来看，SSP1-2.6 和 SSP5-8.5 情景下，与 2011～2020 年相比，2041～2050 年呼图壁河流域水资源供给分别减少 1.35% 和 3.08%。

未来到 2050 年，天山南坡木扎提河流域和库车河流域水资源供给量呈不同变化趋势 [图 3-18（c）(d）]，不同气候情景下，木扎提河流域水资源供给量呈减少趋势，其年均水资源供给量介于 $1.39 \times 10^9 m^3 \sim 1.44 \times 10^9 m^3$。三种气候情景下，库车河流域水资源供给量呈增加趋势，2014～2050 年，库车河水资源供给量增加速率介于 $2 \times 10^6 \sim 6 \times 10^6 m^3/10a$，其年均水资源供给量介于 $3.85 \times 10^8 \sim 3.94 \times 10^8 m^3$。从年代际变化看，天山南坡木扎提河流域水资源供给量呈波动变化趋势，与 2011～2020 年相比，SSP1-2.6 和 SSP5-8.5 情景下，2041～2050 年该流域水资源供给量分别减少 3.84% 和 4.37%；SSP1-2.6 和 SSP5-8.5 情景下，库车河流域水资源供给呈增加趋势（表 3-11），与 2011～2020 年相比，2041～2050 年该流域水资源供给量分别增加 8.07% 和 5.43%。

综上所述，不同气候情景下，天山北坡玛纳斯河流域和呼图壁河流域水资源供给量呈减少趋势，玛纳斯河流域水资源供给量减少幅度较大，天山南坡流域水资源供给量呈不同变化趋势，木扎提河流域水资源供给量呈减少趋势，库车河流域水资源供给量则呈增加趋势。

表 3-11 三种 SSP 情景下天山南北坡流域水资源供给一览表（单位：$10^8 m^3$）

流域	气候情景	2011～2020 年	2021～2030 年	2031～2040 年	2041～2050 年
玛纳斯河	SSP1-2.6	12.97	12.90	12.46	12.66
	SSP2-4.5	13.07	12.55	12.51	12.62
	SSP5-8.5	13.98	12.03	11.98	12.45
呼图壁河	SSP1-2.6	4.43	4.43	4.27	4.37
	SSP2-4.5	4.44	4.48	4.36	4.56
	SSP5-8.5	4.54	4.08	4.06	4.40
木扎提河	SSP1-2.6	14.31	13.95	13.74	13.76
	SSP2-4.5	14.54	13.85	13.62	14.10
	SSP5-8.5	14.87	13.63	14.06	14.22
库车河	SSP1-2.6	3.84	3.89	4.01	4.15
	SSP2-4.5	3.89	3.95	4.06	4.19
	SSP5-8.5	3.87	3.90	3.97	4.08

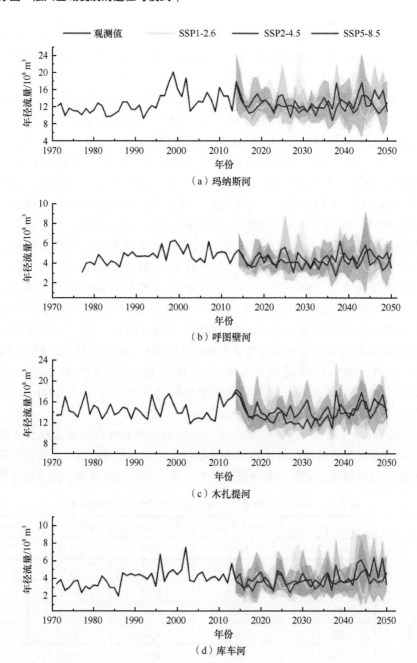

图 3-18　三种 SSP 情景下天山南北坡流域水资源供给年际变化

3. 不同气候情景下冰川水资源供给量变化预估

不同 RCP 与 SSP 组合情景下未来到 21 世纪中期，天山南北坡流域冰川水资源供给量均呈不同程度减少趋势。具体地，SSP1-2.6、SSP2-4.5 和 SSP5-8.5 情景下，2014～2050

年，天山北坡玛纳斯河流域冰川水资源供给量呈减少趋势 [图 3-19（a）]，变化率介于 $-1.7\times10^{7}\sim-1.3\times10^{7}$m³/10a，其年均冰川水资源供给量分别为 2.18×10^{8}m³、2.19×10^{8}m³ 和 2.22×10^{8}m³。从年代际变化看，三种 SSP 情景下，玛纳斯河流域冰川水资源供给量亦呈减少趋势（表 3-12），最大值出现在 2011～2020 年，最小值出现在 2041～2050 年，与 2011～2020 年相比，2041～2050 年该流域冰川水资源供给量将分别减少 31.88%、30.36% 和 33.94%。三种 SSP 情景下，天山北坡呼图壁河流域冰川水资源供给亦呈轻微下降趋势 [图 3-19（b）]，2014～2050 年，冰川水资源供给变化率介于 $-2\times10^{6}\sim-1\times10^{6}$m³/10a，其年均冰川水资源供给量介于 $2.2\times10^{7}\sim2.4\times10^{7}$m³。从年代际变化看，SSP1-2.6、SSP2-4.5 和 SSP5-8.5 情景下，与 2011～2020 年相比，2014～2050 年呼图壁河流域冰川水资源供给将分别减少 37.50%、34.38% 和 40.63%。

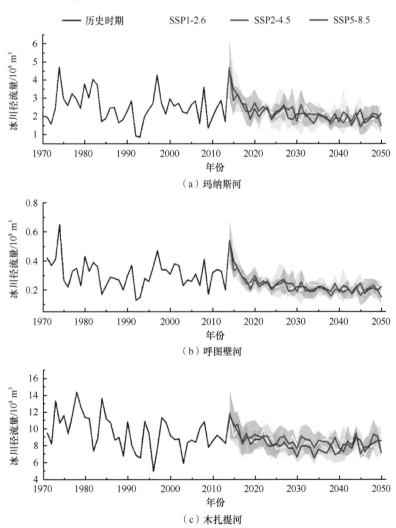

（a）玛纳斯河

（b）呼图壁河

（c）木扎提河

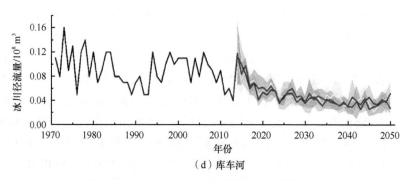

（d）库车河

图 3-19　三种 SSP 情景下天山南北坡流域冰川水资源供给量年际变化

　　不同气候情景下，天山南坡木扎提河和库车河流域冰川水资源供给量亦呈不同程度减少趋势 [图 3-19（c）（d）]。SSP1-2.6、SSP2-4.5 和 SSP5-8.5 情景下，2014～2050 年，木扎提河流域冰川水资源供给变化率介于 -0.22×10^7～$-0.35\times10^7\mathrm{m}^3/10\mathrm{a}$，其年均冰川水资源供给量分别为 $8.35\times10^8\mathrm{m}^3$、$8.22\times10^8\mathrm{m}^3$ 和 $8.59\times10^8\mathrm{m}^3$。三种 SSP 情景下，2014～2050 年，库车河流域冰川水资源供给量变化率介于 -5×10^5～$-7\times10^5\mathrm{m}^3/10\mathrm{a}$，其年均冰川水资源供给量介于 4.8×10^6～$5\times10^6\mathrm{m}^3$。从年代际变化来看，三种 SSP 情景下，天山南坡木扎提河流域和库车河流域冰川水资源供给均呈减少趋势（表 3-12），其中，库车河流域变化幅度较大，与 2011～2020 年相比，2041～2050 年其冰川水资源供给量将分别减少 42.86%（SSP1-2.6）、42.86%（SSP2-4.5）和 57.14%（SSP5-8.5），木扎提河流域冰川水资源供给量则分别减少 13.97%（SSP1-2.6）、11.43%（SSP2-4.5）和 13.59%（SSP5-8.5）。

　　综上所述，不同气候情景下，未来到 21 世纪中期，天山南北坡流域冰川水资源供给量均呈不同幅度下降趋势，最大值均出现在 2011～2020 年，最小值出现在 2041～2050 年，高排放情景（SSP5-8.5）下，流域冰川水资源供给量减小幅度最大（木扎提河流域除外）。

表 3-12　三种 SSP 情景下天山南北坡流域冰川水资源供给量　　　　　（单位：$10^8\mathrm{m}^3$）

流域	气候情景	2011～2020 年	2021～2030 年	2031～2040 年	2041～2050 年
玛纳斯河	SSP1-2.6	2.76	2.09	2.08	1.88
	SSP2-4.5	2.80	2.15	1.92	1.95
	SSP5-8.5	2.77	2.27	2.03	1.83
呼图壁河	SSP1-2.6	0.32	0.23	0.22	0.20
	SSP2-4.5	0.32	0.23	0.21	0.21
	SSP5-8.5	0.32	0.23	0.20	0.19
木扎提河	SSP1-2.6	9.16	8.38	8.10	7.88
	SSP2-4.5	9.27	8.15	7.42	8.21
	SSP5-8.5	9.42	8.42	8.43	8.14
库车河	SSP1-2.6	0.07	0.05	0.04	0.04
	SSP2-4.5	0.07	0.05	0.04	0.04
	SSP5-8.5	0.07	0.05	0.04	0.03

3.2.4　流域水资源供给功能变化预估

1. 总径流供给功能变化预估

历史时期（1971～2013 年），天山南北坡流域五种供给功能类型中，中供给功能占比最高，低供给和极低供给功能占比次之，高供给和极高供给功能占比较小（表 3-13）。各流域具体为：1971～2013 年，天山北坡玛纳斯河流域中供给功能占比最高，为 34.88%，低供给功能占比次之，占比为 25.58%，极低供给和极高供给功能占比相当，均为 13.95%，高供给功能占比最小，为 11.64%。同时期，呼图壁河流域中供给功能占比亦最高，为 45.95%，约占总径流供给功能的一半，低供给功能次之，占比为 18.92%，极高供给功能居第三，占比为 16.22%，极低供给和高供给功能占比较小，分别为 13.50% 和 5.40%。1971～2013年，天山南坡木扎提河流域中供给功能占比最高，为 37.21%，极低供给功能次之，占比为 20.93%，低供给功能居第三，占比为 16.28%，极高供给和高供给功能占比较低，分别为 13.95% 和 11.63%。同时期，库车河流域中供给功能占比高达 53.49%，低供给功能次之，占比为 20.93%，极低供给和高供给功能占比相当，均为 9.30%，极高供给功能占比最低，为 6.98%。

SSP1-2.6、SSP2-4.5 和 SSP5-8.5 情景下，2014～2050 年，天山南北坡流域总径流供给功能呈现不同变化。三种情景下，天山北坡的玛纳斯河流域中供给功能明显增强，占比分别从 1971～2013 年的 34.88% 增加至 2014～2050 年的 40.54%、43.24% 和 43.24%，与历史时期相比，该流域中供给功能分别提升 16.23%、23.97% 和 23.97%（表 3-13）；流域低供给和极高供给功能均呈减弱趋势，低供给功能占比介于 13.51%～21.62%，与历史时期相比，SSP1-2.6、SSP2-4.5 和 SSP5-8.5 情景下，该流域低供给功能分别降低 26.04%、15.48% 和 47.19%（表 3-13）；极高供给功能占比介于 8.10%～13.52%，与历史时期相比，三种情景下，极高供给功能分别降低 41.94%、3.08% 和 3.08%。SSP1-2.6 和 SSP5-8.5 情景下，呼图壁河流域供给功能变化不明显。SSP2-4.5 情景下，流域中供给功能和极高供给功能明显减弱，与历史时期相比，分别降低 17.65% 和 15.66%（表 3-13）。

表 3-13　天山南北坡流域水资源供给功能占比统计　　　　　　（单位：%）

流域	时期	极低供给	低供给	中供给	高供给	极高供给
玛纳斯河	历史时期（1971～2013）	13.95	25.58	34.88	11.64	13.95
	SSP1-2.6（2014～2050）	16.22	18.92	40.54	16.22	8.10
	SSP2-4.5（2014～2050）	13.51	21.62	43.24	8.11	13.52
	SSP5-8.5（2014～2050）	13.51	13.51	43.24	16.22	13.52
呼图壁河	历史时期（1971～2013）	13.50	18.92	45.95	5.41	16.22
	SSP1-2.6（2014～2050）	10.81	18.92	45.95	8.11	16.21
	SSP2-4.5（2014～2050）	16.22	18.92	37.84	13.51	13.51
	SSP5-8.5（2014～2050）	16.22	10.81	43.24	13.51	16.22

流域	时期	极低供给	低供给	中供给	高供给	极高供给
木扎提河	历史时期（1971～2013）	20.93	16.28	37.21	11.63	13.95
	SSP1-2.6（2014～2050）	16.22	10.80	37.84	16.22	18.92
	SSP2-4.5（2014～2050）	18.92	10.80	45.95	8.11	16.22
	SSP5-8.5（2014～2050）	18.92	18.92	32.43	13.51	16.22
库车河	历史时期（1971～2013）	9.30	20.93	53.49	9.30	6.98
	SSP1-2.6（2014～2050）	10.81	18.92	45.95	10.81	13.51
	SSP2-4.5（2014～2050）	13.51	21.62	43.24	5.41	16.22
	SSP5-8.5（2014～2050）	13.51	21.62	37.84	5.41	21.62

　　三种 SSP 情景下，天山南坡流域的水资源供给功能亦呈不同变化。SSP1-2.6 情景下，木扎提河流域中供给功能、高供给功能和极高供给功能均呈增强趋势，与历史时期相比，中供给功能提升了 1.69%；高供给和极高供给功能增强尤为显著，与历史时期相比，分别增加了 39.46% 和 35.58%（表 3-13）。SSP5-8.5 情景下，库车河流域极低供给、低供给和极高供给功能占比呈增加趋势，与历史时期相比，极低供给功能占比明显增加，增加了 45.27%，低供给功能和极高供给功能占比分别增加 3.30% 和 209.74%；该流域中供给功能和高供给功能呈明显减少趋势，与历史时期相比，占比分别减少了 29.26% 和 41.83%（表 3-13）。

　　综上所述，历史时期，天山南北坡流域水资源供给功能以中供给和低供给功能为主，未来到 21 世纪中期，天山南北坡流域供给功能呈现不同变化，玛纳斯河流域和木扎提河流域以中供给和高供给功能为主，呼图壁河和库车河流域供给功能呈减弱趋势，以中低供给功能为主。

2. 冰川水资源供给功能变化预估

　　1971～2013 年，天山北坡的玛纳斯河流域冰川水资源中供给功能占比最高，为 44.19%；低供给功能占比次之，为 16.28%，极低供给和极高供给功能占比相当，均为 13.95%，高供给功能占比最小，为 11.63%（表 3-14）。呼图壁河流域冰川水资源中供给功能占比亦最高，为 40.54%，极低供给、低供给和高供给功能占比相当，均为 16.22%，极高供给功能占比最小，为 10.81%（表 3-14）。同时期，天山南坡流域冰川水资源供给功能变化亦迥异。木扎提河流域冰川径流中供给功能占比最高，为 32.56%，高供给功能占比次之，为 23.26%，低供给功能占比居第三，为 16.28%，极低供给和极高供给占比均为 13.95%。库车河流域冰川水资源低供给功能占比最高，为 32.56%，高供给功能占比次之，为 27.91%，中供给和极低供给功能占比均为 16.28%，极高供给功能占比最小，为 6.97%（表 3-14）。

表 3-14 天山南北坡流域冰川水资源供给功能占比统计 （单位：%）

流域	时期	极低供给	低供给	中供给	高供给	极高供给
玛纳斯河	历史时期（1971～2013）	13.95	16.28	44.19	11.63	13.95
	SSP1-2.6（2014～2050）	8.11	18.92	51.35	13.51	8.11
	SSP2-4.5（2014～2050）	8.11	27.02	45.95	10.81	8.11
	SSP5-8.5（2014～2050）	10.81	18.92	48.65	13.51	8.11
呼图壁河	历史时期（1971～2013）	16.22	16.22	40.53	16.22	10.81
	SSP1-2.6（2014～2050）	5.41	35.13	45.94	5.41	8.11
	SSP2-4.5（2014～2050）	5.41	24.32	59.46	2.70	8.11
	SSP5-8.5（2014～2050）	8.11	35.14	43.23	5.41	8.11
木扎提河	历史时期（1971～2013）	13.95	16.28	32.56	23.26	13.95
	SSP1-2.6（2014～2050）	10.81	24.32	43.25	10.81	10.81
	SSP2-4.5（2014～2050）	13.51	16.22	48.65	10.81	10.81
	SSP5-8.5（2014～2050）	10.81	24.32	37.84	18.92	8.11
库车河	历史时期（1971～2013）	16.28	32.56	16.28	27.91	6.97
	SSP1-2.6（2014～2050）	16.22	29.73	37.84	10.81	5.40
	SSP2-4.5（2014～2050）	13.51	43.24	32.43	2.70	8.12
	SSP5-8.5（2014～2050）	21.62	35.14	32.43	2.70	8.11

不同情景下，2014～2050 年，天山南北坡流域冰川径流供给功能亦呈现不同变化（表 3-14）。SSP1-2.6 和 SSP5-8.5 情景下，玛纳斯河流域冰川水资源极低供给和极高供给功能占比均呈减小趋势，极低供给功能占比分别减少 41.89% 和 22.52%，极高功能占比均减少 41.89%；低供给、中供给和高供给功能占比呈增加趋势，SSP1-2.6 情景下，三种供给功能占比均增加 16.21%，SSP5-8.5 情景下，低供给、中供给和高供给三种供给功能占比分别增加 16.21%、10.10% 和 16.21%（表 3-14）。SSP1-2.6、SSP2-4.5 和 SSP5-8.5 情景下，呼图壁河流域冰川水资源供给功能以中低供给功能为主。该流域冰川水资源极低供给、高供给和极高供给功能占比均呈减小趋势，三种 SSP 情景下，极低供给功能占比分别减小 66.67%、66.67% 和 50%，高供给功能占比分别减小 66.67%、83.33% 和 66.67%，极高供给功能占比均减小 25%；与此同时，该流域低供给功能和中供给功能占比呈增加趋势，低供给功能占比分别增加 116.58%、50% 和 116.67%，中供给功能分别增加 11.78%、46.71% 和 6.66%。

SSP1-2.6、SSP2-4.5 和 SSP5-8.5 情景下，天山南坡流域冰川水资源供给功能亦呈现不同变化（表 3-14）。SSP1-2.6 和 SSP5-8.5 情景下，木扎提河流域冰川水资源供给功能以中低供给为主，与历史时期相比，低供给功能占比均增加 49.42%，中供给功能占比分别增加 32.82% 和 16.22%；与此同时，极低供给、高供给和极高供给功能占比均减少，SSP1-2.6 情景下，高供给功能占比减小幅度最大，为 53.51%，极低供给功能和极高供给功能均减少 22.52%。不同气候情景下，库车河流域冰川水资源供给功能以中供给为主。SSP1-2.6 情景下，该流域中供给功能占比明显增加，与历史时期相比，增幅达 132.43%；极低供给、低供给、高供给和极高供给功能占比均呈减小趋势，其中，高供给功能占比减小幅度最大，为61.26%，极低供给、低供给和极高供给功能分别减少了0.39%、8.69%和22.53%（表3-14）。

综上所述，历史时期及SSP情景下，天山北坡的玛纳斯河流域和呼图壁河流域冰川水资源供给功能以中低供给为主，天山南坡木扎提河流域冰川水资源供给功能从历史时期的中低供给转变为中高供给，未来到21世纪中期，库车河流域中低供给比例大幅增加。

3.2.5 流域冰川径流稳定性预估

在气候学有关研究中，波动变化可以指示气候要素变化的振荡幅度，主要指气候要素变化的振荡强弱，可分为波动增强、波动减弱、无明显波动特征三种模态（史培军等，2014）。从冰川径流变化来看，波动减弱，则冰川径流变化幅度减小，稳定性增强，对当地有利；波动增强，则冰川径流变化幅度增大，稳定性减弱，发生极端事件的可能性增加，对当地不利。天山南北坡流域冰川径流变化趋势及冰川径流波动特征如表3-15所示。

表3-15　天山南北坡流域冰川径流变化趋势及冰川径流波动特征

时段	一元线性回归方程回归系数	玛纳斯河	呼图壁河	木扎提河	库车河
1971～2013年	冰川径流变化趋势值（b）	−0.0135	−0.0020*	−0.0704*	−0.0007*
	冰川径流波动特征值（d）	−0.008*	−0.0004	−0.0066	−0.0004*
2014～2050年（SSP1-2.6）	冰川径流变化趋势值（b）	−0.0368*	−0.0044*	−0.0567*	−0.0014*
	冰川径流波动特征值（d）	−0.0137*	−0.0018	−0.0162*	−0.0003
2014～2050年（SSP2-4.5）	冰川径流变化趋势值（b）	−0.0347*	−0.0041*	−0.0484*	−0.0011*
	冰川径流波动特征值（d）	−0.0128*	−0.0017	−0.0005	−0.0002
2014～2050年（SSP5-8.5）	冰川径流变化趋势值（b）	−0.0414*	−0.0049*	−0.0534*	−0.0015*
	冰川径流波动特征值（d）	−0.0114*	−0.0014	−0.0152	−0.0002

*表示通过了0.05水平显著性检验。

就趋势变化而言，1971～2013年，玛纳斯河、呼图壁河、木扎提河和库车河流域的冰川径流均呈现减少趋势。其中，木扎提河流域冰川径流减少幅度最大，变化速率为$-7.04\times10^7 m^3/10a$，通过了0.05显著性检验；玛纳斯河流域冰川径流减少幅度次之，变化速率为$-1.35\times10^7 m^3/10a$；呼图壁河流域和库车河流域冰川径流减小幅度较小，变化速率分别为$-2\times10^6 m^3/10a$和$-7\times10^5 m^3/10a$，均通过了0.05显著性检验。SSP1-2.6、SSP2-4.5和SSP5-8.5情景下，天山南北坡流域的冰川径流均呈现出比较明显的减少趋势（表3-15）。木扎提河冰川径流减少幅度最大，SSP1-2.6情景下，2014～2050年，该流域冰川径流变化率为$-5.67\times10^7 m^3/10a$。玛纳斯河流域冰川径流减小幅度次之，SSP5-8.5情景下，2014～2050年，该流域冰川径流变化率为$-4.14\times10^7 m^3/10a$。三种不同情景下，呼图壁河和库车河冰川径流减少幅度较小，其中，呼图壁河流域冰川径流速率介于$-4.9\times10^6 \sim -4.4\times10^6 m^3/10a$，库车河流域冰川径流速率介于$-1.5\times10^6 \sim -1.1\times10^6 m^3/10a$。

就波动变化而言，1971～2013年，天山南北坡流域的冰川径流波动幅度均呈减小趋势。

其中，玛纳斯河流域冰川径流波动减弱幅度最大，波动特征值为 $-8 \times 10^6 \text{m}^3/10\text{a}$，木扎提河流域次之，波动特征值为 $-6.6 \times 10^6 \text{m}^3/10\text{a}$，呼图壁河流域和库车河流域的冰川径流无明显波动，波动特征值均为 $-4 \times 10^5 \text{m}^3/10\text{a}$。结果表明，天山南北坡四个流域的冰川径流处于比较稳定状态。SSP1-2.6、SSP2-4.5 和 SSP5-8.5 情景下，2014~2050 年，天山南北坡流域的冰川径流呈现不同波动变化趋势。三种情景下，呼图壁河流域和库车河流域的冰川径流波动特征值变化均很小，表明这两个流域的冰川径流均处于较稳定状态。玛纳斯河流域和木扎提河流域的冰川径流波动幅度呈增强趋势，表明冰川径流从稳定变为不稳定状态，其中，木扎提河流域波动变化趋势最明显，波动特征值从历史时期的 $-6.6 \times 10^6 \text{m}^3/10\text{a}$ 减小为 $-1.62 \times 10^7 \text{m}^3/10\text{a}$（SSP1-2.6 情景）。SSP1-2.6 情景下，2014~2050 年，玛纳斯河流域冰川径流波动幅度增强，该流域的冰川径流波动特征值为 $-1.37 \times 10^7 \text{m}^3/10\text{a}$，通过了 0.05 显著性检验。结果表明，木扎提河流域和玛纳斯河流域的冰川径流稳定性减弱，在未来时期将处于不稳定状态。

综上所述，历史时期及 SSP1-2.6、SSP2-4.5 和 SSP5-8.5 情景下至 21 世纪中期，天山南北坡流域的冰川径流均呈减少趋势。历史时期，天山南北坡四个流域冰川径流处于比较稳定状态，不同情景下，呼图壁河流域和库车河流域冰川径流一直处于比较稳定状态，玛纳斯河流域和木扎提河流域的冰川径流波动性增强，冰川径流稳定性减弱，未来时期将处于不稳定状态。

3.3 天山南北坡流域冰川水资源调节功能变化

冰川水资源调节功能计算方法见 3.1.1 节，本节不再赘述。

3.3.1 总体变化

历史时期（1971~2013 年），中国天山南北坡流域冰川水文调节功能呈现不同幅度变化（图 3-20）。1971~2013 年，天山北坡的玛纳斯河流域和呼图壁河流域的冰川水文调节指数（Glacier_R）分别为 0.78 和 0.91，而天山南坡的木扎提河流域和库车河流域的 Glacier_R 分别为 0.30 和 0.97。未来到 21 世纪中期，中国天山南北坡流域的冰川水文调节功能均呈现不同程度的下降趋势（图 3-20）。2014~2050 年，SSP1-2.6 情景下，天山北坡的玛纳斯河流域和呼图壁河流域的 Glacier_R 分别为 0.82 和 0.95，与历史时期相比，玛纳斯河流域与呼图壁河流域的冰川水文调节功能分别下降了 5.8% 和 4.2%；同时期，天山南坡的木扎提河流域和库车河流域的 Glacier_R 分别为 0.46 和 0.99，与历史时期相比，木扎提河流域和库车河流域的冰川水文调节功能降幅分别为 52.1% 和 1.4%。SSP2-4.5 情景下，天山北坡的玛纳斯河流域和呼图壁河流域的冰川水文调节功能下降幅度分别为 7.0% 和 4.7%；天山南坡的木扎提河流域和库车河流域的冰川水文调节功能下降幅度分别为 53.6% 和 1.5%。SSP5-8.5 情景下，天山北坡的玛纳斯河流域和呼图壁河流域的冰川水文调节功能下降幅度分别为 3.0% 和 3.7%，天山南坡的木扎提河流域和库车河流域的冰川水文调节功能下降幅度分别为 54.9% 和 1.2%。

综上所述，天山南北坡流域的冰川水文调节功能差异显著，2014~2050 年，SSP1-

2.6、SSP2-4.5 和 SSP5-8.5 三种情景下天山南坡木扎提河流域的冰川水文调节功能降幅最大，介于 52.0%～55.0%，天山北坡的玛纳斯河流域次之，其冰川水文调节功能降幅介于 3.0%～7.0%。天山北坡的呼图壁河流域冰川水文调节功能降幅介于 3.7%～6.0%，而天山南坡的库车河流域冰川水文调节功能一直处于较低水平。总体来说，天山南坡流域的冰川水文调节功能高于北坡，未来南坡的冰川水文调节功能大幅下降，将可能明显减弱其调节河川径流的作用。

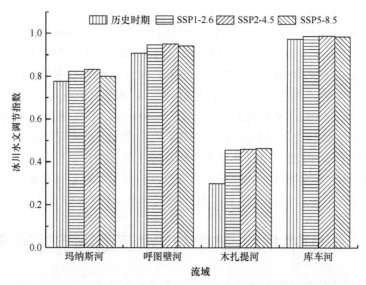

图 3-20　历史时期及 SSP 情景下天山南北坡流域冰川水文调节指数总体变化

3.3.2　年代际变化

为了解天山南北坡流域冰川水文调节功能的动态变化，本研究以 10 年作为一个时段，计算冰川水文调节指数，详细剖析过去至 21 世纪中期流域冰川水文调节功能的年代际变化（图 3-21）。

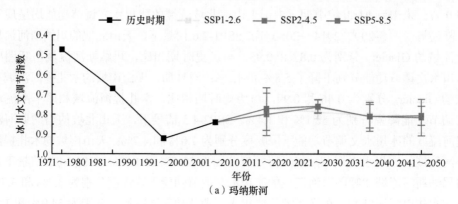

（a）玛纳斯河

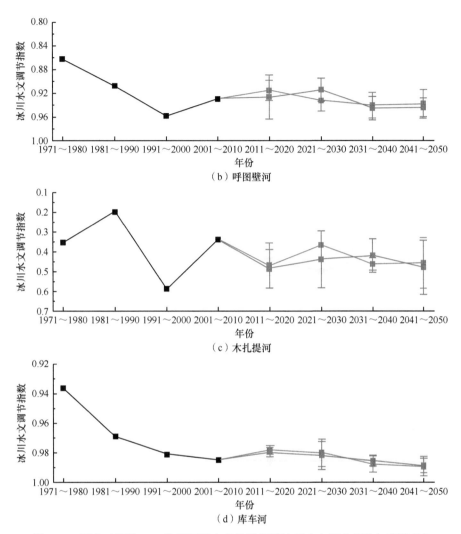

图 3-21　历史时期及 SSP 情景下天山南北坡流域冰川水文调节指数年代际变化

　　20 世纪 70 年代～21 世纪 40 年代，天山南北坡流域的冰川水文调节功能均表现为减弱趋势。其中，20 世纪 70 年代～21 世纪 10 年代冰川水文调节功能相对较强，且变化起伏较大，位于天山北麓的玛纳斯河流域冰川水文调节功能变化尤为剧烈 [图 3-21（a）]。20 世纪 70 年代，玛纳斯河流域的冰川水文调节功能最强，$Glacier_R$ 为 0.47，之后持续减弱，到 20 世纪 90 年代达到最小；21 世纪前 10 年（2001～2010 年）至 21 世纪 10 年代（2011～2020 年），虽然冰川水文调节功能有所回升，但冰川水文调节指数仍低于 20 世纪 70 ～80 年代，未来至 21 世纪中期，在 SSP1-2.6、SSP2-4.5 和 SSP5-8.5 情景下，玛纳斯流域的冰川水文调节功能持续降低，$Glacier_R$ 介于 0.76～0.81[图 3-21（a）]。呼图壁河流域冰川水文调节功能最强时期亦出现在 20 世纪 70 年代 [图 3-21（b）]，$Glacier_R$ 为 0.86，之后其冰川水文调节功能持续减弱，20 世纪 90 年代达到最低，$Glacier_R$ 为 0.96；21 世纪前 10 年至 21 世纪 10 年代，流域冰川水文调节功能有所回升，仍处于较低水平，$Glacier_R$ 介于 0.91～0.93；三种不同气候情景下，流域冰川水文调节功能呈波动变化趋势，一直处于较低水平，$Glacier_R$介于0.91～0.94[图3-21（b）]。

相较于天山北坡的玛纳斯河流域和呼图壁河流域，位于天山南坡的木扎提河流域的冰川水文调节功能一直处于较强阶段[图3-21（c）]。20世纪80年代，该流域的冰川水文调节功能最强，$Glacier_R$为0.19，2001～2010年之后，尽管其冰川水文调节功能呈减弱趋势，但在三种不同的SSP情景下，其$Glacier_R$仍介于0.37～0.55，表明其冰川水文调节功能仍处于较高水平。天山南坡的库车河流域冰川水文调节功能一直处于较低水平[图3-21（d）]。20世纪70年代是相对最强时期，$Glacier_R$为0.94，之后其冰川水文调节功能呈减弱趋势，2001～2010年达到最低，$Glacier_R$为0.98。不同气候情景下，该流域冰川水文调节功能一直处于较低水平，其$Glacier_R$介于0.98～0.99。

天山南北坡流域冰川水文调节功能变化时间节点亦存在一定差异。图3-21显示，20世纪70年代是玛纳斯河、呼图壁河和库车河流域冰川水文调节功能最强时期，而木扎提河流域冰川水文调节功能最强时期为20世纪80年代，其冰川水文调节功能变化时间节点比另外三个流域晚10年。

综上所述，天山南北坡流域冰川水文调节功能处于减弱态势，20世纪70年代～21世纪前10年是相对最强冰川调节功能时期。三种不同气候情景下，未来到21世纪中期，天山南北坡流域的冰川水文调节功能明显减弱。天山南北坡流域因冰川性质、规模等异同，冰川水文调节功能大小呈现一定的差异，总体上，天山南北坡四个流域冰川水文调节功能从高到低依次为木扎提河流域、玛纳斯河流域、呼图壁河流域和库车河流域。

3.3.3 年内变化

历史时期（1971～2013年），天山南北坡流域的冰川水文调节功能年内呈现不同变化[图3-22（a）]。天山北坡玛纳斯河流域冰川水文调节功能集中在6～9月，夏季（6～8月）是冰川水文调节功能较强时期，$Glacier_R$介于0.68～0.73，8月是其冰川水文调节功能最强时期，$Glacier_R$为0.68。呼图壁河流域冰川水文调节功能亦集中在6～9月，夏季（6～8月）是其冰川水文调节功能较强时期，$Glacier_R$介于0.86～0.96，8月是其冰川水文调节功能最强时期，$Glacier_R$为0.86。天山南坡的木扎提河流域冰川水文调节功能集中在4～10月，5～8月是冰川水文调节功能较强时期，$Glacier_R$介于0.30～0.45，其中，7月冰川水文调节功能达到最大，$Glacier_R$为0.30。库车河流域川水文调节功能集中在6～9月，夏季（6～8月）是冰川水文调节功能较强时期，$Glacier_R$介于0.75～0.81，6月是冰川水文调节功能最强时期，$Glacier_R$为0.75。

不同气候情景下，天山南北坡流域的冰川水文调节功能年内变化集中在5～10月，其中6～9月是冰川水文调节功能较强时期。天山南北坡流域的冰川水文调节功能年内呈减弱趋势[图3-22（b）～（d）]，尤其到21世纪中期，减弱趋势更加明显。SSP1-2.6、SSP2-4.5和SSP5-8.5情景下，天山北坡玛纳斯河流域和呼图壁河流域年内冰川水文调节功能呈下降趋势，玛纳斯河流域夏季（6～8月）的$Glacier_R$均值分别为0.81、0.80和0.80，与历史时期相比，玛纳斯河流域的冰川水文调节功能下降幅度分别为14.08%、12.68%和12.68%；

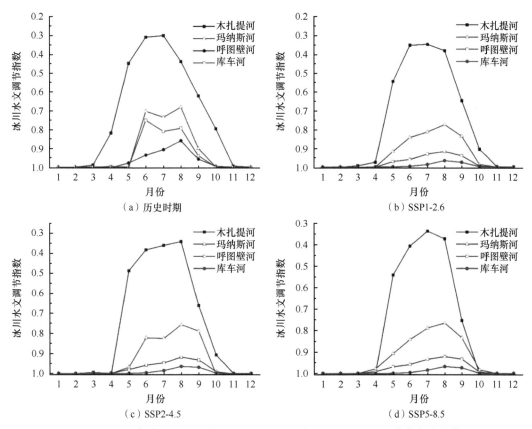

图 3-22　历史时期及 SSP 情景下天山南北坡流域冰川水文调节指数年内变化

同时期，三种不同气候情景下，呼图壁河流域夏季（6～8 月）的 $Glacier_R$ 均值分别为 0.93、0.94 和 0.94，与历史时期相比，呼图壁河流域的冰川水文调节功能下降幅度分别为 3.33%、4.43% 和 4.43%。不同气候情景下，天山南坡流域年内冰川水文调节功能亦呈减小趋势。SSP1-2.6、SSP2-4.5 和 SSP5-8.5 情景下，木扎提河流域夏季（6～8 月）$Glacier_R$ 均值分别为 0.36、0.36 和 0.37，与历史时期相比，木扎提河流域的冰川水文调节功能下降幅度分别为 2.85%、2.85% 和 5.71%；同时期，三种不同气候情景下，库车河流域的冰川水文调节功能下降幅度达 25.38%、25.26% 和 25.38%。

综上所述，夏季（6～8 月）是天山南北坡流域冰川水文调节功能最强时期。不同情景下，未来到 21 世纪中期，天山南北坡四个流域的年内冰川水文调节功能均呈不同程度下降趋势，库车河流域下降幅度最大，玛纳斯河流域次之，木扎提河和呼图壁河流域下降幅度较小。

3.4　天山南北坡流域冰川水资源服务价值预估

3.4.1　冰川水资源服务价值估算方法

冰川服务类型主要包括供给服务、调节服务、文化服务和生境服务等（效存德等，2016；

张正勇等, 2018; 孙美平等, 2021)。本研究主要计算各流域冰川水资源的供给服务价值、水力发电服务价值、气候调节服务价值与水文调节价值, 具体如下。

1. 供给服务

冰川是我国西北内陆河流域重要的淡水资源, 冰川融水对缓解当地水资源短缺具有重要作用。冰川水资源供给可用于绿洲农田灌溉、工业生产、生活用水和生态需水。冰川水资源供给服务价值采用市场价值法进行计算, 公式如下

$$V_W = R_{glacier} \times P_w \tag{3-21}$$

式中, V_W 为冰川融水资源供给服务价值, 元; $R_{glacier}$ 为冰川年融水量, m³; P_w 为淡水资源价格, 元/m³, 1991~2020 年的水价取自历年《中国物价年鉴》和《中国价格统计年鉴》中新疆居民生活用水综合水价, 2021~2050 年水价根据历史时期居民用水综合水价推算得到。

2. 水力发电服务

冰川水资源水力发电服务价值采用影子价格法进行计算, 公式如下

$$V_p = R_{glacier} \times RC \times P_p \tag{3-22}$$

式中, V_p 为冰川融水资源水力发电服务价值, 元; $R_{glacier}$ 为冰川年融水量, m³; RC 为单位库容发电量, kW·h/m³, 采用 Zhang 等 (2019b) 对天山地区研究中的 0.36 kW·h/m³; P_p 为水力发电价格, 元/(kW·h), 用新疆小水电上限价 0.235 元/(kW·h) 代替。

3. 气候调节服务

冰川作为一种特殊的下垫面, 具有较高反射率和消融耗热的特点, 其对局地气候具有一定调节作用 (Zhang et al., 2019b; Sun et al., 2020; 蔡兴冉, 2022), 冰川气候调节服务价值采用市场价值法进行计算, 计算公式如下

$$V_c = (A_{glacier} \times S_R \times \alpha_a \times \alpha_s + R_{glacier} \times \rho_w \times q_{glacier}) \times P_e \tag{3-23}$$

式中, V_c 为冰川气候调节服务价值, 元; $A_{glacier}$ 为年冰川面积, m², 取流域水文年最后一天 (即 9 月 30 日) VIC 模型冰川面积模拟值; S_R 为单位面积年太阳总辐射量, MJ/(m²·a); α_a 为冰雪反照率, 取值 0.6; α_s 为地形遮蔽率, 取值 0.5; $R_{glacier}$ 为冰川年融水量, m³; ρ_w 为水密度, 取值 1000kg/m³; $q_{glacier}$ 为冰川融化比热容, 取值 3.36×10⁵J/kg; P_e 为单位电价, 元/(kW·h), 1991~2020 年的电价取自历年《中国物价年鉴》和《中国价格统计年鉴》中新疆生活、工业等行业用电的平均价格, 2021~2050 年水价根据历史时期各行业平均电价推算得到。

4. 水文调节服务

冰川作为固体水库以"削峰填谷"的形式显著调节径流丰枯变化, 由于参与冰川水文调节的是冰川融水, 未融化的冰川不参与径流调节, 因此, 本研究将年冰川融水量作为冰川水文调节变量, 冰川水文调节服务价值通过影子工程法进行计算, 公式如下

$$V_r = R_{glacier} \times P_r \qquad (3\text{-}24)$$

式中，V_r 为冰川水文调节服务价值，元；$R_{glacier}$ 为冰川年融水量，m^3；P_r 为水库单位库容工程造价，元/m^3，根据《森林生态系统服务功能评估规范》，采用替代费用法估算新疆水库平均单位库容工程造价为 6.2 元/m^3。

3.4.2 玛纳斯河流域冰川水资源服务价值预估

1991～2050 年，玛纳斯河流域气候调节服务价值贡献最大，年均价值为 238.73 亿元，占比达 91.88%；水文调节服务价值次之，年均价值为 13.80 亿元，占比为 5.73%；供给服务价值居第三，年均价值为 6.14 亿元，占比为 2.31%；水力发电服务年均价值为 0.20 亿元，占比仅为 0.08%。

从年代际变化来看，玛纳斯河流域冰川水资源供给服务价值呈波动增加趋势 [图 3-23（a）]。1991～2013 年，该流域冰川水资源供给服务价值从 0.48 亿元增加至 3.86 亿元，增长了 7 倍。SSP1-2.6、SSP2-4.5 和 SSP5-8.5 情景下，玛纳斯河流域冰川水资源供给服务价值呈波动变化趋势，未来到 2050 年，其供给服务价值介于 7.91 亿～11.50 亿元。玛纳斯河流域冰川水资源水力发电服务价值亦呈波动变化趋势 [图 3-23（b）]。1991～2013 年，该流域冰川水资源水力发电服务价值从 0.24 亿元减少至 0.15 亿元。三种 SSP 情景下，水力发电服务价值在 2014 年达到最大值，为 0.4 亿元，之后，其服务价值呈减小趋势。未来到 21 世纪中期，玛纳斯河流域冰川水资源水力发电服务价值介于 0.13 亿～0.19 亿元。1991～2050 年，玛纳斯河流域冰川水资源气候调节服务价值呈明显增加趋势 [图 3-23（c）]，1991 年其水文调节服务价值为 91.03 亿元。三种 SSP 情景下，到 2050 年，其水文调节服务价值分别为 293.93 亿元、298.65 亿元和 286.03 亿元，与 1991 年相比，分别增长了 2.23 倍、2.28 倍和 2.14 倍。1991～2013 年，玛纳斯河流域冰川水调节服务价值从 17.35 亿元减少至 10.45 亿元 [图 3-23（d）]，2014 年达到最大值。三种 SSP 情景下，玛纳斯河流域水文调节服务价值分别达 28.13 亿元、28.14 亿元和 28.53 亿元，之后，呈波动减小趋势。未来到 2050 年，SSP1-2.6、SSP2-4.5 和 SSP5-8.5 情景下，水文调节服务价值分别为 8.96 亿元、13.01 亿元和 8.99 亿元。

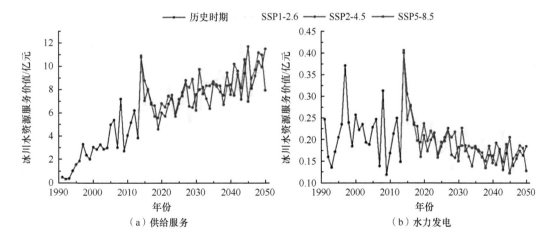

（a）供给服务　　　　　　　　　　　　　　　　（b）水力发电

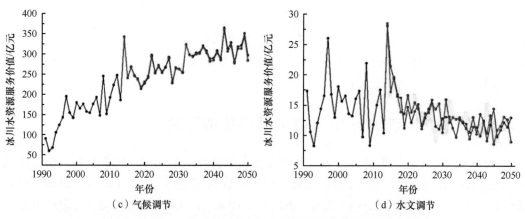

图 3-23　1991～2050 年玛纳斯河流域冰川水资源服务价值变化

3.4.3　呼图壁河流域冰川水资源服务价值预估

呼图壁河流域冰川水资源服务价值从高到低依次为气候调节＞水文调节＞供给服务＞水力发电（图 3-24），其中，气候调节服务年均价值为 24.67 亿元，占比为 91.51%；水文调

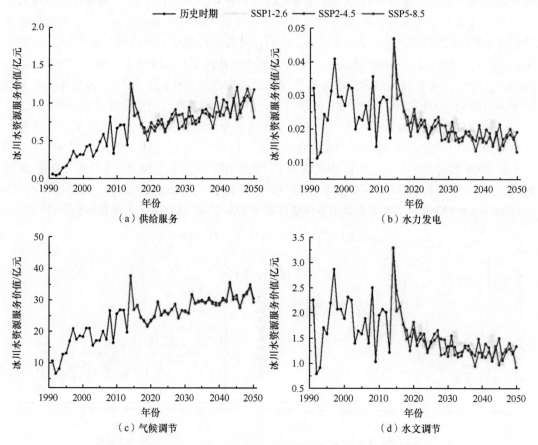

图 3-24　1991～2050 年呼图壁河流域冰川水资源服务价值变化

节服务年均价值为 1.59 亿元,占比为 5.90%;供给服务年均价值为 0.68 亿元,占比为 2.52%;水力发电服务年均价值为 0.02 亿元,占比仅为 0.07%。

3.4.4 木扎提河流域冰川水资源服务价值预估

总体上,1991~2050 年木扎提河流域冰川水资源服务价值以气候调节服务价值为主,年均价值为 396.47 亿元,占比为 83.91%;水文调节服务价值次之,年均价值为 51.64 亿元,占比为 10.93%;供给服务价值居第三,年均价值为 23.67 亿元,占比为 5.01%;水力发电服务年均价值为 0.73 亿元,占比仅为 0.15%(图 3-25)。

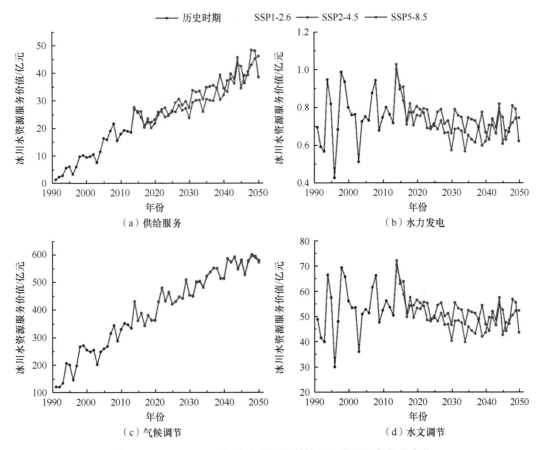

图 3-25 1991~2050 年木扎提河流域冰川水资源服务价值变化

从年际变化看,1991~2050 年,木扎提河流域冰川水资源供给服务价值呈明显增加趋势 [图 3-25(a)],1991 年其供给服务价值为 1.36 亿元,SSP1-2.6、SSP2-4.5 和 SSP5-8.5 情景下,未来到 2050 年,该流域冰川水资源供给服务价值分别达 38.51 亿元、46.32 亿元和 38.72 亿元。1991~2050 年,木扎提河流域冰川水资源水力发电服务价值呈波动变化趋势 [图 3-25(b)],1991 年其水力发电服务价值为 0.70 亿元,三种 SSP 情景下,2014 年水力发电服务价值达到最大值,分别为 1.02 亿元、1.00 亿元和 1.03 亿元,之后该流域冰川水资源水力发电服务价值呈减少趋势，未来到 21 世纪中期，其水力发电服务价值分别减少至 0.62 亿元、0.75 亿元和 0.61 亿元。木扎提河流域冰川水资源气候调节服务价值亦呈明显增加趋势 [图 3-25（c）]，1991 年其气候调节服务价值为 120.80 亿元。三种 SSP 情景下，未来到 2050 年，该流域冰川水资源气候调节服务价值分别达 575.32 亿元、581.18 亿元和 573.95 亿元，与 1991 年相比，分别增长了 3.76 倍、3.81 倍和 3.75 倍。木扎提河流域冰川水资源水文调节服务价值如图 3-25（d）所示，可以看出，其水文调节服务价值呈减小趋势。1991 年该流域冰川水资源水文调节服务价值为 48.88 亿元。SSP1-2.6 和 SSP5-8.5 情景下，2050 年其水文调节服务价值分别为 43.58 亿元和 43.81 亿元。

3.4.5 库车河流域冰川水资源服务价值预估

图 3-26 显示了 1991～2050 年库车河流域冰川水资源服务价值年际变化。总体来看，库车河流域冰川水资源服务价值从高到低依次为气候调节＞水文调节＞供给服务＞水力发电，其中，气候调节服务年均价值为 5.72 亿元，占比为 91.29%；水文调节服务年均价值为 0.39 亿元，占比为 6.22%；供给服务年均价值为 0.15 亿元，占比为 2.39%；水力发电服务年均价值为 0.005 亿元，占比仅为 0.1%。

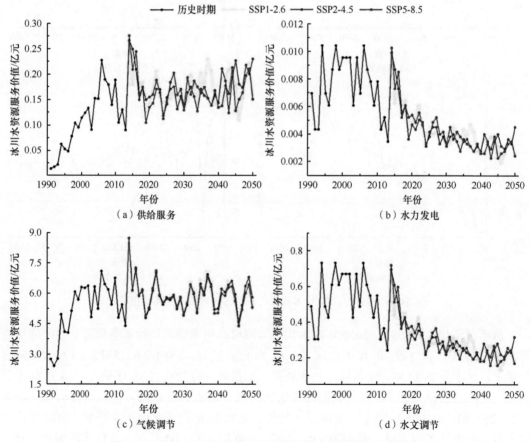

图 3-26　1991～2050 年库车河流域冰川水资源服务价值变化

图 3-26（a）显示，库车河流域冰川水资源供给服务价值呈增加趋势。1991 年供给服务价值为 0.01 亿元，SSP1-2.6、SSP2-4.5 和 SSP5-8.5 情景下，2014 年达到最大值，其供给服务价值分别为 0.28 亿元、0.27 亿元和 0.28 亿元，之后该流域供给服务价值呈波动减少趋势，到未来 21 世纪中期，其供给服务价值分别为 0.15 亿元、0.23 亿元和 0.14 亿元。1991～2050 年，库车河流域冰川水资源水力发电服务价值一直在低位波动 [图 3-26（b）]，1991 年其水力发电服务价值为 0.007 亿元，三种 SSP 情景下，未来到 2050 年，其水力发电服务价值介于 0.002 亿～0.005 亿元。库车河流域冰川水资源气候调节服务价值亦呈波动增加趋势 [图 3-26（c）]，1991 年气候调节服务价值为 2.76 亿元，三种 SSP 情景下，未来到 2050 年，该流域冰川水资源气候调节服务价值分别为 5.63 亿元、5.82 亿元和 5.32 亿元，与 1991 年相比，分别增长了 1.04 倍、1.11 倍和 0.93 倍。库车河流域冰川水资源水文调节服务价值年际变化如图 3-26（d）所示，1991～2050 年，该流域冰川水资源水文调节服务价值呈减少趋势，1991 年水文调节服务价值为 0.49 亿元，三种 SSP 情景下，未来到 21 世纪中期，库车河流域冰川水资源水文调节服务价值分别减少至 0.18 亿元、0.32 亿元和 0.17 亿元。

综上所述，1991～2050 年，天山南北坡流域的供给服务和气候调节价值呈波动增加趋势，水力发电和水文调节服务价值呈波动减少趋势。四个流域的气候调节服务价值最高，水文调节服务价值次之，供给服务价值居第三，第四为水力发电服务价值。

3.5 天山南北坡流域水资源功能与服务变化综合分析

1971～2013 年、不同 RCP 与 SSP 组合情景下 2014～2050 年天山南北坡流域年平均气温与年降水量均呈上升/增加趋势，天山南坡流域上升/增加速率明显大于天山北坡流域。在过去 40 余年气温与年降水量双双升高/增加趋势下，天山南北坡流域水资源供给量均呈增加趋势，其中，玛纳斯河流域水资源供给量增加速率最大，达到 $9.8 \times 10^7 m^3/10a$，呼图壁河流域和库车河流域水资源供给量增加速率相当，木扎提河流域水资源供给量呈微弱增加趋势。未来到 2050 年，不同气候情景下，尽管气温与年降水量继续升高/增加，但天山北坡玛纳斯河流域、呼图壁河流域和天山南坡木扎提河流域水资源供给量均呈不同幅度下降趋势，而天山南坡的库车河流域水资源供给量则呈现与气温和年降水量相同的增加趋势。

历史时期及未来不同气候情景下，天山南北坡流域冰川水资源供给量均呈减少趋势。历史时期（1971～2013 年），木扎提河流域冰川水资源供给量减小速率最大，为 $7.5 \times 10^7 m^3/10a$，玛纳斯河流域次之，呼图壁河流域和库车河流域其冰川水资源供给量减小幅度保持在一个较低水平。不同气候情景下，未来到 21 世纪中期，与历史时期相比，天山北坡玛纳斯河流域和呼图壁河流域冰川水资源供给量平均减少了 12.70% 和 23.66%，天山南坡的木扎提河流域和库车河流域则平均减少了 11.99% 和 45.93%。

天山南北坡流域冰川水资源供给量对流域水资源供给量影响亦存在一定差异。历史时期，木扎提河流域冰川水资源的供给量占比最高，达到 65.55%，玛纳斯河流域次之，为 20.24%，呼图壁河流域和库车河流域占比分别仅为 6.92% 和 2.67%。不同气候情景下，天山南北坡流域冰川水资源对流域水资源的供给量均呈不同程度下降趋势，玛纳斯河、呼图壁河、木扎提河和库车河流域冰川水资源供给量平均占比分别为 17.52%、5.54%、60.01% 和 1.35%，与历史时期相比，冰川水资源供给量比例平均减少了 13.44%、19.89%、8.45% 和 49.56%。总体来说，未来到 21 世纪中期，冰川覆盖率较低的呼图壁河流域和库车河流域虽然其冰川水资源供给量比例减小幅度更大，但由于冰川补给比例较小，其对流域水资源供给影响很小。由于降水量的增加，库车河流域未来水资源供给量仍呈增加趋势。对于冰川覆盖率较高的木扎提河流域和玛纳斯河流域，随着气温升高和冰川面积不断萎缩，未来两个流域的水资源供给量将减少，位于流域中下游的绿洲系统亦可能面临水资源短缺风险。

历史时期，天山北坡的玛纳斯河流域冰川水资源供给功能以中低供给为主，占比为 60.47%，其冰川水文调节功能较强（$Glacier_R$ 为 0.78），冰川径流亦处于稳定状态。不同气候情景下，该流域中低供给功能平均占比为 70.27%，冰川水文调节功能减弱（$Glacier_R$ 介于 0.80～0.83），冰川径流处于不稳定状态。未来到 21 世纪中期，由于冰川径流持续减少，冰川径流不稳定性增加，玛纳斯河流域水资源可持续性进一步下降，未来将可能面临水资源短缺危机。相应地，同处于天山北麓的呼图壁河流域，历史时期及不同气候情景下，该流域冰川水资源供给功能亦以中低供给为主，中低供给功能占比从历史时期的 56.76% 增加至 21 世纪中期的 81.08%。虽然呼图壁河流域冰川水文调节功能较弱，但由于冰川融水补给率较低（历史时期及 SSP 情景下分别仅占 2.67% 和 5.54%），且该流域冰川径流一直处于比较稳定状态，因此，呼图壁河流域水资源可持续性较好。

过去 40 余年，天山南坡木扎提河流域和库车河流域的冰川水资源供给功能亦以中低供给功能为主，比例均为 48.84%，木扎提河流域中供给功能比例高于库车河流域。木扎提河流域冰川水文调节功能一直较强（$Glacier_R$ 为 0.30），库车河流域冰川水文调节功能较弱（$Glacier_R$ 为 0.97），两个流域的冰川径流均处于稳定状态。未来到 2050 年，天山南坡两个流域的冰川水资源供给功能亦以中低供给功能为主，中低供给功能比例呈增加趋势。与历史时期相比，木扎提河流域和库车河流域的中低供给功能比例平均增加了 16.02% 和 21.43%，两个流域中供给功能明显增强，中供给功能平均增加了 10.68% 和 17.95%。天山南坡两个流域的冰川水文调节功能均呈不同幅度下降趋势，木扎提河流域下降幅度达 53.52%，冰川径流处于不稳定状态，未来该流域绿洲地区亦可能面临水资源短缺风险。未来到 21 世纪中期，库车河流域冰川水文调节功能平均降幅为 1.37%，冰川径流处于稳定状态，由于冰川径流对该流域水资源利用影响很小，未来该流域水资源可持续性较好。

3.6 本章小结

本章对青藏高原与西北内陆地区九个流域冰川径流稳定性与水文调节功能初步分析基础上，为深入了解气候变化背景下中国寒旱区流域水资源的供给变化及其功能、冰川水资源的供给、调节功能与服务，选取天山南北坡不同冰川覆盖率的玛纳斯河流域、呼图壁河流域、木扎提河流域和库车河流域为研究流域，使用 VIC-VAS 模型，模拟预估研究流域 1971～2050 年径流量与冰川径流量的基础上，评估了流域冰川水资源的供给和水文调节功能，计算了冰川水资源供给和调节服务价值，并进一步明晰了流域水资源与冰川水资源功能与服务的差异性。

（1）1971～2010 年及 RCP2.6 和 RCP4.5 情景下至 21 世纪末，中国西部寒旱区大部分流域的冰川径流呈减少趋势，但冰川径流稳定性增强或无变化。除长江流域外，青藏高原地区其余流域的冰川径流减小时间节点为 21 世纪 20 年代，西北内陆地区流域则为 21 世纪 10 年代。就现状而言，西北内陆河流域的冰川水文调节功能较高，青藏高原地区流域的冰川水文调节功能较低。在 RCP2.6 和 RCP4.5 气候情景下，至 21 世纪末，中国西部寒旱区各流域冰川水文调节功能均呈现减弱趋势。其中，西北内陆河流域减弱更加显著，RCP4.5 情景下，木扎提河流域冰川水文调节功能降幅达 25.4%，青藏高原各流域的冰川水文调节功能一直处于较低水平。从年代际变化来看，20 世纪 70 年代～21 世纪 10 年代是中国寒旱区流域冰川水文调节功能较强时期，20 世纪 80 年代和 21 世纪前 10 年（2001～2010 年）两个时段冰川水文调节功能尤强；RCP2.6 和 RCP4.5 情景下未来到 21 世纪末，冰川水文调节功能明显减弱的时间节点不同，西北内陆河流域比青藏高原地区流域早 10 年左右。

（2）1971～2013 年，天山南北坡流域水资源供给均呈不同程度增加趋势，玛纳斯河流域、呼图壁河流域、木扎提河流域和库车河流域的年均水资源供给量分别为 $1.28\times10^9m^3$、$4.73\times10^8m^3$、$1.45\times10^9m^3$ 和 $4.03\times10^8m^3$。过去 40 年，天山南北坡流域水资源供给丰枯变化以平水年和偏枯水年为主。同时期，天山南北坡流域冰川水资源均呈减少趋势，上述四个流域冰川水资源减少速率分别为 $1.36\times10^5m^3/10a$、$4\times10^5m^3/10a$、$7.02\times10^7m^3/10a$ 和 $7\times10^5m^3/10a$。过去 40 年，玛纳斯河流域、呼图壁河流域、木扎提河流域和库车河流域的冰川融水对出山口径流的平均贡献率分别为 20.24%、6.46%、65.58% 和 2.43%。未来到 21 世纪中期，天山南北坡流域水资源供给量亦呈不同变化趋势。SSP5-8.5 情景下，与 21 世纪 10 年代相比，21 世纪 40 年代玛纳斯河流域和呼图壁河流域的水资源供给量将分别减少 10.94% 和 3.08%。三种气候情景下，2014～2050 年，木扎提河流域水资源供给量呈减少趋势，库车河流域水资源供给量呈增加趋势，木扎提河流域和库车河流域的年均水资源供给量分别介于 $1.39\times10^7\sim1.44\times10^7m^3$ 和 $3.85\times10^8\sim3.94\times10^8m^3$。同时期，天山南北坡流域冰川水资源供给均呈减少趋势。SSP1-2.6 情景下，与 21 世纪 10 年代相比，21 世纪 40 年代玛纳斯河流域、呼图壁河流域、木扎提河流域和库车河流域冰川水资源供给量将分别减少 31.88%、37.50%、13.97% 和 42.86%。SSP5-8.5 情景下，上述四个流域的冰川水资源供给量将分别减少 33.94%、40.63%、13.59% 和 57.14%。

（3）历史时期（1971～2013 年），天山南北坡流域水资源供给以中供给和低供给为主，玛纳斯河流域、呼图壁河流域、木扎提河流域和库车河流域的中低供给占比分别为 61.46%、64.86%、53.49% 和 73.42%，未来到 2050 年，SSP1-2.6、SSP2-4.5 和 SSP5-8.5 情景下，玛纳斯河流域和木扎提河流域的水资源供给以中高供给为主，呼图壁河流域和库车河流域以中低供给为主。未来到 21 世纪中期，玛纳斯河流域、呼图壁河流域和库车河流域的冰川水资源供给以中低供给为主，木扎提河流域则从历史时期的中低供给转为中高供给。1971～2013 年，木扎提河流域的冰川水文调节功能最高，玛纳斯河流域次之，呼图壁河流域和库车河流域的冰川水文调节功能较低。玛纳斯河流域、呼图壁河流域、木扎提河流域和库车河流域的冰川水文调节指数（$Glacier_R$）分别为 0.78、0.91、0.30 和 0.97，未来到 2050 年，天山南北坡流域的冰川水文调节功能均呈现不同程度的下降趋势，SSP1-2.6（SSP5-8.5）情景下，上述流域的冰川水文调节功能分别降低 5.8%（3.0%）、4.2%（3.7%）、52.1%（54.9%）和 1.4%（1.2%）。天山南北坡流域因冰川性质、规模等异同，冰川水文调节功能大小呈现一定的差异，20 世纪 70 年代～21 世纪前 10 年是其相对最强冰川水文调节功能时期。从年内变化看，夏季（6～8 月）是冰川水文调节功能最强时期，三种 SSP 情景下，四个流域年内冰川水文功能调节功能亦呈不同程度下降趋势。1991～2050 年，天山南北坡流域冰川水资源服务价值呈波动增加趋势，玛纳斯河流域、呼图壁河流域、木扎提河流域和库车河流域的冰川水资源服务年均价值分别为 258.87 亿元、26.96 亿元、472.51 亿元和 6.27 亿元，各流域水资源服务价值类型从高到低依次为气候调节＞水文调节＞供给服务＞水力发电。不同气候情景下，上述四个流域的供给服务和气候调节价值呈波动增加趋势，水力发电和水文调节服务价值呈波动减少趋势。

第4章 "美丽冰冻圈"融入高寒畜牧业经济的途径与模式

本章以青藏高原为研究区，围绕冰冻圈灾害之雪灾与畜牧业经济这一核心问题，从灾害风险–损失逻辑关系，实证分析冰冻圈融入高寒畜牧业经济的途径与模式，并以三江源为案例区，明晰畜牧业经济系统的防灾减灾途径，并量化其效益。

4.1 积雪深度模拟及青藏高原牧区雪灾危险性识别

4.1.1 青藏高原概况

青藏高原是世界最高的高原，被称为"世界屋脊""地球第三极"。青藏高原地理位置介于 25°59′37″N～39°49′33″N、73°29′56″E～104°40′20″E，南起喜马拉雅山脉南缘，北抵昆仑山、阿尔金山脉和祁连山北缘，西部为帕米尔高原和喀喇昆仑山脉，东及秦岭山脉西段和黄土高原相接，平均海拔 4000m 以上。青藏高原为高原大陆性气候，年均气温为–5.75～2.57℃（姚永慧和张百平，2015），年降水量介于 200～500mm，且从东南向西北递减（赵林和盛煜，2019）。青藏高原中国境内冰储量约 4.56×10³km³（姚檀栋等，2013），是全球第二大冰川聚集地，有山地冰川 36 793 条，面积为 49 873km²，分别占我国冰川总数量和面积的 79.4% 和 84%（叶庆华等，2016）。众多的冰川孕育了多条大江大河（如恒河、印度河、长江、黄河、澜沧江、怒江、雅鲁藏布江等），被称为"亚洲水塔"，对我国西部地区的水资源安全和社会发展起到保障作用，也对缓解亚洲水资源压力意义重大（Immerzeel et al., 2010；姚檀栋等，2019）。

青藏高原在我国境内面积大约有 2.5×10⁶km²，包括西藏和青海的全部，云南、四川、甘肃和新疆的部分区域（图 4-1），行政区共涉 207 个县（市）。其中，青海海拔 4000m 以上的地区占全省面积的 60.93%，西藏海拔 4000m 以上区域占西藏全区面积的 86.1%（张镱锂等，2014；郑度和赵东升，2017）。

历史时期青藏高原人口发展曾长期处于停滞状态。中华人民共和国成立以来，该地区居民生活水平提高，医疗条件改善，人口稳定增长，人口增长率高于全国水平，少数民族人口增速高于总体人口增速。地区经济发展势头强劲，在培育传统农牧产业的同时，不断引入新兴产业，产业和就业结构持续优化，人民生活持续改善（牛方曲等，2019）。以西藏为例，地区生产总值长期保持两位数增长，2018 年人均地区生产总值达到 43 397 元，第一、第二、第三产业比例分别为 8.8%、42.5%、48.7%，已成功转变为"三二一"型产业格局。同时，居民收入稳步提高，2018 年农村和城镇居民人均可支配收入分别达到 11 450 元和 33 797 元，年均增幅保持在 9.5% 以上。

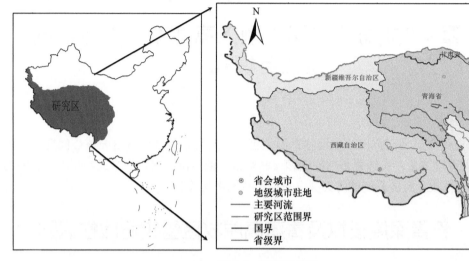

图 4-1　研究区概况

4.1.2　数据及其来源

本研究使用了中国 185 个站点 1986～2005 年的气象数据、NASA Earth Exchange Global Daily Downscaled Projections 数据集（NEX-GDDP）、中国区域高时空分辨率地表气象驱动数据集（CMFD）、中国积雪深度（以下简称雪深）长时间序列数据、青藏高原草地生产力数据、气象灾害统计数据、中国数字高程数据（DEM）、基础地理信息数据、社会经济统计年鉴数据、三江源区范围数据以及三江源区 1∶100 万的交通数据。

1）气象站点数据

气象站点数据包括日最高气温、日最低气温、日降水量和雪深数据，该数据来源于中国国家气象科学数据中心（http://www.cma.gov.cn/2011qxfw/2011qsjgx/），时间序列为 1986～2005 年，气象站点分布如图 4-2 所示。该套数据主要用于 4.1.3 节神经网络雪深模拟模型训练和精度验证。

2）NASA Earth Exchange Global Daily Downscaled Projections 数据集（NEX-GDDP）

该数据由 NASA 于 2015 年发布（https://www.nccs.nasa.gov/services/），包括历史数据（1986～2005 年）与两种气候情景（RCP4.5 和 RCP8.5）的预估数据（2006～2100 年），具体包括日最高气温、日最低气温和日降水量数据，空间分辨率为 0.25°×0.25°（Bao and Wen，2017）。该数据集中 21 个 CMIP5 全球气候模式的信息见表 4-1。相较 CMIP5 数据，NEX-GDDP 数据的空间分辨率更高、更均匀。许多研究亦表明，NEX-GDDP 数据比 CMIP5 数据更能反映中国区域气候变化的特点（Bao and Wen，2017；Chen et al.，2017）。尽管 CMIP6 数据已处于应用阶段，但各模式的分辨率差异较大，而 NEX-GDDP 具有的较高和较均匀的分辨率将使其仍有较高的应用价值（李金洁等，2019）。本研究主要使用该数据模拟青藏高原未来的日雪深；其次，该套数据中的逐日气温数据用于雪灾危险性识别。

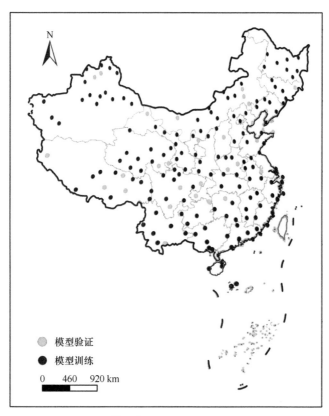

图 4-2 模型构建所用的气象站点分布

黑色表示的站点 155 个,绿色表示的站点 30 个

表 4-1 NEX-GDDP 数据集中 21 个气候模式信息 (李金洁等,2019)

编号	名称	国家	机构
1	ACCESS1-0	澳大利亚	CSIRO-BOM
2	bcc-csm1-1	中国	BCC
3	BNU-ESM	中国	GCESS
4	CanESM2	加拿大	CCCMA
5	CCSM4	美国	NCAR
6	CESM1-BGC	美国	NSF-DOE-NCAR
7	CNRM-CM5	法国	CERFACS
8	CSIRO-Mk3-6-0	澳大利亚	CSIRO-QCCCE
9	GFDL-CM3	美国	NOAA-GFDL
10	GFDL-ESM2G	美国	NOAA-GFDL
11	GFDL-ESM2M	美国	NOAA-GFDL
12	inmcm4	俄罗斯	UNM

编号	名称	国家	机构
13	IPSL-CM5A-LR	法国	IPSL
14	IPSL-CM5A-MR	法国	IPSL
15	MIROC5	日本	MIROC
16	MIROC-ESM	日本	MIROC
17	MIROC-ESM-CHEM	日本	MIROC
18	MPI-ESM-LR	德国	MPI-M
19	MPI-ESM-MR	德国	MPI-M
20	MRI-CGCM3	日本	MRI
21	NorESM1-M	挪威	NCC

3）CMFD 气象数据

CMFD 由中国科学院青藏高原研究所开发，它是中国第一个用于地球过程研究的高时空分辨率气象强迫数据集（http://data.tpdc.ac.cn）。数据时段为 1979 年 1 月~2018 年 12 月，时间分辨率为 3h，空间分辨率 0.1°×0.1°，数据融合了遥感产品（GEWEX-SRB、GLDAS 和 TRMM 3B42 降水数据集）、普林斯顿再分析数据集和气象站数据。其中，数据集（TRMM 3B42、GLDAS NOAH10SUBP 3H 和 GLDAS NOAH025 3H）被结合起来生成降水量数据（Lei et al.，2021）。CMFD 数据集是通过使用 ANU-Spline 插值算法创建的，该算法考虑了站点气象数据和场数据集之间的差异或比率。该数据集由于时间跨度长、覆盖广和空间分辨率高，已经在中国广泛使用（He et al.，2020；Lei et al.，2021）。该套数据主要用于 4.2 节构建青藏高原牧区牲畜脆弱性曲线和干草模拟模型。

4）中国雪深长时间序列数据

该数据是以遥感数据为基础反演而得，其包含 1978 年 10 月 24 日到 2012 年 12 月 31 日逐日中国范围的雪深分布数据，空间分辨率为 0.25°×0.25°。该数据来源于国家青藏高原科学数据中心（Che et al.，2008），主要用于与模拟的雪深数据进行对比及精度验证。

5）青藏高原草地生产力数据

该数据来源于国家青藏高原科学数据中心，时间序列为 1980~2017 年，空间分辨率为 1km×1km（莫兴国，2020）。该数据主要用于构建干草产量模型，以模拟预估青藏高原草地的干草产量。

6）社会经济统计年鉴数据

搜集了青海、西藏、甘肃、云南、新疆、四川六省的地市级社会经济统计年鉴，摘录使用了县级行政单元牧区各种牲畜数量数据，时序为 1986~2005 年。该数据主要用于 4.2 节脆弱性曲线构建各县域单元内大型牲畜与羊比例统计。

7）气象灾害统计数据

该数据来自各省的气象灾害大典，主要记录了 2000 年以前发生的各种气象灾害资料，本研究统计了雪灾导致青藏高原各地区牲畜死亡数量，该数据主要用于 4.2 节牧区牲畜脆弱性曲线构建。

8) 中国数字高程数据 (DEM)

该数据来自地理数据云平台,包含中国范围的地理高程信息,空间分辨率为 90m×90m。该数据主要用于 4.4 节三江源牧区以乡镇为单元的救助扩展模型构建。

9) 基础地理信息数据

该数据包含行政区界、行政区面积、道路网、县域驻地、乡镇县域驻地,来自国家基础地理信息中心,主要用于制图,其中乡镇县域驻地用于 4.4 节三江源牧区以乡镇为单元的救助扩展模型构建。

10) 三江源区范围数据

该数据包含黄河、长江、澜沧江三个源区各自流域的边界、总边界及其流域内部各个县的边界,来自国家青藏高原科学数据中心 (DOI: 10.11888/Geogra.tpdc.270009. CSTR: 18406.11. Geogra.tpdc.270009)。该数据用于 4.4 节三江源牧区以乡镇为单元的救助扩展模型构建。

11) 三江源区 1:100 万的交通数据

该数据包括三江源范围内各种道路的矢量数据,来源于国家青藏高原科学数据中心 (https://data.tpdc.ac.cn/)。该数据主要用于 4.4 节三江源牧区以乡镇为单元的救助扩展模型构建。

4.1.3 逐日雪深模拟及雪灾危险性识别方法

积雪危险性是指不同等级降雪事件发生的可能性,牧区雪灾作为多因子的气象自然灾害,其危险性受多种因素影响,是积雪深度、积雪持续时间以及积雪时段内气温等的综合。辨识雪灾危险性是雪灾风险评估的前提与基础,而明晰未来青藏高原积雪变化是辨识雪灾危险性的关键。

然而,截至目前有关青藏高原积雪预估数据仍鲜见,这主要是由于积雪的堆积和融化是一个复杂的过程,受到诸如温度、降水、风速、太阳辐射、下垫面类型和海拔等众多因素的影响 (Vikhamar and Solberg, 2003;吴杨,2007;万欣等,2013),雪深的模拟难度大。Leathers 和 Luff (1997) 研究发现积雪的持续时间与降雪量及温度有着很高的相关性。故本研究以他们的研究结果作为参考依据,选取降雪量 (NEX-GDDP 数据中相当于固体降水的质量) 和温度为模拟雪深的输入变量,在 MATLAB 环境中建立了一个反向传播神经网络雪深模拟模型 (backpropagation artificial neural network snow simulation model, BPANNSSM),并使用第一日的雪深、最低气温、最高气温和降水量等数据模拟第二日的雪深,然后利用气象站点数据对神经网络进行训练、验证。在此基础上,以 NEX-GDDP 数据作为模型输入,模拟得到 RCP4.5 和 RCP8.5 情景下未来逐日雪深数据,并据此识别青藏高原牧区雪灾危险性。相比较单因子自然灾害,雪灾作为多因子灾害,其危险性识别难度较大,不能仅根据积雪深度或者积雪时长来定义雪灾危险性强度。因此,本研究选取雪灾期间积雪平均深度、持续时间、日最高气温均值与日最低气温均值四个因子识别雪灾危险度,并基于此,分析青藏高原未来雪灾危险性时空变化特征。

1. 逐日雪深模拟及雪灾危险性识别方法

1）BPANNSSM 雪深模拟模型的构建

深度学习是机器学习领域一个重要的研究方向，计算机技术的快速发展使得人工智能（artificial intelligence，AI）更易实现。近年来，人工神经网络（ANN）已在地理研究中得到广泛应用（郭小英和何东健，2011；莫崇勋等，2016；叶远斌，2018）。为了模拟未来青藏高原地区的雪深，首先构建 BPANNSSM，模型概念如图 4-3 所示。因青藏高原雪深观测站点十分稀少，且分布不均匀，这会对训练和验证结果造成较大不确定性，故本研究从 185 个气象站点中随机选取 155 个站点（图 4-2）的数据训练 BP 人工神经网络，其中训练样本和测试样本总量为 1 133 050 个。

（1）输入和输出层变量的选择。输入层为气象站点日尺度的最高气温、最低气温、降水量与雪深数据，输出层为次日雪深数据（图 4-4，第一部分）。

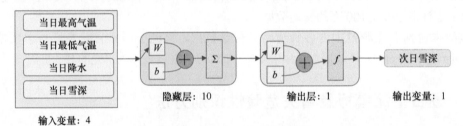

图 4-3 雪深模拟模型的概念图（W：权重，b：偏差）

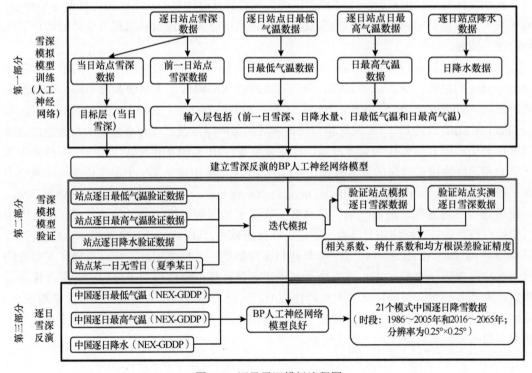

图 4-4 逐日雪深模拟流程图

（2）确定神经网络隐藏层节点数目。利用式（4-1）确定节点数

$$p = \sqrt{n+m} + a \qquad (4\text{-}1)$$

式中，p 为隐含节点数；n 为输入层数（$n=4$）；m 为输出层数（$m=1$）；a 为 $1\sim10$ 范围内的常数。通过反复测试，发现当 $p=10$ 时训练效果最佳。

（3）确定参数。模型参数的设置对人工神经网络模型模拟的准确性至关重要。为此，将训练样本数据与测试样本进行多次比较，确定 BPANNSSM 中的参数个数（表 4-2）。

表 4-2 BPANNSSM 的基本参数设置

参数名称	值	定义
activation function	Tansig，purelin	神经元之间传递函数
net.trainParam.epochs	1000	最大训练次数
net.trainParam.goal	1×10^{-7}	最小训练目标误差
net.trainParam.lr	0.01	学习效率
net.trainParam.mc	0.9	附加驱动因子
net.trainParam.show	25	显示频率

2）模型迭代模拟精度验证方法

在 BPANNSSM 建立和训练的基础上，利用随机选取的 30 个气象站点（图 4-2，绿色点）的逐日降水量、最低气温和最高气温数据，验证模型迭代模拟的精度。以某无积雪日设置为模型迭代开始时间，在日时间尺度迭代模拟雪深数据（图 4-5），再将模拟的雪深与相应站点的观测数据进行比较（图 4-4，第二部分）。模型迭代模拟精度具体过程如下：利用 30 个验证站点的模拟值和观测值，计算累积雪深和积雪日数多站点月均值，在此基础上根据式（4-2）计算整个时间序列中模拟值与观测值之间的纳什系数和相关系数

$$E = 1 - \frac{\sum_{t=1}^{T}(S_0^t - S_m^t)^2}{\sum_{t=1}^{T}(S_0^t - \overline{S}_0)^2} \qquad (4\text{-}2)$$

式中，E 为纳什系数；S_0^t 为 t 月份的观测值；S_m^t 为 t 月份的模拟值；$\overline{S}_0$ 为观测值的平均值。如果 E 接近 1，说明模型质量高，即可信；而如果 E 接近 0，说明模拟值接近观测值，但误差增大。如果 E 远小于 0，模型不可信。

观测值和模拟值的相关值（R）的计算方法如下

$$\delta_x = \left\{ \sum_{i=1}^{n}(x_i - \overline{x})^2 \right\}^{\frac{1}{2}} \qquad (4\text{-}3)$$

$$\delta_y = \left\{ \sum_{i=1}^{n}(y_i - \overline{y})^2 \right\}^{\frac{1}{2}} \qquad (4\text{-}4)$$

$$R = \frac{1}{\delta_x \delta_y}\left[\sum_{i=1}^{n}(x_i - \bar{x})(y_i - \bar{y})\right] \qquad （4-5）$$

式中，x 为模拟值；$\bar{x}$ 为模拟值的平均值；y 为观测值；$\bar{y}$ 为观测值的平均值；n 为总月份数。

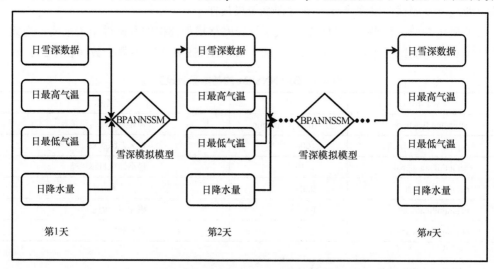

图 4-5　雪深模拟模型迭代模拟过程

在验证雪深模拟模型精度后，以 NEX-GDDP 数据为输入变量，模拟中国区域的未来逐日雪深，合并成数据集（中国逐日雪深模拟评估数据集）（Chen et al.，2021）。该数据集已在国家青藏高原科学数据中心发布。

2. 不同模式的雪深模拟数据对青藏高原积雪模拟能力的评估方法

不同模式对中国逐日雪深的模拟结果精度差异较大，为了评估不同模式雪深模拟数据对青藏高原地区的模拟能力，本研究将 BPANNSSM 模拟的青藏高原逐日雪深数据与遥感反演的逐日雪深数据，以及站点观测的雪深数据进行比较，比较时段为 1986～2005 年。具体过程如下。

以青藏高原所有气象站点所在位置为基准，分别统计三种雪深数据的站点年累积雪深，然后用气象站点数据作为观测值，分析其余两种雪深数据的模拟（反演）能力，采用观测值和两种雪深数据的中心化均方根误差 [式（4-6）] 和相关系数 [式（4-5）] 作为评估指标，依据这两个指标的统计结果，评估两种雪深数据对青藏高原积雪的模拟能力，并评选出中国逐日雪深模拟评估数据集中的最优模式。为了确定最优模式的可靠性，进一步统计最优模式模拟的雪深数据、站点雪深数据以及遥感反演雪深数据在所有站点的逐日雪深概率密度函数，并进行比较分析。

$$\text{RMSE} = \sqrt{\frac{1}{n}\sum_{i=1}^{n}\left[(x_i - \bar{x}) - (y_i - \bar{y})\right]^2} \qquad （4-6）$$

式中，x 为模式模拟结果；$\bar{x}$ 为模拟结果平均值；y 为观测值；$\bar{y}$ 为观测值的平均值；n 为年数。RMSE 越小，表明模式的模拟能力越好，反之亦然。

3. 雪灾危险性指数模型

雪灾危险性是指不同等级降雪事件发生的可能性。牧区雪灾作为多因子气象自然灾害，其危险性受多种因素影响，对雪灾危险性识别，不仅要了解不同气象因子的强弱等级，而且要明晰不同因子的权重。因此，本研究首先通过查阅牧区雪灾划分等级标准（GB/T 20482—2017），并就此咨询专家，分析不同因子对雪灾的重要性，在此基础上，结合层次分析法构造的判断矩阵，设定了不同气象因子的权重（表 4-3），得到雪灾危险性模型

$$H = 0.4492 \times X_1 + 0.3011 \times X_2 - 0.1002 \times X_3 - 0.1495 \times X_4 \tag{4-7}$$

式中，H 为雪灾危险性指数；X_1 为积雪期积雪平均深度；X_2 为积雪持续时间；X_3 为积雪期日最高气温均值；X_4 为积雪期日最低气温均值。其中，H 越高，雪灾危险性越大。识别过程中参考牧区雪灾等级标准，雪灾危险性识别条件为：积雪深度超过 3cm，积雪时长超过 5 天。基于构建的雪灾危险性指数模型，使用中国逐日雪深模拟评估数据和 NEX-GDDP 数据，计算青藏高原区域内的雪灾危险性指数。

表 4-3　不同气象因子对牧区雪灾危险性的重要程度对比矩阵

危险性因子	雪深	积雪持续时间	日最高气温	日最低气温	权重
雪深	—	稍微重要	比较重要	稍微重要	0.4492
积雪持续时间	—		稍微重要	稍微重要	0.3011
日最高气温	—		—	稍微不重要	0.1002
日最低气温	—		—		0.1495

4.1.4　RCP 中高气候情景下 2016～2065 年逐日雪深模拟

1. BPANNSSM 训练及其结果分析

本研究将选取的站点数据分成两类：第一类用于 BP 神经网络模型训练，第二类用来验证模拟的逐日雪深数据精度。其中，用于训练 BP 神经网络的站点数为 155 个，训练样本的总数据量为 1 133 050 个。在训练过程中，将样本随机分为 training set、validation set 和 test set，其所占比例分别为 70%、15% 和 15%（该比例为软件默认比例）。training set 是用来训练模型或者确定模型参数，如权重值；validation set 用于模型选择，即模型的最终优化及确定；test set 用于测试已经训练好的模型的推广能力。训练具体过程如图 4-6 所示，结果显示此次训练次数为 904 次时模拟精度最高，确认（validation）均方根误差最小，为 0.22。根据训练 BP 神经网络中模拟值和实测值之间的相关性，训练后的 BPANNSSM 的模拟值和实测值之间的决定系数（R^2）都大于 0.95。

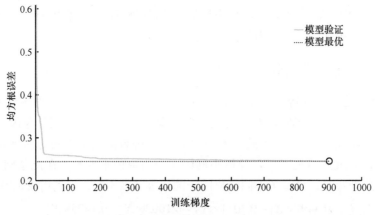

图 4-6　模型训练数据梯度和均方根误差之间关系图

2. BPANNSSM 迭代模拟精度验证结果

在训练和验证 BPANNSSM 模拟能力的基础上，为进一步了解模型迭代反演的精度，随机选取 30 个站点，利用逐日降水量、最高气温和最低气温数据，从某一日无雪日开始，迭代反演了 30 个站点（1986～2005 年）20 年的逐日雪深数据，再利用此 30 个站点实测数据与其比较，得出模型的迭代反演精度。

图 4-7 和图 4-8 分别是主要降雪期（10 月到次年 4 月）所有站点月时间尺度累积雪深和累积积雪日数的模拟值与实测值的比较结果。从图 4-7 和图 4-8 可以看出，当累积雪深较大时，模拟值小于实测值；而从累积积雪日数来看，模拟值都要大于实测值。其中，所有站点实测累积雪深多年月平均值为 13.77cm，模拟值为 12.40cm，实测累积积雪日数月均值为 4.06 天，模拟值为 4.98 天。综合而言，模型对雪深的模拟值小于实测值，对积雪日数的模拟值要大于实测值。模拟值和实测值的相关性（图 4-9）显示，实测累积雪深与模拟值的相关系数为 0.8837（$P<0.01$），实测累积积雪日数与模拟值之间的相关性为 0.9385（$P<0.01$）。为了进一步验证模型的模拟能力，利用式（4-2）计算了纳什系数，结果表明，实测累积雪深与模拟值之间的纳什系数为 0.91，实测累积积雪日数与模拟值之间的纳什系数为 0.87。

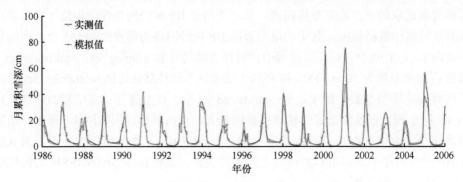

图 4-7　BPANNSSM 模拟值和实测值的月累积雪深变化

时间为 10 月至次年 4 月，下同

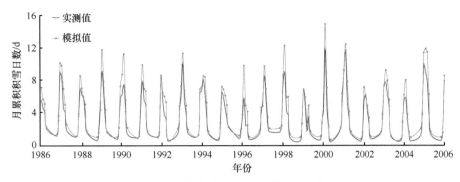

图 4-8 BPANNSSM 模拟值和实测值的月累积积雪日数变化

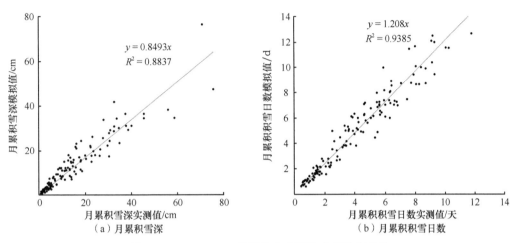

图 4-9 BPANNSSM 模拟值和实测值之间的相关性

　　为了明晰模型对区域的模拟能力，以省为单元，统计省级区域内月时间尺度累积雪深和累积积雪日数的实测值与模拟值的站点均值，见图 4-10。以验证气象站点为统计单位，分别计算 1986～2005 年实测值和模拟值的月平均值，并求取二者相关性。结果显示，从累积雪深来看，在主要的积雪较大省（自治区、直辖市）中，除去新疆和西藏以外，其余各省（自治区、直辖市）模拟值均大于实测值；从累积积雪日数来看，在省单元区域内，所有省（自治区、直辖市）实测累积积雪日数均小于模拟值。从各省（自治区、直辖市）的模拟值与实测值的相关性统计结果来看，不同区域实测的和模拟的累积积雪深度月平均值之间的决定系数为 0.93（$P < 0.01$），对累积积雪日数而言，决定系数（R^2）为 0.85（$P < 0.05$）（图 4-11）。综合而言，在空间上，模型对累积积雪日数的迭代反演精度低于对累积雪深的迭代反演精度。

　　在模型模拟精度评价基础上，以 NEX-GDDP 数据作为 BPANNSSM 的输入值，对 NEX-GDDP 中相应模式下的逐日雪深进行迭代模拟。模拟的雪深数据亦包含两种气候情景（RCP4.5 和 RCP8.5）下的 21 个模式，空间分辨率为 0.25°×0.25°，时间序列为 1986～2005 年和 2016～2065 年。

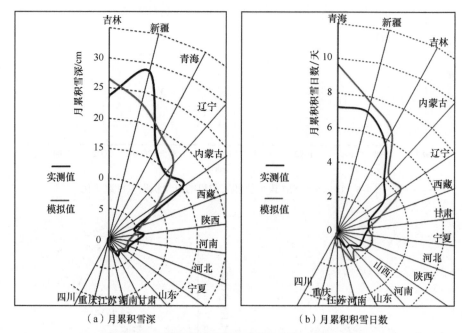

（a）月累积雪深　　　　　　　　（b）月累积积雪日数

图 4-10　省级统计单元内实测值和迭代模拟值

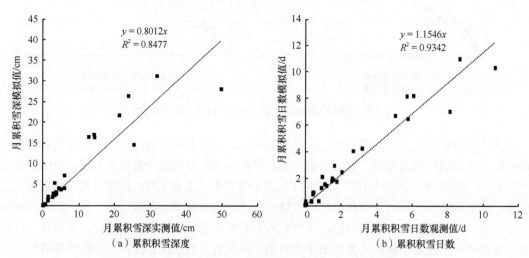

（a）累积积雪深度　　　　　　　　（b）累积积雪日数

图 4-11　省级统计单元的实测值和模拟值的空间相关性

4.1.5　不同模式的雪深模拟数据对青藏高原积雪的模拟能力

在青藏高原地区，遥感反演的雪深与站点实测的雪深的均方根误差远大于模式模拟的雪深与站点实测的均方根误差（表 4-4）。就相关系数而言，CESM1-BGC 模式模拟的雪深数据与站点实测值的相关系数接近于遥感反演的雪深数据与站点实测值的相关系数（表 4-4）。整体来说，CESM1-BGC 模式模拟的雪深数据最接近站点雪深实测值（图 4-12）。

表 4-4　青藏高原地区遥感反演数据、21 个模式模拟的雪深数据与站点实测值的均方根误差与相关系数对比

	均方根误差	相关系数
遥感反演	159.93	0.60
ACCESS1-0	53.08	0.27
BNU-ESM	79.96	−0.51
CCSM4	59.44	0.00
CESM1-BGC	64.10	0.54
CNRM-CM5	58.49	0.21
CSIRO-Mk3-6-0	65.55	−0.13
CanESM2	69.52	0.10
GFDL-CM3	53.83	−0.03
GFDL-ESM2G	76.05	−0.05
GFDL-ESM2M	75.77	0.20
IPSL-CM5A-LR	68.40	0.08
IPSL-CM5A-MR	76.81	0.23
MIROC-ESM-CHEM	50.07	0.39
MIROC-ESM	60.69	−0.09
MIROC5	69.02	0.15
MPI-ESM-LR	79.42	−0.08
MPI-ESM-MR	70.92	−0.14
MRI-CGCM3	59.69	−0.27
NorESM1-M	41.33	0.38
bcc-csm1-1	69.71	−0.11
inmcm4	55.47	−0.07

　　为了验证用 CESM1-BGC 模式模拟的雪深数据与站点实测数据、微波遥感反演的雪深数据在空间上的差异，本研究基于站点点位，分别统计三种雪深数据的年累积积雪日数和年累积雪深，并进行空间比较。结果显示（图 4-13），无论是年累积积雪日数，还是年累积雪深，在青藏高原中部、南部、北部以及东部边缘区域，模型模拟结果比遥感反演结果更加接近站点实测值，而在青藏高原西部以及西南区域，模型模拟的逐日雪深数据与站点观测结果差异比较大。整体看，CESM1-BGC 模式模拟的雪深数据更接近站点实测数据。为了进一步明晰 CESM1-BGC 模式模拟的日雪深数据分布的合理性，此次研究统计了其概率密度函数，结果显示，相较遥感反演的逐日雪深概率密度函数，CESM1-BGC 模式模拟的逐日雪深概率密度函数的分布更接近站点实测值（图 4-14）。因此，本研究选用 CESM1-BGC 模式模拟的逐日雪深数据，识别青藏高原雪灾危险性。

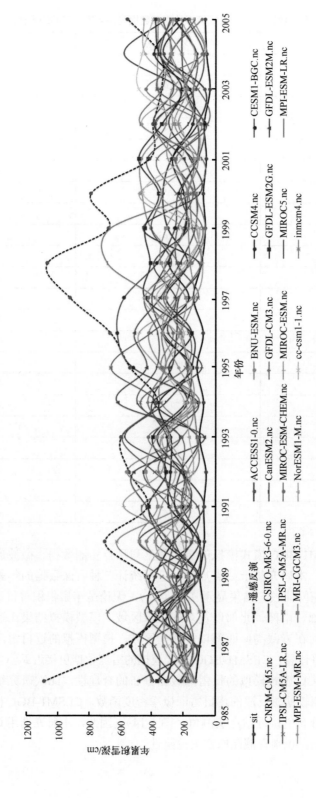

图 4-12 遥感反演、站点观测与模式模拟的年累积雪深数据比较

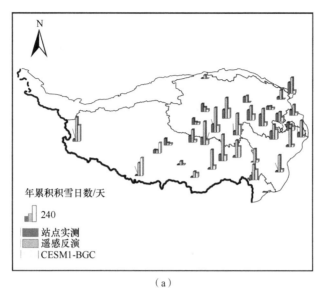

（a）

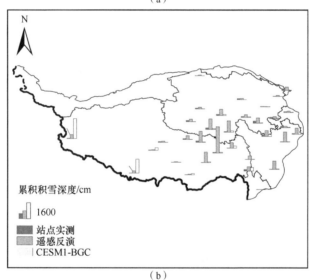

（b）

图 4-13 青藏高原区域基于站点点位三种逐日雪深数据空间差异比较

（a）年累积积雪日数；（b）年累积雪深

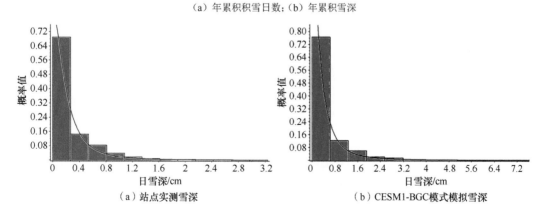

（a）站点实测雪深 　　　　　　　　　　 （b）CESM1-BGC模式模拟雪深

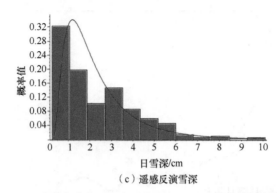

（c）遥感反演雪深

图 4-14　所用的青藏高原气象站点点位逐日雪深数据概率密度函数

4.1.6　雪灾危险性时空变化分析

选用 CESM1-BGC 模式模拟的青藏高原逐日雪深数据，利用式（4-7）计算雪灾危险性指数。相较于历史基准时期（1986～2005 年），两种 RCP 情景下未来近期（2016～2035 年）与未来远期（2046～2065 年）青藏高原雪灾危险性基本呈减弱趋势。其中，RCP4.5 情景下未来近期（2016～2035 年）和远期（2046～2065 年）雪灾危险性指数分别降低 12.32% 和 14.20%；RCP8.5 情景下未来近期和未来远期分别降低 14.20% 和 17.16%（图 4-15 和表 4-5）。就发生雪灾危险性区域的面积占比来看，相较于历史基准时期，RCP4.5 情景下未来近期和未来远期分别减少 6% 和 11%，而 RCP8.5 情景下分别减少 6% 和 14%，缩减区域主要位于青藏高原中部和祁连山地区。尤其是在 RCP8.5 情景下，未来发生雪灾危险性区域的面积占比减少比较明显（表 4-5）。空间分布上，雪灾危险性指数较高的区域主要分布在藏北高原、冈底斯山脉沿线、昆仑山脉西段沿线、祁连山脉沿线、三江源和横断山脉地区（图 4-15）。

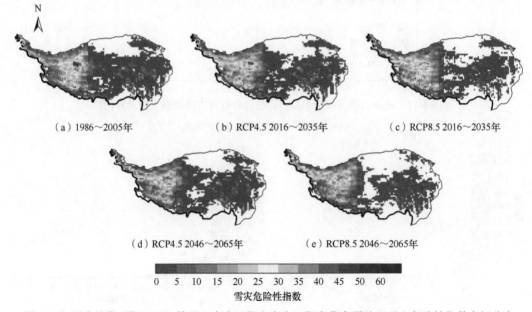

（a）1986～2005年　　　　（b）RCP4.5 2016～2035年　　　　（c）RCP8.5 2016～2035年

（d）RCP4.5 2046～2065年　　　　（e）RCP8.5 2046～2065年

图 4-15　历史基准时期、RCP 情景下未来近期和未来远期青藏高原地区雪灾危险性指数空间分布

综上所述，2016～2065 年，青藏高原雪灾危险性发生范围及强度均呈减弱趋势。

表 4-5 历史基准时期、RCP 中高情景下未来近期和未来远期青藏高原地区雪灾危险性指数统计结果

项目	历史基准时期（1986～2005 年）	RCP4.5		RCP8.5	
		（2016～2035 年）	（2046～2065 年）	（2016～2035 年）	（2046～2065 年）
危险性指数均值	15.91	13.95	13.65	13.65	13.18
危险性指数均值变化率/%		−12.32	−14.20	−14.20	−17.16
雪灾危险性区域面积占比/%	78	72	67	72	64

4.2 青藏高原牧区牲畜暴露量及脆弱性

青藏高原牧区牲畜作为雪灾风险的主要承险体，极易受雪灾影响。积雪掩埋草场，牲畜因无法觅食而饿死或者冻死，同时雪灾还可能严重影响交通、通信和电力等，对雪灾救援造成阻碍。为此，牧区牲畜的空间暴露量和脆弱性将会决定雪灾风险的损失程度。牲畜暴露量是指在孕灾环境中可能受雪灾影响并产生损失的牲畜数量及其空间分布。在以往自然灾害风险评估中，承险体的空间展布大多是以行政区为单元，认为承险体在行政区内是均匀分布的，这是一种假设状态，实际上承险体的分布具有不均匀性。为规避承险体在行政区内均匀展布的局限性，本研究以 1km×1km 的网格单元作为基本研究单元，依据单位网格内牲畜数量多少与相应网格产草量的关系，模拟 RCP 气候情景下 2016～2065 年青藏高原牧区干草产量，在此基础上，利用"以草定畜"方法，用栅格数据形式空间展示牲畜数量分布。脆弱性是指一定致险因子强度下，承险体可能遭受损失的程度。在青藏高原地区，不同雪灾风险发生地牲畜总数量、人口、社会经济发展水平不一，若用绝对牲畜受雪灾损失数量来评估雪灾风险，可能会影响结果的真实性。为此，本研究选择相对损失指标——"损失率"来构建雪灾的脆弱性曲线。

4.2.1 青藏高原牧区牲畜暴露量及脆弱性研究方法

牲畜数量的空间分布与各个县所拥有的草地面积和草地产量相关，本研究以干草产量空间分布为依据，分析青藏高原牧区牲畜空间展布。由于未来气候情景下青藏高原牧区的干草产量并不清楚，也无相关研究结果可资借鉴。因此，本研究首先对未来气候变化下青藏高原牧区草场产量进行模拟，并据此分析青藏高原"以草定畜"下的牲畜暴露量。本研究所用的历史时期草地生产力数据为 1980～2017 年青藏高原草地生产力数据，空间分辨率为 1km×1km，相应地，牲畜暴露量的空间分辨率亦为 1km×1km。

1. 青藏高原牧区干草产量的模拟方法

影响草地干草产量的因素较多，主要为植物种类和土地生产潜力。对于青藏高原天然牧场，首先地势的起伏差异不仅决定了植物种类的垂直分布（刘哲等，2015；张宇欣等，

2019；阿旺等，2021），还在一定程度上决定了植物的生存环境（如气压等）。其次土地生产潜力主要受光能生产潜力和气候生产潜力的影响（郭建平等，1995；罗永忠等，2011）。由于未来太阳辐射数据难以获取，故本研究认为青藏高原地区的光能辐射在百年时间尺度并无明显变化，光合生产潜力也不发生变化。这样，气候生产潜力就成为牧草生产力变化的主要因素。草地气候生产潜力是指牧草在适宜的土壤肥力条件下，充分利用热量资源和水资源在单位面积上获得的理论有机质的总量。国内诸多学者均是通过研究水热条件变化从而确定农作物气候生产潜力的（李颜颜等，2018；田洁等，2021）。综上所述，本研究以海拔和气候生产潜力作为自变量，干草产量作为因变量，建立干草产量模型，模拟不同气候情景下未来青藏高原牧区的干草产量（图 4-16）。

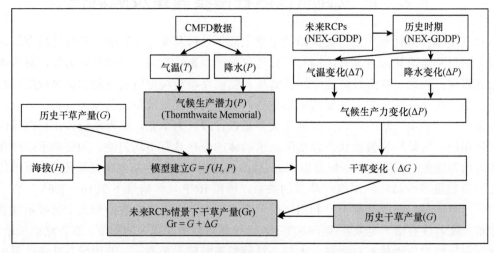

图 4-16　未来气候情景下青藏高原草地干草产量模拟技术路线图

1）气候生产潜力模型（Thornthwaite Memorial 模型，简称 TM 模型）（Lieth and Box，1972）

TM 模型是依据蒸散量与温度、降水量和植被的关系计算气候生产潜力，该模型的优点是不受个别气象数据异常值的干扰，又能有效说明气候变化的影响，具有包含的环境因子较全面的优点，计算的结果优于其他模型。模型如式（4-8）所示

$$P_v = 3000 \times [1 - \mathrm{e}^{-0.000956(V-20)}] \tag{4-8}$$

式中，P_v 为气候生产潜力，kg/（hm² · a）；V 为年平均实际蒸散量，mm。V 的计算公式如下

$$V = \frac{1.05R}{\sqrt{1 + \left(\dfrac{1.05R}{L}\right)^2}} \tag{4-9}$$

式中，R 为年平均降水量，mm；L 为年平均最大蒸散量，mm，它与年平均温度 t 之间关系可表达为

$$L = 300 + 25t + 0.05t^3 \tag{4-10}$$

2）干草产量模型的建立

首先利用 2000 年 CMFD 数据（气温、降水量），运用 TM 模型计算青藏高原气候生产潜力数据，其空间分辨率与 CMFD 一致，为 0.1°×0.1°，再将海拔数据和 2000 年实际干草产量分别重采样为 0.1°×0.1°（图 4-17）。

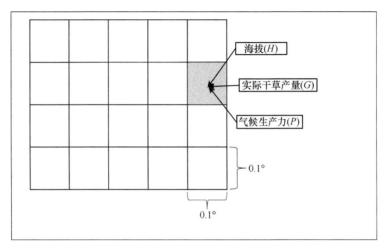

图 4-17 不同参数空间分辨率统一过程示意图

对统一后的三种数据（2000 年干草产量、气候生产潜力与海拔数据），按照网格进行统计，再依据海拔从低到高进行重新排列。为了消除数据的噪声，以 25 个网格宽度为步长进行平滑处理。然后建立干草产量与气候生产潜力、海拔之间的相关模型

$$G = f(H, P) \tag{4-11}$$

式中，G 为实际干草产量；H 为海拔；P 为气候生产潜力。$f(x)$ 为相关函数。

3）RCP 气候情景下未来干草产量模拟方法

以 NEX-GDDP 中评估的年平均气温和年降水量相对 2000 年平均气温、降水量的变化为驱动因子，模拟 RCP 气候情景下未来青藏高原牧区干草产量，结合 2000 年的干草产量，使用式（4-12）计算得到未来青藏高原牧区的干草产量

$$Gr = G + \Delta G \tag{4-12}$$

式中，Gr 为 RCP 气候情景下预估的未来青藏高原牧区干草产量；G 为 2000 年实际干草产量；ΔG 为 RCP 气候情景下青藏高原牧区干草产量相对 2000 年干草产量的变化量。

2. 青藏高原牧区草地载畜量研究方法

实际的牲畜空间分布

$$ADs = \frac{GW_{(x)}}{SGW} \times SAD \tag{4-13}$$

式中，ADs 为县域内所包含的某一栅格单元内的牲畜数量；GW 为栅格单元内的产草量；SGW 为县域内所有栅格单元总产草量；SAD 为此县牲畜实际拥有总数量。

"以草定畜"牲畜空间分布

$$TSADs = \frac{0.46GW_{(x)}}{365(1.38 + 4.5scale)} \quad (4-14)$$

$$TLADs = TSADs \times scale \quad (4-15)$$

式中，TSADs 为某一栅格单元内羊的承载数量；GW 为栅格单元内产草量，由于缺少每个栅格单元中牛羊牲畜比例，本研究以栅格单元所在县的牛羊比例代替；scale 为栅格单元所在县域内实际牛和羊数量的比值，来源于统计年鉴；TLADs 为大型牲畜数量。其中羊的食草量为 1.38 kg/d，大型牲畜食草量为 4.5 kg/d，1 年总天数为 365 天，草地利用率为 0.46（洒文君，2012）。

3. 青藏高原雪灾危险性下牲畜暴露量研究方法

暴露量是雪灾风险评估的三大要素之一。在青藏高原牧区，牲畜作为风险的承险体，在雪灾危险性发生区域的空间暴露量直接影响其损失量。本研究在分析牲畜空间分布的基础上，统计雪灾危险性发生区域的牲畜数量，以此来表征牲畜的暴露量，并分析其空间格局变化。

4. 牧区雪灾牲畜脆弱性（损失率）曲线建立方法

脆弱性是指一定致险因子强度下承险体可能遭受损失的程度。本研究首先统计了《中国气象灾害大典》（青海圈和西藏卷）中 1986～2000 年雪灾发生时期的牲畜死亡量，并查阅该雪灾发生时期的气象数据，使用式（4-7）计算此雪灾的危险性指数，在此基础上，建立牲畜死亡率和危险性指数之间的相关函数。损失率的计算公式如下

$$DR = \frac{DsAn}{Aan} \times 100\% \quad (4-16)$$

式中，DR 为牲畜死亡率；DsAn 为草原雪灾牲畜损失数量；Aan 为当年牲畜总数。

基于历史时期雪灾发生时的牲畜死亡率与雪灾的危险性指数，深入分析二者间的关系，采用非线性方法，构建雪灾牲畜脆弱性曲线

$$DR = f(H) \quad (4-17)$$

式中，DR 为雪灾期间牲畜死亡率；H 为雪灾危险性指数；f(x) 为相关函数。

4.2.2 RCP 中、高气候情景下干草产量模拟结果分析

1. 干草产量模拟模型构建

首先对 DEM、气候生产潜力和实际干草产量三种数据的空间分辨率与单位进行统一（图 4-17），然后分别分析气候生产潜力与实际干草产量、实际干草产量和海拔的关系，结果表明，实际干草产量与气候生产潜力呈幂指数关系 [图 4-18（a）]，而与海拔呈现二次函

数关系 [图 4-18（b）]。基于此，利用 SPSS 软件进行多元相关分析，得到实际干草产量与海拔、气候生产潜力之间的相关关系模型

$$G = 0.000008H^2 - 0.095602H + e^{0.015887p} + 264.975557 \qquad (4\text{-}18)$$

式中，G 为实际干草产量，g/m^2；H 为海拔，m；p 为气候生产力，g/m^2。

使用该模型模拟青藏高原历史基准时期的干草产量，将该模拟值与 2000 年青藏高原干草产量（实际干草产量）比较，尽管模拟值略低于实测值，但二者一致性较强，决定系数（R^2）达到 0.97（图 4-19）。

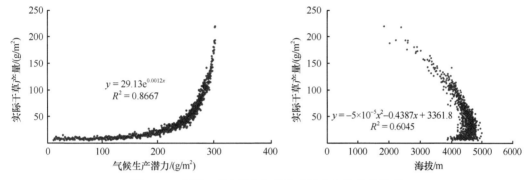

图 4-18　实际干草产量与气候生产潜力和海拔的关系

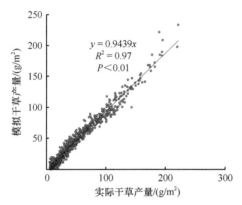

图 4-19　实际干草产量与模拟干草产量的关系

2. 干草产量时空变化分析

以多模式产品数据中的 CESM1-BGC 模式下的年气温和降水量预估数据作为输入变量，运用气候生产潜力模型（TM 模型）模拟青藏高原牧区的气候生产潜力，在此基础上，根据式（4-12）模拟 RCP4.5 和 RCP8.5 两种气候情景下未来近期和未来远期青藏高原牧区的草地干草产量。

历史基准时期（1986～2005 年），RCP4.5 情景下未来近期（2016～2035 年）、未来远期（2046～2065 年）和 RCP8.5 情景下未来近期（2016～2035 年）、未来远期（2046～2065 年）干草产量均值分别为 25.18g/m²、29.133g/m²、31.872g/m²、30.476g/m² 和 30.483 g/m²

（表4-6）。相较于历史基准时期，未来干草产量整体都呈现出明显增加趋势，其中RCP4.5情景下未来近期、未来远期和RCP8.5情景下未来近期、未来远期干草产量将分别增加15.70%、26.58%、21.03%和21.06%（表4-6和图4-20）。RCP4.5气候情景下，青藏高原牧区干草产量增加尤为明显。

表4-6 历史基准时期、RCP情景下未来近期和远期青藏高原干草产量统计结果

项目	历史基准时期（1986～2005年）	RCP4.5		RCP8.5	
		2016～2035年	2046～2065年	2016～2035年	2046～2065年
干草产量/（g/m²）	25.18	29.133	31.872	30.476	30.483
相对历史基准时期的变化率/%	—	15.70	26.58	21.03	21.06

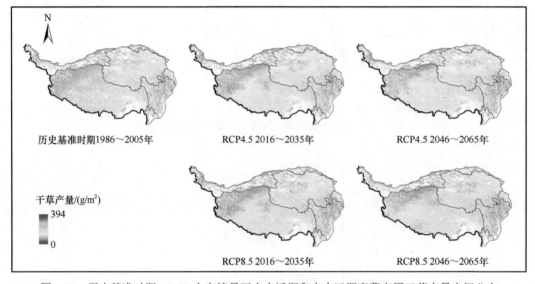

图4-20 历史基准时期、RCP中高情景下未来近期和未来远期青藏高原干草产量空间分布

空间上，青藏高原干草产量总体呈现从西向东南逐步升高的趋势，但区域差异明显（图4-20）。昆仑山脉以北地区单位面积干草产量较低；昆仑山脉以南至巴颜喀拉山脉、唐古拉山脉及念青唐古拉山脉东端单位面积干草产量居中；巴颜喀拉山脉、唐古拉山脉及念青唐古拉山脉以东地区单位面积干草产量最多。就行政区域而言，甘肃、四川和青海三省接壤地区的干草产量最高。

为进一步明晰未来不同时段青藏高原干草产量相对历史基准时期（2000年）的变化，本研究计算了两种RCP情景下未来近期和远期干草产量与2000年实际干草产量之差，结果见图4-21。相对于2000年，RCP4.5和RCP8.5情景下，未来近期（2016～2035年）和未来远期（2046～2065年）青藏高原干草产量变化的空间分布并不均匀，存在一条较明显的分界线（图4-21）。以昆仑山脉为界，2016～2065年干草产量减少的区域主要分布在该山脉以北区域，而该山脉以南区域干草产量明显增多。与青藏高原牧区干草产量空间分布

（图 4-20）相比，RCP 中、高气候情景下未来干草产量变化趋势与历史基准时期干草产量本底分布一致，即历史基准时期（2000 年）干草产量较多的区域，未来干草产量亦呈现明显增加趋势；相反，历史时期干草产量较少的区域，未来干草产量亦呈现明显减少趋势（图 4-21）。

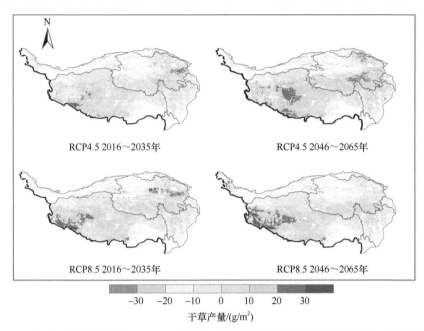

图 4-21 相对历史基准时期、RCP 中高情景下未来近期和未来远期青藏高原干草产量变化

4.2.3 青藏高原牧区牲畜暴露量及其空间变化

1. 青藏高原牧区牲畜空间格局变化

历史基准时期（1986～2005 年），RCP4.5 情景下未来近期（2016～2035 年）、未来远期（2046～2065 年）和 RCP8.5 情景下未来近期（2016～2035 年）、未来远期（2046～2065 年）青藏高原牧区牲畜数量分别为 3408.5 万只（头）、4044.0 万只（头）、4494.2 万只（头）、4284.3 万只（头）和 4294.9 万只（头）（表 4-7）。相较于历史基准时期，未来至 2065 年牲畜数量呈明显增加趋势，其中 RCP4.5 情景下未来近期、未来远期和 RCP8.5 情景下未来近期、未来远期牲畜数量将分别增加 18.67%、31.85%、25.69% 和 26.01%（表 4-7）。空间上，牲畜数量与干草产量分布一致，呈现自西向东南逐步升高的趋势（图 4-22）。

牧区雪灾牲畜暴露量是指在孕灾环境中可能受雪灾影响并产生损失的牲畜数量及其空间分布。本研究依据青藏高原牧区产草量确定牧区的牲畜总数量，然后"以草定畜"得到牲畜空间分布。

之所以选择"以草定畜"确定牲畜数据，有如下三个原因。

（1）"以草定畜"统计的牲畜数量与实际牲畜数量间的差异较大。将"以草定畜"确定的牲畜数量与 1986～2005 年青藏高原各县社会经济统计年鉴中的年牲畜数量进行比较（表 4-8），结果发现，青藏高原各县实际牲畜总数量要高于各个时段内"以草定畜"的牲畜数量，表明 1986～2005 年青藏高原牧区牲畜严重超载。空间分布上，超载区域主要分布于以拉萨市与西宁市为中心的周边区域以及横断山脉地区，这些牲畜超载量较大区域主要为农牧交错区（图 4-23）。文献查阅与实地调研表明，农牧交错区超载的一个主要原因是圈养牲畜量较大。而降雪对圈养牲畜影响较小，而对牧区放养牲畜影响最为明显。因此，本研究选择"以草定畜"牲畜数据表征雪灾危险下的牲畜暴露量。

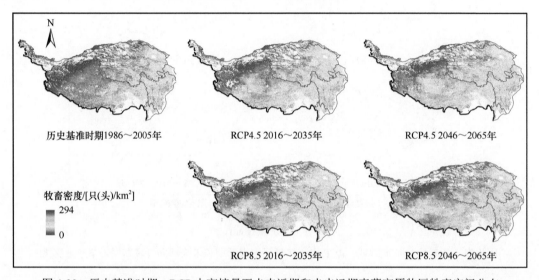

图 4-22 历史基准时期、RCP 中高情景下未来近期和未来远期青藏高原牧区牲畜空间分布

表 4-7 历史基准时期、RCP 中高情景下未来近期和未来远期青藏高原牧区载畜量统计结果

项目	历史基准时期（1986～2005 年）	RCP4.5		RCP8.5	
		2016～2035 年	2046～2065 年	2016～2035 年	2046～2065 年
羊/万只	2259.7	2758.9	3119.3	2963.8	2977.1
大型牲畜/万只（头）	1148.8	1285.1	1374.9	1320.5	1317.8
牲畜总量/万只（头）	3408.5	4044.0	4494.2	4284.3	4294.9
相对历史基准时期的变化率/%	—	18.64	31.85	25.69	26.01

表 4-8 青藏高原牧区牲畜实际数量与"以草定畜"牲畜数量统计结果 [单位：万只（头）]

项目	"以草定畜"牲畜数量					实际牲畜数量历史基准时期1986～2005 年
	历史基准时期（1986～2005 年）	RCP4.5		RCP8.5		
		2016～2035 年	2046～2065 年	2016～2035 年	2046～2065 年	
牲畜总量	3408.5	4044.0	4494.2	4284.3	4294.9	5885.73

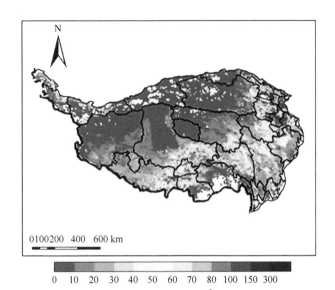

图 4-23　1986～2005 年青藏高原牧区实际牲畜量分布

（2）"以草定畜"牲畜数量是青藏高原牧区可持续发展的科学依据。青藏高原牧区属于高寒牧区，超载现象普遍，这种放牧方式极容易造成草地退化。因此，实现合理的草畜平衡有助于优化放牧草地生态系统结构，控制放牧草地，防止过度放牧导致草地退化（吕鑫等，2018；闫琦，2019）。2011 年西藏自治区人民政府办公厅印发的《西藏自治区建立草原生态保护补助奖励机制 2011 年度实施方案》指出建立"草原生态保护补助奖励机制"，以当前牧区草地产草量为依据，综合考虑牧民正常生活所需，核定草场载畜量，并以此为依据指导未来 3～5 年畜牧业发展。

（3）"以草定畜"估算和模拟未来青藏高原牲畜数量及空间分布可操作性强，更易实现。因青藏高原牲畜数量变化受人为影响明显，若依据历史基准时期实际牲畜数量推测和模拟青藏高原未来牲畜数量，难度大。

2. 雪灾危险性下青藏高原牧区牲畜暴露量及其变化

1986～2005 年青藏高原牧区雪灾危险性下的牲畜暴露数量为 3075.8 万只（头），RCP4.5 情景下未来近期和未来远期分别为 3465 万只（头）和 3570 万只（头），而 RCP8.5 情景下未来近期和未来远期分别为 3659 万只（头）和 3312 万只（头）（表 4-9）。相较于历史基准时期，2016～2065 年，牲畜暴露总量呈现明显增加趋势。其中，RCP4.5 情景下未来近期和未来远期分别增加了 12.65% 和 16.07%；RCP8.5 情景下未来近期和远期分别增加了 18.96% 和 7.68%。就牲畜暴露量占青藏高原牧区牲畜总量的比例来看，历史基准时期，RCP4.5 情景下未来近期、未来远期和 RCP8.5 情景下未来近期、未来远期分别为 90.24%、85.66%、79.44%、85.4% 和 77.11%，历史基准时期占比最高，未来呈逐渐减小趋势。空间格局上，雪灾危险性下的牲畜暴露量与青藏高原牧区牲畜具有一致性，均呈现从西向东南逐步升高的趋势（图 4-24）。

表 4-9　历史基准时期、RCP 中高情景下未来近期和未来远期青藏高原牧区牲畜暴露量统计结果

项目	历史基准时期 （1986～2005 年）	RCP4.5		RCP8.5	
		2016～2035 年	2046～2065 年	2016～2035 年	2046～2065 年
羊/万只	2036.0	2356	2523	2516	2285
大型牲畜/万只（头）	1039.8	1109	1047	1143	1027
牲畜总量/万只（头）	3075.8	3465	3570	3659	3312
暴露量占总量的比例/%	90.24	85.66	79.44	85.4	77.11
相对历史基准时期的变化率/%	—	12.65	16.07	18.96	7.68

综上所述，在 RCP 中、高气候情景下 2016～2065 年青藏高原雪牲畜暴露总量呈现增加趋势，其中，RCP8.5 情景下，2016～2035 年牲畜暴露量增加最为明显。在两种 RCP 气候情景下，历史基准时期，未来不同时期（2016～2035 年和 2046～2065 年），尽管牲畜暴露量占比依次降低，但仍高于 75%，整体上未来青藏高原牧区绝大多数牲畜仍可能受到雪灾的威胁。

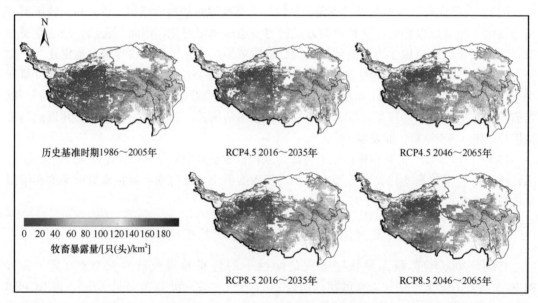

图 4-24　历史基准时期、RCP 中高情景下未来近期和未来远期青藏高原牧区牲畜暴露量空间分布

4.2.4　青藏高原牧区牲畜脆弱性曲线建立

能否准确构建牧区雪灾脆弱性曲线是准确评估雪灾风险的关键。由于牲畜分布空间差异较大，同等强度的雪灾危险性在不同区域造成牲畜损失并不相同，因此要构建一种具有普遍应用意义的雪灾损失曲线，就需选择合适变量表述雪灾牲畜损失情况。相较于雪灾造

成的绝对"死亡量","损失率"可适用于不同区域和不同年份，且更符合大范围和长时间序列的雪灾风险评估。因此，本研究基于从《中国气象灾害大典·青海卷》（温克刚，2007）和《中国气象灾害大典·西藏卷》（温克刚，2008）搜集的雪灾造成的牲畜死亡量、雪灾发生时间、雪灾发生地牲畜暴露量、雪灾发生时气温、雪灾发生时积雪持续时长和最大雪深数据，统计出各次雪灾造成的牲畜死亡率，构建了雪灾危险性强度与牲畜死亡率的脆弱性曲线（图 4-25）

$$DR = \frac{Loss}{LvPoP} \times 100\% \qquad (4-19)$$

式中，DR 为牲畜损失率；Loss 为雪灾造成的区域牲畜损失量；LvPoP 为区域内当年牲畜总量。以雪灾危险性指数作为自变量，雪灾造成的牲畜死亡率作为因变量，拟合结果如图 4-25 所示。

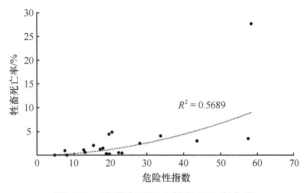

图 4-25　青藏高原雪灾牲畜损失率曲线

脆弱性曲线方程如式（4-20）所示，该方程决定系数（R^2）为 0.5689，表明可以用该损失率曲线估算不同雪灾危险指数下的牲畜损失率。

$$DR = 0.00004H^{1.8919} \qquad (4-20)$$

式中，DR 为牲畜损失率；H 为雪灾发生时的危险性指数。

4.3　无设防措施情况下青藏高原牧区雪灾风险评估

青藏高原牧区属于高寒畜牧区，牧草生长季节短，草地生产力与承载力较低，加之牧区牧民受教育水平低，使得畜牧业经济脆弱且适应能力较低，极易受到积雪灾害影响。长期以来，青藏高原雪灾严重威胁着牧区生产生活与牧民生命安全，严重制约畜牧业的健康发展。据《中国气象灾害大典》记录，1961~2015 年，有一定规模的雪灾次数达 436 次，由于牧区雪灾设防水平低，雪灾造成的损失严重。本研究采用 2004 年联合国开发计划署（UNDP）提出的风险研究方法，基于 4.1 节识别的青藏高原牧区雪灾危险性与 4.2 节模拟的牧区牲畜暴露量及构建的脆弱性曲线，在自然状况或无设防措施情况下，评估青藏高原牧区雪灾风险。

4.3.1　研究方法

在气候变化新视角下，灾害风险是危险性、暴露量和脆弱性的综合体。因此，本研究中青藏高原牧区雪灾风险包括雪灾危险性、雪灾危险性下牲畜暴露量和牲畜脆弱性三部分，受此三要素共同作用。研究方法具体表达如下

$$R = H \times E \times V \tag{4-21}$$

式中，R 为风险；H 为危险性；E 为暴露量；V 为脆弱性。

4.3.2　青藏高原牧区雪灾风险评估结果

在 RCP4.5 和 RCP8.5 情景下，2016～2065 年青藏高原牧区牲畜受雪灾影响年均死亡量呈增加趋势（表 4-10）。相较于历史基准时期（1986～2005 年），RCP4.5 情景下未来近期（2016～2035 年）、未来远期（2046～2065）和 RCP8.5 情景下未来近期（2016～2035 年）、未来远期（2046～2065 年）牲畜年均损失量分别增加了 13.15%、30.74%、11.34% 和 1.76%。其中，RCP4.5 情景下 2016～2065 年牲畜损失量要高于 RCP8.5 情景下的牲畜损失量。尤其值得注意的是，在 RCP4.5 气候情景下 2046～2065 年牲畜损失量增加显著，相较于历史基准时期，增加 30.74%，而在 RCP8.5 情景下同时段牲畜损失量只有 1.76%。从牲畜受雪灾影响死亡量的空间分布来看，其与雪灾危险性指数的空间分布相一致，死亡量较大区域分布在藏北高原、冈底斯山脉沿线、昆仑山脉西段沿线、祁连山脉沿线、三江源区域和横断山脉区域（图 4-26）。

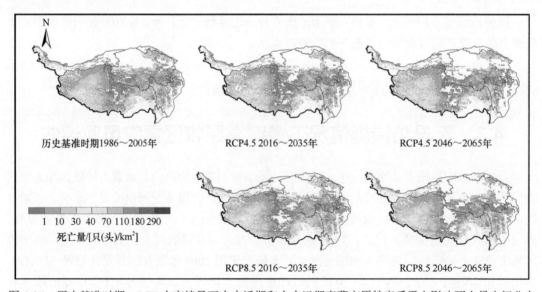

图 4-26　历史基准时期、RCP 中高情景下未来近期和未来远期青藏高原牲畜受雪灾影响死亡量空间分布

综上所述，RCP4.5 情景下青藏高原牧区雪灾风险大于 RCP8.5 情景下的情况，尤其是

未来远期（2046～2065 年）牲畜损失量最大，相较于历史基准时期，年均损失量增加超过30%。空间上，牧区雪灾风险地区差异大（表 4-10）。

表 4-10　历史基准时期、RCP 中高情景下未来近期和未来远期青藏高原牧区牲畜受雪灾影响总的年均死亡量

项目	历史基准时期（1986～2005 年）	RCP4.5		RCP8.5	
		2016～2035 年	2046～2065 年	2016～2035 年	2046～2065 年
羊/万只	30.27	34.43	40.45	34.27	31.82
大型牲畜/万只（头）	4.47	4.88	4.97	4.41	3.53
牲畜损失总量/万只（头）	34.74	39.31	45.42	38.68	35.35
相对历史基准时期的变化率/%	—	13.15	30.74	11.34	1.76

4.3.3　青藏高原牧区雪灾风险变化归因分析

青藏高原牧区雪灾风险既受雪灾危险性（牧区雪灾危险性强度和发生范围）的影响，又受雪灾危险性下牲畜暴露量的影响，然而不同因素在不同时段的变化并不一致。为此，本研究进一步分析上述二者对雪灾风险的影响。

图 4-27、图 4-28 及表 4-11 结果显示，相较于历史基准时期，RCP4.5 与 RCP8.5 情景下未来青藏高原牧区雪灾风险损失均呈增加趋势，雪灾危险性指数均值和雪灾危险性区域面积占比却呈减弱趋势。就牲畜暴露量而言，随着未来青藏高原牧区干草产量的增多，牧区雪灾危险下牲畜暴露总量亦呈现出明显增加趋势。对牲畜雪灾风险损失量与雪灾危险性指数均值、雪灾危险性区域面积占比和雪灾危险性下牲畜暴露量进行相关分析（表 4-12），结果显示，未来至 2065 年青藏高原牧区牲畜受雪灾影响损失量变化与雪灾危险下牲畜暴露量变化有着较强的相关性，相关系数为 0.704，表明青藏高原牧区雪灾风险损失变化主要受雪灾危险下牲畜暴露量变化的影响。

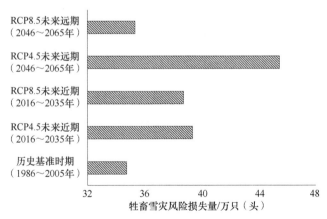

图 4-27　历史基准时期、RCP 中高情景下未来近期和未来远期青藏高原牧区牲畜雪灾风险损失量

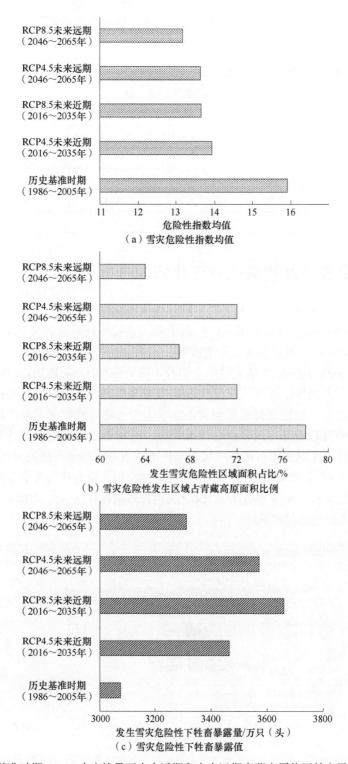

图 4-28　历史基准时期、RCP 中高情景下未来近期和未来远期青藏高原牧区牲畜雪灾风险影响因素

表 4-11　历史基准时期, RCP 中高情景下未来近期和未来远期青藏高原牧区牲畜雪灾风险损失量及其影响因素统计

时段	牲畜雪灾风险损失量/万只（头）	危险性指数均值	雪灾危险性区域面积占比/%	牲畜暴露总量/万只（头）
历史基准时期（1986～2005 年）	34.74	15.91	78	3075.8
RCP4.5（2016～2035 年）	39.31	13.95	72	3465
RCP8.5（2016～2035 年）	38.68	13.67	67	3659
RCP4.5（2046～2065 年）	45.42	13.65	72	3570
RCP8.5（2046～2065 年）	35.35	13.18	64	3312

表 4-12　青藏高原牧区雪灾牲畜损失量与雪灾风险评估因子之间的相关矩阵

项目	雪灾危险性指数均值	雪灾危险性区域面积占比	雪灾危险下牲畜暴露量
雪灾风险牲畜损失量	−0.397	0.035	0.704

　　综上所述,尽管 RCP 中、高气候情景下 2016～2065 年青藏高原牧区雪灾危险性整体呈现减弱趋势,然而,由于雪灾危险性下牲畜暴露总量的增加,牧区牲畜损失量仍趋增多。青藏高原牧区雪灾风险较高主要归因于较高的牲畜暴露量。

4.3.4　雪灾风险评估结果不确定性分析

1. 多模式数据产品的不确定性

　　在青藏高原牧区雪灾风险评估中,雪灾危险性识别与干草产量模拟预估均使用了模式数据,而模式数据本身存在一定的不确定性。

　　雪灾危险性的识别是基于 NEX-GDDP 数据集和中国逐日雪深模拟预估数据,其中,中国逐日雪深预估数据集是以 NEX-GDDP 数据集为基础,使用构建的雪深模型（BPANNSSM）模拟而得,模型模拟过程中输入变量为逐日降水量、最高气温和最低气温数据。因此,雪深数据模拟的准确性与否很大程度上取决于 NEX-GDDP 数据集。为了明晰青藏高原降水量模拟的不确定性,本研究统计了 CESM1-BGC 模式模拟的青藏高原地区降雪时期（10月至次年 4 月）的降水量年均值,然后与实际降水量进行比较（黄一民和章新平,2007）（图 4-29）。结果显示,在青藏高原西部和西南部地区,模式模拟的降水量值远高于站点实测降水量值,这些区域雪深模拟误差较大,主要源于 NEX-GDDP 数据集中 CESM1-BGC 模式高估了降雪时段内的降水量,影响了逐日雪深模拟精度。可见,模式数据本身存在的不确定性一定程度上影响风险评估结果的不确定性。

2. 牧区牲畜暴露量的不确定性

　　牧区牲畜暴露量是指在孕灾环境中可能受雪灾影响并产生损失的牲畜数量及其空间分

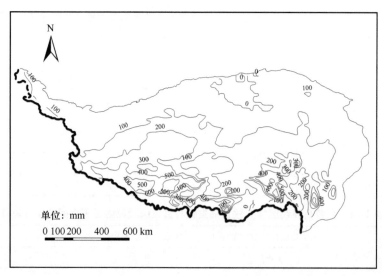

图 4-29　CESM1-BGC 模式模拟的 1986～2005 年青藏高原地区雪季多年平均降水量等值线

布。本研究依据青藏高原牧区产草量及其空间分布，通过"以草定畜"得到牧区牲畜数量及其空间分布，进而得出青藏高原牧区雪灾危险性下的牲畜暴露量。牧区牲畜数量及其空间分布是雪灾风险评估的三个核心（危险性、暴露和脆弱性）参数之一。本研究对 RCP4.5 和 RCP8.5 情景下未来牧区牲畜暴露量的测算主要依据以草定畜这一可持续发展措施，而该措施在未来是否长期有效实施，将在一定程度上影响本研究雪灾风险评估结果的准确性。

3. 牧区牲畜脆弱性曲线构建的不确定性

脆弱性是指一定致险因子强度下，承险体可能遭受损失的程度。本研究基于摘录的气象灾害统计大典中雪灾发生时期的牲畜死亡量，并查阅了雪灾发生时期的气象资料数据，从而构建了牲畜死亡量与危险性指数之间的脆弱性曲线。由于历史雪灾灾情样本的统计资料来自气象灾害统计大典，而灾害统计大典中对雪灾发生范围的记录比较模糊，例如"1995 年 2 月 15 日后，那曲地区连降暴雪，形成雪灾，重灾面积占全地区的 40% 以上。此次雪灾来势猛，范围广，持续时间长，据测算，雪灾造成的损失 1.94 亿元"。因此牲畜损失空间分布较难确定，致使牲畜死亡率亦难测算。为此，本研究以县域为单元，收集并统计记录范围比较明确的数据，例如"1992 年 2～4 月，日土县连降中到大雪，牲畜死亡 5 万头（只、匹）"（温克刚，2008）。最终获得 1986～2000 资料 20 余条，建立了脆弱性相关曲线。然而，建立的脆弱性曲线存在以下两点不足：①脆弱性曲线建立所使用数据的样本量有限；②以县域统计过程中，某次雪灾危险性下牲畜暴露量默认为整个县域的牲畜数量，而实际雪灾危险性下牲畜暴露量可能只是这个县域牲畜数量的一部分，这将导致牲畜损失率的统计结果不够精确。以上两点导致本研究中构建的青藏高原牧区雪灾牲畜的脆弱性曲线存在一定的不确定性。

4. 气候变化对青藏高原牧区雪灾风险的可能影响分析

青藏高原牧区雪灾形成过程是积雪过厚，牧草被大雪掩埋，以牧草为食的家畜因吃不到草，冻饿而死。积雪的累积持续时间、最大降雪厚度以及积雪时期的气温将直接影响雪灾的严重程度，Leathers 和 Luff（1997）对积雪持续时间特征进行了分析，结果显示积雪累积持续时间与降雪和温度有着高度的相关性，降雪量变化不大情况下温度越高积雪累积持续时间越少。IPCC 第六次评估报告显示，2011～2020 年全球地表温度比 1850～1900 年高 1.09℃（0.95～1.20℃），其中陆地上的增幅达 1.59℃（1.34～1. 83℃）（Masson-Delmotte et al., 2021）；而中国发布的《第二次国家气候变化评估报告》显示，1951～2009 年中国气温上升趋势为 0.23℃/10a（气候变化国家评估报告编写委员会，2011）。相较于全球尺度和整个中国区域尺度，青藏高原作为气候变化敏感区，1960～2010 年气温上升率为 0.33℃ /10a（冀钦等，2020），明显高于全球和中国区域。同时，也有研究表明北半球积雪区内，青藏高原积雪范围减少最为显著（杨向东，2003）。综合以上几点，青藏高原积雪持续时间和积雪范围减少明显，积雪期气温升高，因此区域内雪灾发生的危险性降低。在未来，特别是 RCP8.5 情景下，雪灾危险性程度降低可能更加明显。

4.4 有设防措施情况下三江源区雪灾风险评估

4.3 节对没有设防措施情况下青藏高原牧区雪灾风险进行了评估。经过多年发展，21 世纪以来，牧区雪灾风险防范在雪灾预警预报（王玮等，2014）、雪灾救助区划（赵霞等，2010）、暖棚建设（勒格措等，2013）、饲草料库建设（邓培华和梁洪娟，2017）等方面取得了较大进步，提升了牧区对雪灾的适应能力。另外，青藏高原作为我国重要畜牧业基地之一，牧业制度与时俱进，出现了牧场租借和流转（张琦，2021），为实现畜牧业规模化生产提供了可能，同时也有效推动了牧区雪灾保险的普及。与此同时，随着教育的发展，牧区人口综合素质得到一定提高，对雪灾的认识程度进一步提升，提高了牧民雪灾防治的能动性。

本节选择三江源区为典型区，定量评估已有救助措施对雪灾风险的救助效果。基于数据的可获取性，以乡镇为单元的饲料库设防措施为例，对该种设防措施下源区雪灾风险进行定量评估。之所以选择三江源区，主要原因有三个：①三江源区地处青藏高原腹地，平均海拔 4000m 以上，历来是雪灾高发区，历史上雪灾曾造成大量的牲畜死亡，是高寒牧区雪灾典型性区域（图 4-30 和图 4-31）；②三江源区是青藏高原牧区的重要区域，牲畜暴露量多（图 4-32）；③本研究所用的 NEX-GDDP 数据集模式对三江源区域雪深的模拟能力优于其他区域，也优于遥感反演的雪深数据，整体上更加接近站点观测雪深（图 4-33）。

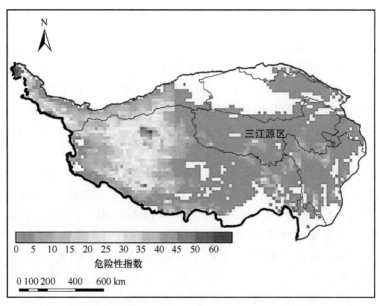

图 4-30　历史基准时期（1986～2005 年）雪灾危险性指数空间分布

　　三江源牧区有设防措施的雪灾风险评估过程为：①分析无设防措施情况下三江源牧区雪灾风险；②量化三江源牧区雪灾救助措施，比较救助措施的救助效果，同时提出救助过程中存在的不足。

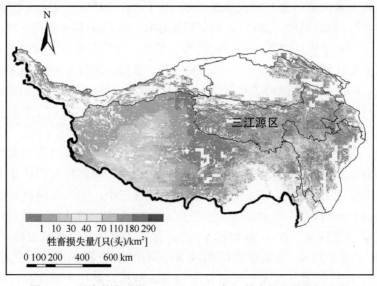

图 4-31　历史基准时期（1986～2005 年）牲畜损失量空间分布

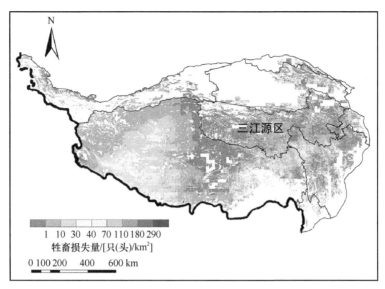

图 4-32 历史基准时期 (1986～2005 年) 牲畜暴露量空间分布

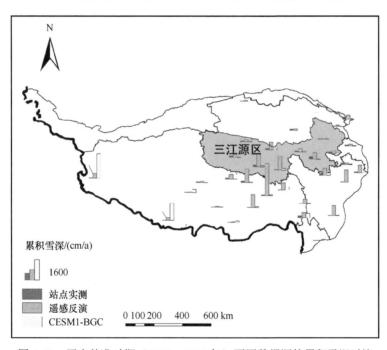

图 4-33 历史基准时期 (1986～2005 年) 不同数据源的累积雪深对比

4.4.1 研究方法

1. 三江源区概况

三江源区地理位置介于 31°39′N～36°12′N、89°45′E～103°39′E，总面积 3.97×10⁵km²。

地势西高东低，平均海拔 4000m 以上，属高原大陆性气候，年平均气温 –4～–1℃，年平均降水量 200～550mm；植被类型以高寒草地为主，是我国重要的高寒畜牧区；冰川、冻土、积雪广布，是我国雪灾多发区和长江、黄河与澜沧江流域的源头汇水区（丁永建等，2003）。由于其特殊的地理位置和自然地理环境，三江源区也是我国重要的生态安全屏障。行政区划上三江源区涉及阿坝藏族羌族自治州（简称阿坝州）、甘孜藏族自治州（简称甘孜州）、甘南藏族自治州（简称甘南州）、昌都市、果洛藏族自治州（简称果洛州）、海西藏族自治州（简称海西州）、海南蒙古族藏族自治州（简称海南州）、黄南藏族自治州（简称黄南州）、玉树藏族自治州（简称玉树州）9 个地级行政区，共计 24 县、1 镇。截至 2017 年末，三江源区 GDP 增长率为 5.56%，第三产业占 GDP 的比例 31.14%；人均 GDP 为 1.806 万元，农村常住居民人均可支配收入 8420 元，相比 2008 年，二者分别增加了 1.03 倍和 2.73 倍；近 10 年三江源区财政支出中教育投入占比均在 14.5% 左右，2017 年的人均全社会固定资产投资额和人均全社会消费品零售总额相比 2008 年增幅分别达 493.5%、124.6%（肖杰等，2022）。可以看出，三江源区经济社会发展迅速，在未来的发展中具有很大的潜力。

2. 设防措施的遴选

明晰三江源牧区已有雪灾救助措施类型及其实施情况是开展有设防措施情况下雪灾风险评估的前提与基础。为此，本研究开展了文献调研、统计资料收集和实地考察，搜集了大量文献、政府工作报告及雪灾统计资料，全面了解三江源牧区已有的雪灾救助措施或未来将要实施的救助措施。其中，实地调研包括实地访谈和雪灾统计资料收集。访谈对象以果洛州和玉树州农牧局及其下属农牧单位为主，牧民访谈为辅。访谈内容主要为雪灾救助措施种类、救助措施实施状况及效果、救助难点等。收集的资料主要有玉树市和果洛州的社会经济统计年鉴资料、道路状况及救灾投入等相关资料。

牧区雪灾作为一种自然灾害，人类社会难以直接阻止其发生，有效应对与适应是主要途径。如何有效规避和降低雪灾影响是牧区所要面对并解决的主要问题。文献查阅与现场调研发现，三江源区作为典型高寒牧区，牧区雪灾救助的主要难点有：①牧户居住分散。②自救能力弱。③救灾时间紧迫。④灾情时间长。究其原因，首先三江源牧区作为雪灾高发区，受传统游牧方式影响，长期以来雪灾防御能力较弱；其次三江源区内经济基础较为薄弱，公共基础建设落后，加之受到复杂地理环境影响，三江源与外界或区域内之间的连通性较差，阻碍牧区雪灾的及时救援。根据调研发现，目前三江源牧区已有或者正在实施的救助措施主要有以下几种：①以乡镇为单元的饲料库建设，保证牲畜平安越冬，确保雪灾发生时能够启动紧急预案；②暖棚建设，暖棚作为冬春季节牧区雪灾防御重要设施，对牲畜保暖防护有着重要作用，不仅可以预防雪灾期间牲畜因冻死亡，而且可以用于庇护幼崽，提高其成活率；③推进牲畜保险，在很大程度上减轻了牧民受灾损失，然而此措施并不能够降低雪灾造成的损失，只是通过牲畜保险转移雪灾风险；④建立畜牧业合作社，合作社的建立很大程度上增强了牧区救助雪灾的协作能力，对减轻牧区雪灾风险有着重要意义；⑤雪灾气象预报，及时对牧区雪灾做出预警，指导雪灾救助预案提前启动，对规避雪灾有着积极作用。除此以外,政府还制定了草畜平衡和草地管理的相关规定,如优化畜群结构、以草定畜、退化草地恢复及加快畜群周转周期等一系列措施。这些措施对长期雪灾防御具有重要作用。

在众多的雪灾预防和救助措施中,牧区访谈结果发现,无论是政府参与救助的工作人员,还是牧民,对以乡镇为单元的饲料库建设和暖棚建设这两项措施有着较强的认同感。但鉴于暖棚数量及其空间分布资料难以获得。故本研究主要以乡镇为单元的饲料库为例,分析它的救助可达性以及在未来气候情景下的救助效果。

3. 三江源区以乡镇为单元的救助扩展模型构建

作为牧区牲畜救助的重要措施,以乡镇为单元建设的饲草料库在出现雪灾情况下可立即启动应急。然而,当雪灾发生时,它的救援效果则更多地依赖到达牲畜分布区域的交通状况。因此,道路因素直接影响该救助措施的救助效果。而道路影响因素主要有:有无道路和道路状况如何,为此把这两个影响因素具体化为道路类型和道路的坡度(图 4-34)。

图 4-34 以乡镇为单元的饲草料库救助过程的影响因素及其具体化

就以乡镇为单元的饲草料库救助措施而言,在救援过程中,不同的道路类型对运输车辆通过难易程度的影响并不相同。本研究依据道路类型如国道、省道、县道、乡道、村道及无道路,将其划分为非常易、易、较易、较难、难及非常难 6 个等级,并以此对难度进行指数化,非常易指数为 1,以此类推,不同道路类型通过的难度指数分别赋值 1～6。结果如表 4-13 和图 4-35 所示。

表 4-13 不同类型的道路通过难度

编码	道路类型	划分等级	难度指数
1	国道	非常易	1
2	省道	易	2
3	县道	较易	3
4	乡道	较难	4
5	村道	难	5
6	无道路	非常难	6

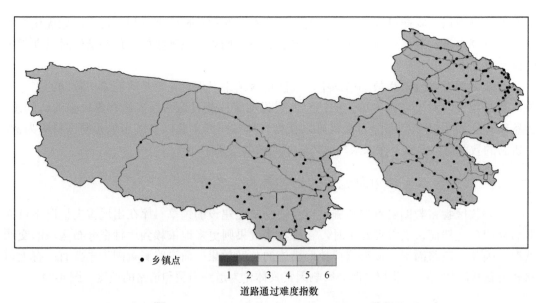

• 乡镇点

1　2　3　4　5　6

道路通过难度指数

图 4-35　不同类型的道路通过难度指数空间分布

　　同样，在救援过程中，不同等级的坡度对运输车辆通过难易程度影响亦不相同，参考汽车设计车库中运输车辆的爬坡能力，本研究根据坡度大小将道路同样划分为 6 个等级。包括：坡度＜3°、3°＜坡度＜6°、6°＜坡度＜9°、9°＜坡度＜12°、12°＜坡度＜15° 和坡度＞15°，划分为非常易、易、较易、较难、难及非常难 6 个等级，并以此对难度进行指数化，非常易指数为 1，以此类推，不同坡度通过难度指数分别赋值 1～6。结果如表 4-14 和图 4-36 所示。

表 4-14　不同坡度的道路通过难度

编码	道路类型	划分等级	难度指数
1	坡度＜3°	非常易	1
2	3°＜坡度＜6°	易	2
3	6°＜坡度＜9°	较易	3
4	9°＜坡度＜12°	较难	4
5	12°＜坡度＜15°	难	5
6	15°＜坡度	非常难	6

　　以乡镇为单元饲料库作为雪灾发生后重要紧急援救预案，它的救援效果好坏对道路运输有着较强的依赖性，本研究分别对道路类型和道路坡度通过难度指数量化后，建立综合难度指数

$$S_{综合难度}=S_{坡度}+S_{道路类型} \tag{4-22}$$

式中，$S_{坡度}$ 为不同等级坡度车辆通过难度指数；$S_{道路类型}$ 为不同道路类型车辆通过难度指数；$S_{综合难度}$ 为综合难度指数，计算结果如图 4-37 所示。

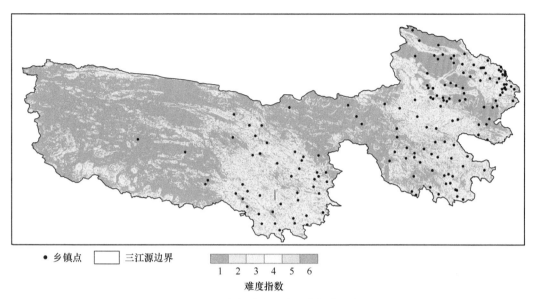

• 乡镇点　☐ 三江源边界　　　1 2 3 4 5 6　难度指数

图 4-36　不同坡度道路通过难度指数空间分布

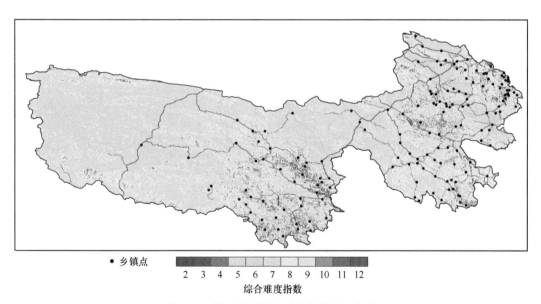

• 乡镇点　　2 3 4 5 6 7 8 9 10 11 12　综合难度指数

图 4-37　道路通过综合难度指数空间分布

4. 栅格图像最优路径模型

以乡镇为单元的饲料库作为起始点，到不同牲畜分布地作为饲草料运输最终目的地，到达时间长短完全依赖于道路通达性。在确定了道路综合难度指数后，就以综合难度指数矩阵为依据，寻找乡镇点位作为始点，每个牲畜分布地作为终点的最短路径，具体为二维数组中此两点间的最短路径（图 4-38），即求乡镇点到所有点路径上所有数字和的最小值。

8	10	7	9	3	10	1
3	4	9	3	7	3	6
7	6	10	乡（镇）点	5	8	8
7	3	6	3	4	8	10
2	8	2	10	9	4	2
2	3	2	4	6	6	6
5	6	3	2	6	1	5

图 4-38　道路综合难度指数矩阵

为了便于简化和计算，首先对道路综合难度指数矩阵开展以乡镇点为中心的上、下、左、右采样，形成四个新的矩阵（图 4-39），然后分析不同方向上到所有点的最优路径。

7	3	6	3	4	8	10
2	8	2	10	9	4	2
2	3	2	4	6	6	6
5	6	3	2	6	1	5

（a）第一次采样矩阵

2	4	10	3	9	3	9
6	6	9	4	5	7	3
1	6	4	8	8	3	10
5	6	2	10	8	6	1

（b）第二次采样矩阵

10	8	4	3	6	3	7
8	8	5	9	10	6	7
6	3	7	3	9	4	3
1	10	3	9	7	10	8

（c）第三次采样矩阵

9	3	9	3	10	4	2
7	9	10	6	2	2	3
10	4	6	3	8	3	6
8	3	7	7	2	2	5

（d）第四次采样矩阵

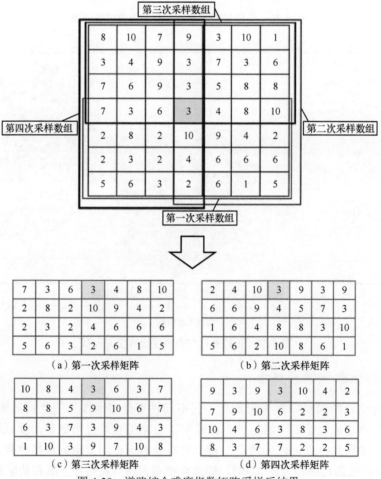

图 4-39　道路综合难度指数矩阵采样后结果

阴影框代表乡镇点，以下同

本研究主要以第一次采样矩阵为例 [图 4-39（a）]，分析乡镇起始点到所有栅格点的最优路径。第一行开始，很显然，从乡镇点作为起始点，第一行左右两侧每一条子路径都是最短的，因为只有一条路径，因此对左右两侧路径上的所有综合难度指数进行求和，如图 4-40 所示。

接着从第二行的元素开始，为表示方便，记为（i, j），表示第 i 行 j 列。由于起点是（1, 4），只能向下或者左右，因此能到达第二行的所有栅格点的路径距离就要以第一行中最小值为起始点，很显然图 4-41 第二行只能以（1, 4）下面点即（2, 4）计算数值（图 4-41）。然后以（2, 4）为起始点分别计算左右路径数值，即计算（2, 3）和（2, 5）数值，例如以到（2, 3）为例，从（1, 4）开始到（2, 3）结点就存在两条路（1, 4）—（1, 3）—（2, 3）和（1, 4）—（2, 4）—（2, 3），这两条子路径中，前者数值之和更小，因此前者为最短路径。因此，路径值数组中（2, 3）的值应为（1, 4）—（1, 3）—（2, 3）这条路线上的数字之和，即 9+2=11。同样计算出（2, 5）中的数值为 16，依次类推计算出第二行所有数值。再用同样方法依次计算出各行的数据，最后求取结果如图 4-42（a）所示。同样，使用该种方法对第二次采样矩阵、第三次采样矩阵和第四次采样矩阵进行计算 [图 4-42（b）~d）]。

列号 行号	1	2	3	4	5	6	7
1	19	12	9	3	7	15	25
2	0	0	0	0	0	0	0
3	0	0	0	0	0	0	0
4	0	0	0	0	0	0	0

图 4-40　第一行道路综合难度指数求和结果

列号 行号	1	2	3	4	5	6	7
1	19	12	9	3	7	15	25
2	0	0	?	13	?	0	0
3	0	0	0	0	0	0	0
4	0	0	0	0	0	0	0

图 4-41　第二行道路综合难度指数求和过程

19	12	9	3	7	15	25
21	19	11	13	16	19	21
18	16	13	17	22	25	27
23	22	16	19	25	26	31

（a）第一次采样矩阵

19	17	13	3	12	15	24
25	22	16	7	12	19	22
26	25	19	15	20	22	32
31	27	21	19	28	28	29

（b）第二次采样矩阵

25	15	7	3	9	12	19
28	20	12	12	19	18	25
28	22	19	15	24	22	25
29	32	22	24	31	32	33

（c）第三次采样矩阵

24	15	12	3	13	17	19
31	24	19	9	11	13	16
32	22	18	12	19	16	22
33	25	19	14	21	18	23

（d）第四次采样矩阵

图 4-42　通过计算求得路径值矩阵

本研究为便于简化和计算，首先对道路综合难度指数矩阵进行以乡镇点为中心的上、下、左、右采样，形成四个新的矩阵，然后分别计算以乡镇点为中心的上、下、左、右四个方向上的最优路径值矩阵,为了让不同方向上的矩阵能够拼接成最优路径值矩阵,并与道路综合难度指数矩阵相对应,将求得的路径值矩阵进行金字塔形状简化(图4-43)。然后对计算得到的数据进行拼接,具体拼接过程及结果如图4-44所示。

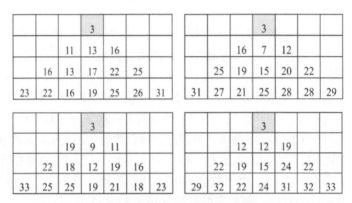

图4-43 路径值矩阵金字塔形状简化

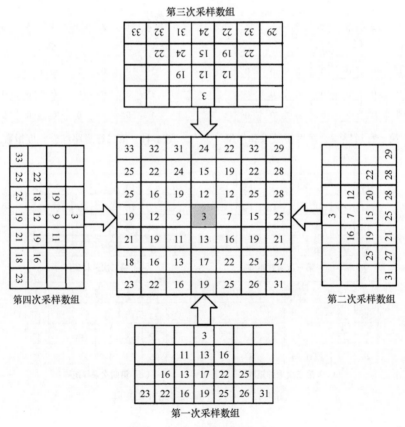

图4-44 路径值矩阵拼接过程

5. 不同区域救助可达时间确定

在确定乡镇点到牧区所有点的最优路径值矩阵的基础上，依据该矩阵测算救援到达的时间。本研究以道路清障车速度为基准，通过道路综合难度指数为 2 的 1km 网格的通行用时为 15min 左右。由于清理对象为积雪，清理难度较大，本研究将通行时间设为 20min，然后依次通过综合难度指数为 3 时，通行用时为 30min……难度指数为 12 时通行用时为 120min（表 4-15）。用此种方法估算出以乡镇点为救援起始点，到达所有牲畜分布点的最少用时。其中每天救援时间以 8h 计算。

表 4-15 通过不同道路综合难度指数下的用时对照表

综合难度指数	2	3	...	12
所用时间/min	20	30	...	120

4.4.2 无设防措施情况下三江源区雪灾风险现状分析

为了评价三江源区牧区雪灾救助措施的救灾效果，需要与无设防措施情况下的牲畜损失情况进行对比，故本研究首先对无设防措施情况下三江源区雪灾危险性、牲畜暴露量及牲畜损失情况进行分析，具体评价过程与无设防措施情况下青藏高原牧区雪灾风险评估过程相同。

1. 无设防措施情况下三江源区雪灾危险性变化分析

基于模拟预估的逐日雪深数据，对三江源区雪灾危险性进行识别，结果显示，相较于历史基准时期（1986～2005 年），RCP4.5 情景下未来近期（2016～2035 年）和未来远期（2046～2065 年）雪灾危险性指数均值分别减小 25.53% 和 47.42%，在 RCP8.5 情景下，未来近期（2016～2035 年）和未来远期（2046～2065 年）相应分别减少 26.44% 和 59.27%（表 4-16）。可见，在 RCP 中、高气候情景下，未来远期三江源区雪灾危险性显著减弱。就雪灾危险性区域面积占比变化而言，相较于历史基准时期，RCP4.5 情景下未来近期、未来远期和 RCP8.5 情景下未来近期、未来远期分别减少 12.1%、19.5%、8.3% 和 28.7%，缩减区域主要位于三江源东部区域。其中，在 RCP8.5 情景下，未来远期雪灾危险性区域面积减少最为明显（图 4-45 和表 4-16）。空间上，雪灾危险性较高的区域主要分布在玉树市、杂多县、囊谦县、治多县东部、称多县、曲麻莱县，以及玛多县、玛沁县和达日县西部区域（图 4-45）。

表 4-16 历史基准时期、RCP 中高情景下未来近期和未来远期三江源区雪灾危险性指数统计结果

项目	历史基准时期 （1986～2005 年）	RCP 4.5 （2016～2035 年）	RCP 8.5 （2016～2035 年）	RCP 4.5 （2046～2065 年）	RCP 8.5 （2046～2065 年）
危险性指数均值	3.29	2.45	2.42	1.73	1.34
危险性指数相对历史基准时期的变化率/%	—	−25.53	−26.44	−47.42	−59.27
雪灾危险性区域面积占比/%	95.3	83.2	87	75.8	66.6

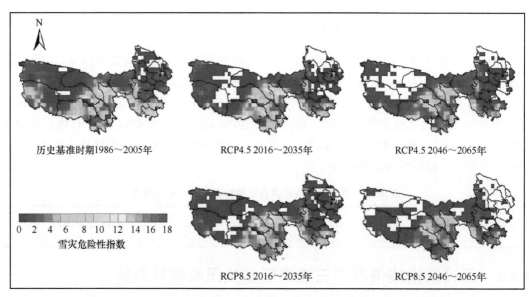

图 4-45　历史基准时期、RCP 中高情景下未来近期和未来远期三江源区雪灾危险性指数时空分布

2. 无设防措施情况下三江源区雪灾危险性下牲畜暴露量分析

从时序来看，历史基准时期，RCP4.5 情景下未来近期（2016～2035 年）、未来远期（2046～2065 年）和 RCP8.5 情景下未来近期（2016～2035 年）、未来远期（2046～2065 年）三江源区牲畜暴露总量分别为 747.56 万只（头）、761.74 万只（头）、809.97 万只（头）、829.02 万只（头）和 635.71 万只（头）（表 4-17）。相较于历史基准时期，RCP4.5 情景下未来近期、未来远期和 RCP8.5 情景下未来近期、未来远期牲畜暴露总量分别增长了 1.9%、8.35%、10.9% 和 –14.96%（表 4-17）。然而，在相对应时段，雪灾危险性下牲畜暴露量占三江源牧区总牲畜数量的比例却呈现明显降低趋势，历史基准时期、RCP4.5 情景下未来近期、未来远期和 RCP8.5 情景下未来近期、未来远期占比分别为 96.2%、85.2%、81.3%、89.2% 和 71.7%（表 4-17）。

表 4-17　历史基准时期、RCP 中高情景下未来近期和未来远期三江源区牲畜暴露量统计结果

项目	历史基准时期 （1986～2005 年）	RCP4.5 （2016～2035 年）	RCP8.5 （2016～2035 年）	RCP4.5 （2046～2065 年）	RCP8.5 （2046～2065 年）
羊/万只	490.63	493.49	546.76	526.41	401.63
大型牲畜/万只（头）	256.93	268.25	282.26	283.56	234.08
牲畜总量/万只（头）	747.56	761.74	829.02	809.97	635.71
暴露量占总量的比例/%	96.2	85.2	89.2	81.3	71.7
相对历史基准时期的变化率/%	—	1.9	10.9	8.35	–14.96

综上所述，在 RCP 中、高气候情景下 2016～2065 年三江源区牲畜暴露量基本呈现增加趋势。其中，在 RCP8.5 气候情景下，未来近期（2016～2035 年）牲畜暴露总量增加最为明显。而在未来不同时段（历史基准时期、2016～2035 年、2046～2065 年）雪灾危险性下牲畜暴露量占三江源牧区总牲畜数量的比例却依次降低。

3. 无设防措施情况下三江源区雪灾风险评估结果分析

在三江源区，牲畜死亡量与雪灾危险性指数具有一致的空间分布特征，死亡量较大区域分布在玉树市、杂多县、囊谦县、治多县东部、称多县、曲麻莱县、玛多县，以及玛沁县和达日县西部区域（图 4-46）。相较于历史基准时期，未来近期（2016～2035 年）、未来远期（2046～2065 年）和 RCP8.5 情景下未来近期（2016～2035 年）、未来远期（2046～2065 年）三江源区牲畜年均损失量分别增加 15.3%、减少 37.3%、减少 11.3% 和减少 58.3%。RCP4.5 气候情景下，未来近期牲畜损失量最大，且多于历史基准时期，其余情况下牲畜损失量均小于历史基准时期，且在 RCP8.5 情景下，未来远期牲畜损失量最小。

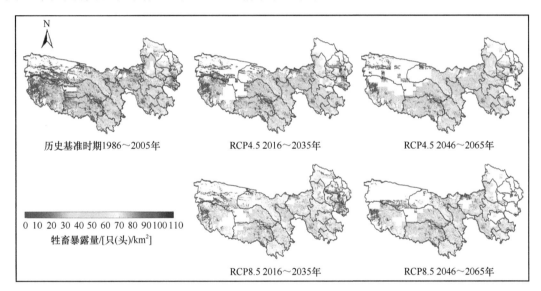

图 4-46　历史基准时期、RCP 中高情景下未来近期和未来远期三江源区牲畜暴露量空间分布

整体上，无论是在 RCP4.5 气候情景下，还是 RCP8.5 气候情景下，从未来近期到未来远期，牲畜损失量均呈现减少趋势。但 RCP4.5 情景下 2016～2065 年牲畜损失量要高于RCP8.5 情景下 2016～2065 年牲畜损失量（图 4-47 和表 4-18）。

综合上述雪灾危险性、雪灾危险性下牲畜暴露量、雪灾风险结果分析可见，相较于历史基准时期，RCP4.5 情景下未来近期、未来远期和 RCP8.5 情景下未来近期、未来远期三江源区雪灾危险性呈减小趋势。然而，除 RCP8.5 情景下未来远期雪灾危险下的牲畜暴露量少于历史基准时期以外，其余时段牲畜暴露总量都呈明显增加趋势。可见，未来三江源区雪灾风险损失减少主要是由于雪灾危险性降低。

表 4-18 无设防措施情况下历史基准时期、RCP 中高情景下未来近期和未来远期三江源区
受雪灾影响牲畜损失量统计结果

项目	历史基准时期 (1986~2005 年)	RCP4.5 (2016~2035 年)	RCP8.5 (2016~2035 年)	RCP4.5 (2046~2065 年)	RCP8.5 (2046~2065 年)
牲畜损失总量/ [万只（头）/a]	18.27	21.06	16.21	11.45	7.62
相对历史基准时期的变化率/%	—	15.3	−11.3	−37.3	−58.3

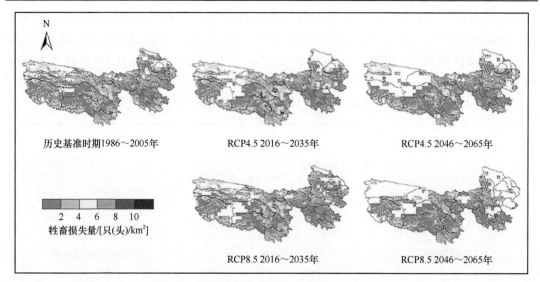

图 4-47 历史基准时期、RCP 中高情景下未来近期和未来远期三江源区受雪灾影响牲畜损失量空间分布

4.4.3 有设防措施情况下三江源区雪灾风险评估

1. 不同区域救助所用时间

雪灾发生时，以乡镇点作为救援基地，展开救援。首先确定三江源区所有牲畜分布点到乡镇点的最优路径，然后计算牧区不同牲畜分布点到乡镇点的综合到达难度指数累积值，结果如图 4-48 所示。在三江源区，西部综合到达难度指数累积值均高于东部地区，这是由于该区域内乡镇点分布稀少，使得到达牧区牲畜分布点的救援时间更长。

为了估算出不同救援时间内能够救援的范围，本研究以道路清障车的清障速度为基准，测算不同救援难度指数下救援所需时间，具体计算过程前面已详细介绍，在此不再赘述。计算结果如图 4-49 所示。

以乡镇点的饲草料库作为救援基地，雪灾发生后在展开救援过程中，救援范围比例在 8 天之前呈现出明显的增长趋势。救援范围和救援时间呈现较强的对数函数关系（图 4-50），在第 8 天以后，这种增加趋势放缓。结合图 4-49 可知，除了曲麻莱县、玛多县少部分区域及

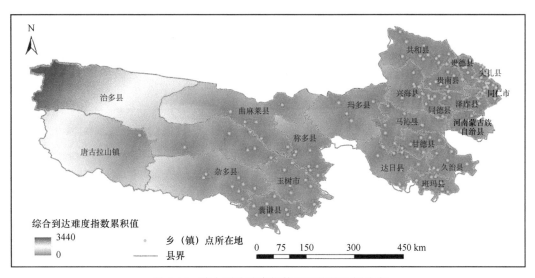

图 4-48 综合到达难度指数累积值的空间分布

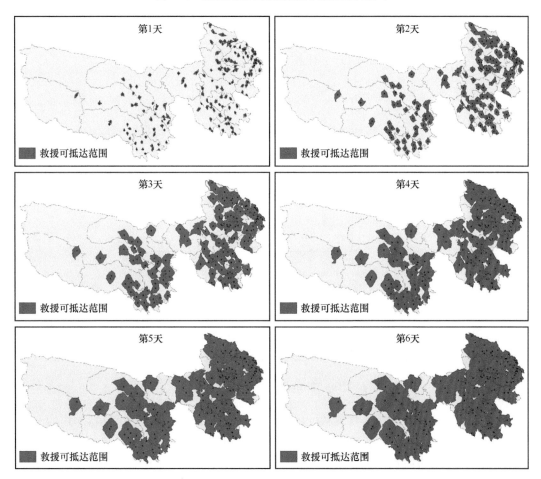

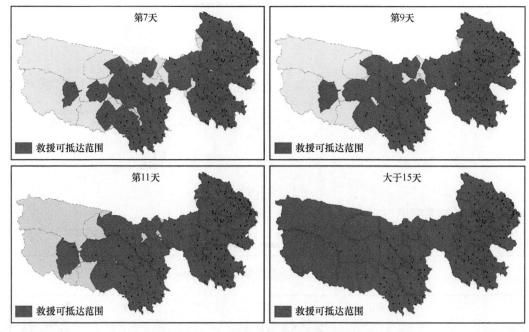

图 4-49 三江源区不同区域救援所需时间

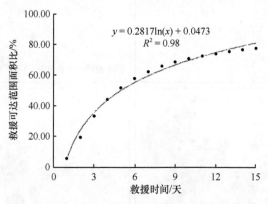

图 4-50 三江源区救援时间和救援范围间相关性

治多县、唐古拉山镇大部分区域外，其余区域在 8 天内救援都可抵达。总体看，救援不能抵达或不能及时抵达区域，主要是以乡镇点为单元的饲草料库建设较少，不能满足救援要求。

2. 有效救援时间内牲畜救助量分析

救援时间紧迫是三江源区雪灾救助的主要特点，以乡镇为单元的饲草料库作为三江源牧区的重要救灾措施，需要在牲畜受灾死亡之前将饲草料运输到牧区雪灾发生区。为了研究方便，本研究将雪灾发生到雪灾造成牲畜死亡这段时间定义为有效救援时间（图 4-51）。如何确定有效救援时间成为准确评估救助措施的关键。然而，不同降雪强度、不同气象条件、不同草场及不同牲畜类型的有效救援时间并不相同，有效救援时间直接决定了可救助牲畜的数量。根据统计结果显示（图 4-52），救援时间和救助牲畜数量相关关系在前 8 天内变化最为明显，因此，不同救助时间直接决定最后能够救助的牲畜数量。通过查阅文献与现场调研发现，在不救援情况下，雪灾持续到第 5 天时，牲畜开始死亡。因此，本研究统一设定三江源牧区牲畜有效救援时间为 5 天。假定 5 天之后救援达不到区域，牲畜损失按照无救助措施情况进行统计。

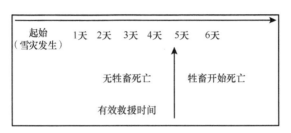

图 4-51 三江源区雪灾有效救援时间示意

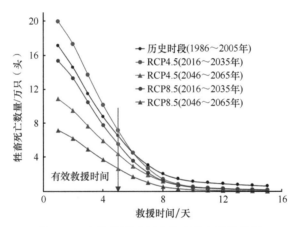

图 4-52 有效救援时间和牲畜死亡数量关系

在 5 日有效救援时间内，以乡镇为单元的饲草料库能够救援的区域范围见图 4-53，救援范围占三江源区面积的 51%。其中，在三江源区东部各县、东南部各县、玉树市、囊谦县救援均能够及时到达，而治多县、唐古拉山镇、杂多县、曲麻莱县、玛多县以及称多县的大部分地区，救援不能在有效救援时间内抵达。在不能被及时救助的区域中，称多县、玛多县及曲麻莱县更是雪灾的高发区。

在无救助措施情况下，历史基准时期、RCP4.5 情景下未来近期（2016～2035 年）、未来远期（2046～2065 年）和 RCP8.5 情景下未来近期（2016～2035 年）、未来远期（2046～2065 年）三江源区牲畜损失量分别为 18.27 万只（头）、21.06 万只（头）、11.45 万只（头）、16.21 万只（头）和 7.62 万只（头），而在有设防措施下，在 5 天有效救援时间内，救援使得牲畜损失量各时段分别减少了 11.72 万只（头）、13.85 万只（头）、5.85 万只（头）、11.78 万只（头）、4.91 万只（头），救助率分别达到 64.15%、65.76%、51.09%、72.67% 和

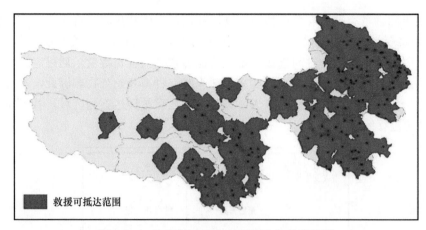

救援可抵达范围

图 4-53　三江源区有效救援时间内的救助范围

64.44%（表 4-19），牲畜救助率均超过 50%。在 RCP4.5 气候情景下，未来远期救助率最低，为 51.09%，而在 RCP8.5 情景下，未来近期救助率最高，达 72.67%，但在 RCP4.5 气候情景下，未来近期所救助的牲畜绝对数量最多，为 13.85 万只（头）。可见，仅仅以乡镇为单元的饲草料库这一种设防措施就可使雪灾风险降低 50% 以上。

表 4-19　在 5 天有效救援时间内所能救助的牲畜数量

项目	历史基准时期 （1986～2005 年）	RCP4.5 （2016～2035 年）	RCP8.5 （2016～2035 年）	RCP4.5 （2046～2065 年）	RCP8.5 （2046～2065 年）
无救助措施下牲畜死亡量/万只（头）	18.27	21.06	16.21	11.45	7.62
有救助措施牲畜死亡减少量/万只（头）	11.72	13.85	11.78	5.85	4.91
救助率/%	64.15	65.76	72.67	51.09	64.44

4.4.4　未来牧区雪灾风险的对策建议

1. 以乡镇为单元的饲料库建设救助措施的不足

作为传统牧区，三江源区雪灾高发，雪灾对区域畜牧经济影响严重。为了减缓和规避雪灾造成的损失，牧区采取了一系列雪灾预防和救助措施。在众多措施中，本研究选择了牧民认同感较强的以乡镇为单元的饲草料库建设措施为例，定量评估了该措施的救助效果。尽管以乡镇为单元的饲草料库建设措施减缓了牧区牲畜在雪灾期间因为吃不到草导致牲畜饿死的情况，然而此种救助方法也存在以下几点不足。

（1）救助点空间分布不均匀。目前，三江源区饲草料库是以乡镇点为依托而建，以乡镇点进行空间布局，尽管可以保障区域内救助道路的通达性，然而并不是最优的，况且乡镇点在空间上分布并不均匀，特别是在治多县、唐古拉山镇、杂多县、曲麻莱县、玛多县及称多县。

（2）对交通道路依赖程度高。本研究限于资料的可获取性，主要针对牧区道路的类型和坡度情况构建了理想情况下雪灾救助扩展模型，并对救援时间进行了估算。然而，在雪灾发生时的实际情况可能更加复杂，道路通过难度可能更加困难。救援效果严重依赖于道路状况。

（3）救助成本高。本研究对牧区雪灾救助效果分析是在不计成本的情况下开展的，并未考虑救援人员劳动成本和饲草料的运输成本。若雪灾发生频次增多，此种救援措施的经济价值将会降低。例如，2019 年玉树雪灾，玉树州救助饲草料调运进展通报显示，截至 2019 年 2 月 8 日，青海省农业农村厅安排救助饲草料达到 5850t。截至 3 月 14 日仅玉树公路段总段出动人员就高达 6594 人次，机械 1617 台。

2. 三江源牧区雪灾风险救助建议

三江源区经济基础薄弱，自然环境恶劣，交通连通性差，不利于雪灾风险防范和应对。目前，牧区牧民对建设以乡镇为单元的饲草料库和暖棚这两项措施有较强的认同感。从本研究的评估结果来看，在不同时段，以乡镇为单元的饲草料库救助率基本高达 50%，确实起到了很好的救助效果，但也存在不足。相比较无预防措施情况下，尽管雪灾风险损失量有大幅降低，然而高昂的救助成本依然是其主要的限制因素。另外，以乡镇为单元的饲草料库并不能够有效及时地给予距离乡镇较远的灾区提供救助，而且现有的救助措施主要是以政府为主导开展的救援行动。因此，如何建设低成本、时效性、以牧民为主、政府为辅的常态化的牧区雪灾风险防范与救援体系，是未来有效规避牧区雪灾风险损失的关键。

因此，根据本研究的评估结果，针对现有牧区雪灾救助存在的问题，提出以下几点建议。

（1）在牧场靠近交通便利区建立暖棚或者小型饲草料库，为雪灾发生时争取更多的有效救援时间。

（2）建立饲草料自给自足机制，通过牧民人工种植，满足雪灾期间所需饲草料，而政府只需主导建立合理牧草补偿机制，避免雪灾期间大规模的牧草调运和救援。

（3）针对雪灾高发区，综合生态环境保护和畜牧业产业发展的利弊，对于雪灾救援难以到达区域，或者畜牧业对生态环境影响较大区域，建议撤离搬迁。

4.5 本章小结

青藏高原牧区是我国重要高寒牧区，也是受雪灾影响最严重的牧区之一，雪灾对牧区生产生活和牧民生命安全构成严重威胁。积雪事件的危险性、承险体的暴露度与脆弱性是雪灾风险的三要素。目前雪灾风险研究仍主要是基于指标体系的现状区域雪灾风险等级划分，而直接从积雪事件切入，定量预估未来至 21 世纪末青藏高原雪灾风险未见诸报道。本章以青藏高原牧区为研究区，以积雪事件为致险体，以牧区牲畜为承险体，在明晰雪灾及其风险形成机理的基础上，借助人工神经网络，构建反向传播人工神经网络雪深模型（BPANNSSM），模拟了 2016~2065 年青藏高原的逐日雪深，进而通过构建雪灾危险性指数模型,评价了青藏高原牧区雪灾危险性;构建了青藏高原干草产量模拟模型,在"以草定畜"原则下模拟了雪灾危险性下的牲畜暴露量;构建了牧区牲畜对雪灾危险性的脆弱性曲线,在不设防条件下,定量评估了RCP中、高情景下2016~2065年不同时期青藏高原的雪灾风险。在此基础上,选取三江源区为典型区,详细剖析在有雪灾设防措施情况下该区的雪灾风险,并提出应对雪灾风险的对策建议。

(1)逐日雪深模拟与雪灾危险性识别。作为雪灾危险性识别的基础,目前尚无未来积雪深度预估数据。本章构建了人工神经网络雪深模型(BPANNSSM),模拟了中国区域的未来逐日雪深。在此基础上,选择在青藏高原地区雪深模拟性能最优的CESM1-BGC模式,模拟了该地区雪深。在综合考量数据的可获取性和雪灾危险性影响因素的重要性基础上,以雪灾期间积雪平均深度、持续时间、日最高气温均值及日最低气温均值四个因子构建危险性指数模型,并以此评价了未来不同时期雪灾危险性。相较于历史基准时期(1986~2005年),RCP4.5情景下未来近期(2016~2035年)和未来远期(2046~2065年)青藏高原雪灾危险性指数强度分别降低了12.32%和14.20%,雪灾危险性区域面积占青藏高原总面积的比例分别减少了6%和11%;而RCP8.5情景下未来近期和未来远期危险性指数强度分别降低了14.20%和17.16%,雪灾危险性区域面积占比分别减少6%和14%。整体上,在RCP中、高气候情景下2016~2065年,青藏高原雪灾危险性发生范围与强度都呈现减弱趋势;从空间分布来看,危险性指数较高的区域主要分布在藏北高原、冈底斯山脉沿线、昆仑山脉西段沿线、祁连山脉沿线、三江源区域和横断山脉区域。

(2)雪灾危险性下青藏高原牧区牲畜的暴露量。牧区牲畜是雪灾风险的承险体,而牲畜数量及其时空分布在青藏高原区域并不均匀,且缺少相关的数据资料,因此本章"以草定畜",对青藏高原牲畜数量的空间分布进行分析。由于缺乏未来RCP气候情景下的牧草资料,本章基于干草产量与海拔和气候生产力的关系,构建了干草产量模型,在CESM1-BGC最优模式下模拟了RCP中、高气候情景下2016~2065年青藏高原牧区干草产量。在此基础上,依据牧区干草产量与牲畜数量之间的关系,通过"以草定畜"统计青藏高原牲畜数量与雪灾危险性下的牲畜暴露量。未来牲畜暴露总量整体呈现增加趋势,相较于历史基准时期(1986~2005年),RCP4.5情景下未来近期(2016~2035年)、未来远期(2046~2065年)和RCP8.5情景下未来近期(2016~2035年)、未来远期(2046~2065年)牲畜暴露量将分别增加12.65%、16.07%、18.96%和7.68%。就雪灾危险性下牲畜暴露量占青藏高原总牲畜量的比例而言,在RCP4.5和RCP8.5情景下,历史基准时期、未来近期和未来远期尽管牲畜暴露量占比依次降低,但仍高于75%,整体上未来青藏高原牧区绝大多数牲畜仍可能受到雪灾的威胁。

(3)无设防措施情况下青藏高原牧区雪灾风险。基于识别的雪灾危险性、模拟的牲畜暴露量以及构建的牧区牲畜脆弱性曲线,在青藏高原整体尺度,宏观预估自然无设防措施情况下牧区雪灾风险。为了比较有或者无救助措施对牧区牲畜损失的影响,选择三江源区为典型区,同样评估了无设防措施情况下三江源牧区雪灾风险。结果显示,青藏高原牧区牲畜死亡量的空间分布与雪灾危险性指数的空间分布高度一致。相较于历史基准时期,受雪灾影响RCP4.5情景下未来近期(2016~2035年)、未来远期(2046~2065年)和RCP8.5

情景下未来近期（2016~2035 年）、未来远期（2046~2065 年）青藏高原牲畜年均损失量将分别增加 13.15%、30.74%、11.34% 和 1.76%，而三江源区牲畜年均损失量将分别增加 15.3%、减少 37.3%、减少 11.3% 和减少 58.3%。空间上，青藏高原整体雪灾风险呈现增多趋势，而三江源区却以降低趋势为主。未来青藏高原牧区牲畜暴露量增加是牲畜雪灾风险损失增加的主要原因，而对三江源区而言，雪灾风险损失减少主要源于雪灾危险性的降低。可见，青藏高原整体和局部（三江源区）牧区雪灾风险未来变化及其原因并不一致。

（4）有设防措施情况下三江源区雪灾风险。基于数据的可获取性，以乡镇为单元的饲料库设防措施为例，在三江源典型区，评价该措施在雪灾风险中的救助效果。在有效救援时间（5 天）内，以乡镇为单元的饲料库措施的救助范围占整个三江源区面积的 51%。与无预防措施情况相比，在有饲草料库这一救助措施下，历史基准时期，RCP4.5 情景下未来近期（2016~2035 年）、未来远期（2046~2065 年）和 RCP8.5 情景下未来近期（2016~2035 年）、未来远期（2046~2065 年）牲畜死亡量将分别降低 64.15%、65.76%、51.09%、72.67%、64.44%。饲草料库措施的减损效果非常明显，可减低雪灾风险损失高达 50% 以上，但该措施依然存在救助点空间分布不均匀、对交通依赖严重与救助成本高的缺点。为此，本章提出了在牧场靠近交通便利区建立暖棚或者小型饲草料库、建立饲草料自足-补偿机制与雪灾高发且救灾难度较大区域搬迁等建议。由于受资料缺失限制，本章并未就所提建议的落地方案进行分析。

本章雪灾风险评估结果存在一定的不确定性，主要为多模式数据产品的不确定性、牲畜暴露量统计、脆弱性曲线构建所用数据以及气候变化等影响。

第 5 章 "美丽冰冻圈"融入区域旅游经济的途径与模式

5.1 中国冰雪旅游发展模式及其体系建构

冰雪旅游隶属于生态旅游范畴,是以冰雪资源为主要旅游吸引物而开展的所有旅游活动形式的总称。人类滑雪于一两万年前起源于中国新疆阿勒泰地区,随后传到北欧、俄罗斯和其他地区(劳伦特·凡奈特,2019)。近代滑雪起源于 19 世纪欧洲阿尔卑斯山地区,此后经过萌芽、起步、发展、扩张和升级五个发展阶段(赵敏燕等,2016),由发端时的运动为主、旅游为辅,逐渐形成运动与旅游紧密融合的现代滑雪旅游产业化发展特征,滑雪旅游目的地也由挪威和瑞典扩展到全世界。目前,全球滑雪旅游业已形成五大集聚区:阿尔卑斯山区、北美地区、亚太地区、东欧及中亚地区、西欧地区(赵敏燕等,2016)。其中,不论是滑雪场数量,还是大型滑雪胜地,阿尔卑斯山地区均位列世界首位。冰川旅游起源于 19 世纪 40 年代,早期的旅游目的地主要是阿尔卑斯山、比利牛斯山、落基山脉和新西兰南岛等地区(王世金和车彦军,2019;周蓝月等,2020)。随着社会经济的发展,交通可达性的提高和旅游消费需求的上升,冰川旅游逐渐从小众游发展到大众观光、休闲、体验等旅游活动,旅游目的地也拓展到全球高山地区与高纬度地区。目前全球冰川旅游业基本形成六大区,分别为北美区、南美区、北欧区、阿尔卑斯山区、兴都库什—喜马拉雅山地区与新西兰地区,各区旅游目的地代表国家分别为美国和加拿大、智利、冰岛和挪威、瑞士和奥地利、中国和尼泊尔、新西兰。基于 TripAdvisor 平台上游客对冰川旅游地的评论,北美区、南美区和阿尔卑斯山区冰川旅游最为火热,是全球主要冰川旅游地(Tang et al.,2022)。

无论是滑雪旅游,还是冰川旅游,中国均起步较晚,但在冰雪旅游扩张和多样化升级发展的国际环境下,中国冰雪旅游起点较高,加之,2015 年 7 月北京冬奥会申办成功后一系列政策的强劲推动,冰雪旅游迅速崛起,冰天雪地正在加快转变成"金山银山"。中国旅游研究院(2023)发布的《中国冰雪旅游发展报告(2023)》显示,2021~2022 年冰雪季,中国冰雪休闲旅游人次达 3.44 亿,冰雪休闲旅游收入为 4740 亿元,预计 2022~2023 年冰雪季,中国冰雪休闲旅游人次仍会超过 3 亿。基于超大规模的游客市场、火热的冰雪旅游项目投资、政府层面打造冰雪经济的引领以及巨大的冰雪旅游消费潜力,中国冰雪旅游不仅正成为国内经济发展的新型增长点,而且也日渐成为国际冰雪旅游的热点区。

就中国冰雪旅游研究而言,第 24 届冬奥会申办成功使 2015 年无疑成为一个分水岭。2015 年之前,研究主体主要是科研院校的科研工作者,研究内容一方面是对国外滑雪旅游演变、发展趋势、发展模式、主要经验等进行总结(韩杰和韩丁,2001;翟金英,2012;李松梅,2012;石玲等,2013;刘仁辉等,2014;赵敏燕等,2016),以期为中国滑雪旅游发展提供参考与借鉴；另一方面聚焦国内冰雪旅游资源特征（李铁松，1999；刘巧等，2005，2006；马晓路和许霞，2011）、开发利用（刘巧等，2005，2006；张敏和李忠魁，2005；王世金等，2008，2012a，2012b；马晓路和许霞，2011；王海军等，2011）、旅游形象（王海军等，2011；杜春玲和李颖，2011）、市场营销（甘静和徐哲，2013；谭虹和张守信，2014）、发展模式（王世金等，2012b；徐柯健等，2012；遇华仁与刘悦男，2013）、可持续发展策略（黄婧与曾克峰，2009；马晓路和许霞，2011；翟金英，2012；刘春萍，2014；何毅等，2014）、气候变化与人类活动对冰雪旅游的影响与适应对策（院玲玲等，2008；王世金等，2012c）等方面。就研究区而言，这个时期主要集中于东北黑龙江和吉林、新疆阿勒泰（刘剑，2012）与西南这个"大三角"地区，而且东北地区和新疆阿勒泰地区的研究主要关注冰雪旅游与冰雪运动（王海军等，2011；杜春玲和李颖，2011；翟金英，2012；刘剑，2012；李松梅，2012；甘静和徐哲，2013；遇华仁和刘悦男，2013；刘仁辉等，2014；谭虹和张守信，2014；刘春萍，2014；何毅等，2014），西南地区却聚焦冰川旅游（李铁松，1999；张敏和李忠魁，2005；刘巧等，2005，2006；院玲玲等，2008；黄婧与曾克峰，2009；马晓路和许霞，2011；王世金等，2008，2012a，2012b，2012c；徐柯健等，2012），区域差异性特征明显。在这个时期，中华人民共和国国务院（2009 年）发布了《关于加快发展旅游业的意见》，之后，励新建等（2013）首次提出"全域旅游"概念，他们将"全域旅游"定义为"各行业积极融入其中，各部门齐抓共管，全城居民共同参与，充分利用目的地全部的吸引物要素，为前来旅游的游客提供全过程、全时空的体验产品，从而全面地满足游客的全方位体验需求"。2017 年国家旅游局进一步将"全域旅游"概括为"将一定区域作为完整旅游目的地，以旅游业为优势产业，进行统一规划布局、公共服务优化、综合统筹管理、整体营销推广，促进旅游业从单一景点景区建设管理向综合目的地服务转变，从封闭的旅游自循环向开放的'旅游 +'转变，努力实现旅游业现代化、集约化、品质化、国际化，最大限度满足大众旅游时代人民群众消费需求的发展新模式"。随着全域旅游发展冰雪旅游研究出现视角多样化、研究主体多元化、研究全域化特征。就研究视角而言，除了对冰雪旅游资源价值（刘文佳和姜淼淼，2016）、适宜性（程志会等，2016；张雪莹等，2018）、创新发展及其策略（吴金梅，2017；张贵海，2017；王丹，2018；明庆忠和陆保一，2019）、游客满意度（朱晓柯等，2018；唐凡等，2021a，2021b）等常规问题进行深度研究之外，全域旅游背景下，冰雪产业发展，尤其是冰雪产业与互联网、其他产业的融合发展（白鹤松，2016；王建和朱张倩，2017；史储瑞，2018；刘国民和张彩云，2018；赵亚莉等，2019；王安东和张炎，2019）成为该时期研究的突出亮点，冰雪旅游研究趋向应用基础研究方向。就研究主体而言，冰雪旅游研究不再是科研院校研究者的专属，政府部门机构、企业、网络服务平台等也成为冰雪旅游研究队伍中的生力军。例如，隶属文化和旅游部的中国旅游研究院、深圳市中投顾问股份有限公司、奇创旅游集团、马蜂窝旅游、天猫滑雪、滑呗、乐冰雪、北京雪族科技有限公司、GOSKI 等。就研究区域而言，从东北、新疆和西南这些重点冰雪旅游地区发展到中国全域尺度（程志会等，2016；白鹤松，2016；吴金梅，2017；刘国民和张彩云，2018；王安东和张炎，2019；刘丽敏等，2019；颉佳等，2022）。

　　总之，随着冰雪旅游走向大众，其在冰雪经济中核心引擎作用的显现助推了中国冰雪旅游研究的热潮，使其呈现"百花齐放、百家争鸣"的格局，研究内容上更加关注冰雪产业及其发展。然而需要提及的是，不论是科技界，还是企业、行业界，所研究的冰雪旅游实际上主要是滑雪旅游与冰雪运动，并未包括冰川旅游，冰川旅游及其研究仍属小众化。此外，尽管自 2015 年以来，出版、发布了大量冰雪蓝皮书系列（伍斌等，2019；孙承华等，2022）、冰雪产业白皮书系列（伍斌和魏庆华，2016，2018；伍斌，2020；Wu，2022）《中国冰雪旅游发展报告》、《中国冰雪产业深度调研及投资前景预测报告》，但这些报告主要聚焦产业发展动态、市场运营、经济效益、投资预测等，侧重经济、商业层面。鉴于上述两点原因，秉承旅游系统与旅游地理学思想，在定义冰雪旅游概念、展现中国冰雪资源自然禀赋及其分布特征的基础上，通过详细分析中国冰雪旅游发展的历史经纬，阐明中国"冰雪＋"全域旅游发展模式的形成过程，解析该发展模式的机制；通过分析中国冰雪旅游发展模式的区域差异性，构建"冰雪＋"全域旅游发展模式的架构体系。本节全面呈现了包括冰川旅游在内的中国冰雪旅游的发展状况、面临的冲击，并提出应对建议，以期为地区与国家冰雪旅游产业高质量发展提供借鉴与参考。

5.1.1　冰雪旅游的概念

　　何为冰雪旅游？纵览当前学界研究，定义多种多样。表 5-1 展示了 6 种有代表性的概念，它们具有一个共性特征，即均以冰雪气候资源为基础、依托或旅游吸引物，认为冰雪旅游具有观赏性、参与性、体验性与刺激性等特点，冰雪旅游，实际上只是"雪"旅游，不包含"冰"。同时，研究视角不同，致使"冰雪旅游"概念在冰雪文化、冰雪运动、休闲度假、季节性、自然性方面有所侧重，从而具有一定的局限性。因此，在前人研究的基础上，本节对"冰雪旅游"概念做了较深入探讨。冰雪旅游，乃"旅游"名词前冠以"冰雪"二字限定词，其仍为一种旅游类型，具有旅游的一般性特征，即为了休闲、商务、健康或其他目的离开旅游者或游客惯常环境，到旅游目的地并停留在那里几个小时、一天、几天、几个月，但连续不超过一年的活动。这样，旅游者、旅游目的、旅游路线、旅游目的地、旅游停留时间是一个闭环旅游的构成要素。相区别于其他旅游，冰雪旅游的独到之处在于其旅游目的地为以冰雪资源为主要吸引物的目的地。根据冰与雪的来源，冰雪分为自然冰雪与人造冰雪；根据自然冰的形成，冰分为河冰、湖冰、冰川冰。这样将冰雪旅游定义为以自然与人造冰雪资源为基础，以冰、雪自然景观及其产生的所有人文景观为旅游吸引物而开展的旅游活动或项目，集游览观光、度假体验、运动健身、竞技赛事、休闲娱乐、科考探险、研学科普于一体，具有观赏性、参与性、体验性、刺激性、健身性等特点。根据吸引物的不同，可将冰雪旅游分为冰雪观光、冰雪运动、滑雪旅游、冰川旅游、冰雪艺术品欣赏、冰雪娱乐等形式。随着冰雪科技的日益发展，其已突破季节限制，成为一种全域、四季的旅游活动。

表 5-1 已有冰雪旅游概念及其共性与差异

冰雪旅游概念	来源	共性	差异
冰雪旅游是一项以冰雪气候旅游资源为主要的旅游吸引物,以体验冰雪文化内涵为主要形式的旅游活动的总称,其极具参与性、体验性和刺激性	刘春萍,2014	自然冰雪气候资源为旅游吸引物;冰雪旅游特点:参与性、体验性、刺激性等;名为冰雪旅游,实为"雪"旅游,不包含"冰"	冰雪文化视角,强调冰雪文化内涵
冰雪旅游是以冰雪气候旅游资源为主要的旅游吸引物,以各种冰雪活动的规划设计组合引起人的消费欲望与需求,进而感受参与冰雪体育活动与大自然情趣的一种旅游形式	刘文佳和姜淼淼,2016		冰雪运动视角,突出冰雪体育活动
冰雪旅游是指以冰雪气候旅游资源为主要的旅游产品,是冰雪文化内涵的所有旅游活动形式的总称	程志会等,2016		冰雪旅游开发视角,强调冰雪文化内涵
冰雪旅游是以冰雪资源和气候资源为依托,以冰雪景观及其产生的所有人文景观为旅游吸引物,以冰雪观光、冰雪运动为主要表现形式,兼具观赏性、参与性、刺激性等特点的休闲度假旅游	朱晓柯等,2018		游客满意度视角,表现形式主要为冰雪观光与冰雪运动两种,强调休闲度假旅游
冰雪旅游是以冰雪资源为基础,冰雪文化为内涵,冰雪观光、冰雪运动和冰雪娱乐为内容,并集审美体验和健身娱乐于一体的冬季主要旅游形式	张雪莹等,2018		冰雪资源开发视角,突出了冰雪旅游的季节性
冰雪旅游是生态旅游的一种范畴,以参与性、体验性、刺激性和娱乐性为主的冬季旅游产品,让游客体验冰雪天地的自然风光,享受纯净洁白的冰雪文化	范丹丹,2019		综合研究视角,突出冰雪旅游的季节性、自然性

5.1.2 中国"冰雪 +"全域旅游发展模式的形成过程

1. 冰雪自然禀赋

中国位于北半球中低纬地区,是世界冰雪发育大国。基于 1980～2010 年被动微波遥感的中国日雪深分布数据(Che et al.,2008)(图 5-1),降雪主要发生在福州—广州—南宁一线以北地区(李培基和米德生,1983),稳定积雪区(连续积雪日数超过 60d/a)广袤,范围达 339 万 km^2。其中,青藏高原地区稳定积雪范围最大,东北、内蒙古地区次之,新疆稳定积雪范围最小(钟镇涛等,2018)。就积雪深度而言,尽管中国大部分地区最大积雪深度极端值仅 20cm 左右,但西部的新疆阿尔泰和伊犁河谷地区最大积雪厚达 80～90cm,东北北部和东部地区为 40～50cm,长江中下游地区冬春大雪也可形成厚 40～50cm 的暂时积雪(李培基和米德生,1983;孙秀忠等,2010)。

中国滑雪场的位置信息数据至今未见诸公布或出版,故在滑雪相关研究中,学者们从百度在线地图中获取之。Deng 等(2019)在研究中国滑雪适宜性时,收集了 598 家滑雪场。根据百度地图坐标拾取系统,我们获取了 2022 年中国室内外滑雪场合计 754 家,其中室外滑雪场 685 家,室内滑雪场 69 家(图 5-1),包括已经或暂时停业的滑雪场,而 2021～2022雪季中国实际处于对外营业状态的滑雪场总数为 692 家(Wu,2022)。中国滑雪场的分布基

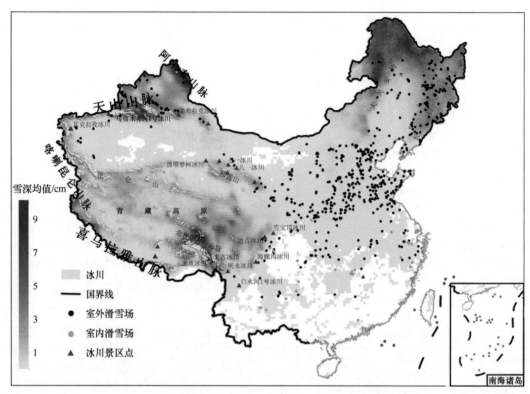

图 5-1　中国冰雪资源、滑雪场、冰川及其旅游景点分布

本与积雪分布一致，主要分布在新疆天山及其以北稳定积雪区、东北－内蒙古稳定积雪区、华北地区和长江中下游地区，青藏高原稳定积雪区范围虽然最大，但因海拔高，滑雪场主要分布于东部边缘的祁连山脉和横断山脉海拔较低地区。

　　中国是世界上中低纬度山地冰川最发育的国家，据《中国第二次冰川编目》数据，共发育有现代冰川 48 571 条，面积 5.18 万 km²，冰储量 0.43 万～0.47 万 km³，主要分布在青藏高原及其周边的帕米尔高原、喀喇昆仑山、阿尔金山、祁连山、横断山、喜马拉雅山、西北的天山、阿尔泰山等高山区（刘时银等，2015；Guo et al.，2015）（图 5-1）。总体上，中国冰雪资源具有北向南、西向东减少趋势，而且地域性与异质性显著。青藏高原及其周边、西北地区及其高山区地势高，积雪、冰川、河湖冰共存；东北地区位于地势的第三级阶梯，虽然有大小兴安岭、长白山地，但海拔相对较低，加之严寒气候，主要富集积雪和河湖冰；东北地区以南、横断山脉以东与南岭以北地区，主要为季节性、暂时积雪。冰雪资源的这种分布特点使中国冰雪旅游具有地域特色，比较优势显著。

2. 冰雪旅游的发展经纬

　　中国冰雪旅游的发展是中国社会经济文化发展的一个缩影。自改革开放以来，中国社会实现从温饱到小康的跨越，目前迈进共同富裕阶段。国家经济的快速发展、人民生活水平的显著提高、交通基础设施的多样化与快捷化，为冰雪旅游的发展提供了强大的物质与便捷的交通条件。同时，社会经济发展极大促进了人们思想观念的转变，人们表现得更加自信，追求独立、个性，在旅游方面，更热衷于刺激性与体验性强的产品，为这个传统的"冷资源"热起来，并迅速崛起提供了强大的客源市场。纵观近几十年来中国冰雪旅游发展的漫漫历程，以 2013 年北京和张家口联合提出申请第 24 届冬季奥林匹克运动会（以下简称北京冬奥会）为时间节点，大致可以分为两个阶段：2013 年之前，为漫长探索期，中国冰雪旅游格局基本形成；2013 年之后，为快速全面发展期，在国家全域旅游战略、北京冬奥会与一系列政策措施红利的多重契机下，形成了"冰雪+"全域旅游的中国模式。

1) 2013 年之前：漫长的探索期

从 20 世纪 60 年代伊始至 2013 年，中国冰雪旅游从东北地区起源、南展东扩西进形成基本格局，走过了漫长的探索之路。

东北地区属温带大陆性季风气候，四季分明，气候寒冷，积雪期长达 4 个月以上，积雪较厚且雪质优良，得天独厚的冰雪气候资源、悠久的冰雪文化历史使东北地区成为中国冰雪旅游的发源地。1963 年第一届哈尔滨"冰灯游园会"的举办开启了中国冰雪旅游的大门（遇华仁和刘悦男，2013），也使黑龙江省成为实至名归的冰雪艺术的摇篮，1985 年在传统"冰雪游园会"的基础上创办了中国历史上第一个以冰雪活动为内容的国际性节日"中国哈尔滨国际冰雪节"，该节成为展示黑龙江省冰雪旅游的一个窗口。滑雪旅游方面，1982 年吉林松花湖滑雪场投入使用，1984 年黑龙江省第一家旅游滑雪场桃山滑雪场建成，1986 年建成中国当时规模最大、功能最全的综合性滑雪场——黑龙江亚布力滑雪场，从此中国大众滑雪旅游开始起步（图 5-2）。然而，1990 年前，中国冰雪旅游主要集中于黑龙江省，该省拥有当时中国仅有 7 家滑雪场中的 6 家，而且有"中国哈尔滨国际冰雪节"的加持，在东北冰雪旅游界一枝独秀。但这个时期，冰雪旅游主要是单个资源的各自开发利用，如雪雕、冰灯、滑雪等，各种冰雪旅游资源尚未得到有机整合，冰雪旅游产业也未全面融入当地经济发展。

20 世纪 80 年代末以来，黑龙江省在冰雪旅游方面"更上一层楼"。1988 年创办了哈尔滨太阳岛国际雪雕艺术博览会（简称雪博会），此后每年举办一届，延续至今。进入 90 年代，相继落成中国·哈尔滨冰雪大世界、哈尔滨迪士尼冰雪游园会等一批冰雪主题公园（何毅等，2014），进一步丰富了"中国哈尔滨国际冰雪节"的内容，使冰雪节成为囊括艺术、文化、运动、美食、经贸洽谈、休闲观赏等的综合性冰雪盛会，也使冰雪活动开始融入大众日常生活。滑雪旅游方面，1996 年哈尔滨亚布力获得了第三届亚洲冬季运动会的举办权（劳伦特·凡奈特，2019），2009 年又承办了第二十四届世界大学生冬季运动会雪上项目（孙秀忠等，2010）。国际大型冰雪赛事的举办，既提升了黑龙江省滑雪场的声誉，又推动了滑雪从竞技运动进一步走向大众旅游。冰雪节与大型冰雪赛事举办极大促进了黑龙江省冰雪旅游的发展，也使黑龙江成为当时中国冰雪经济大省。

在黑龙江冰雪旅游大放异彩的同时，20 世纪 90 年代中国冰雪旅游开始向南、向西、向东发展。吉林省后来居上，1991 年吉林省创办了"中国·吉林国际雾凇冰雪节"，以雾凇冰雪为核心，在吉林形成了"冰雪+"（体育、文化、艺术、经贸、娱乐等）旅游活动。在滑雪旅游方面，1995年建成规模较大的吉林北大壶滑雪场，2003年瓦萨滑雪节落户长春净月潭，"中国长春净月潭瓦萨国际滑雪节"的举办逐渐使长春成为中国乃至亚洲滑雪运动的中心，2006年以来陆续承办了越野滑雪世界杯短距离总决赛、第七届亚洲冬季运动会、越野滑雪世界杯等国际性大型冰雪赛事，显著提升了吉林省冰雪旅游的知名度与影响力（图5-2）。总之，20世纪90年代以来，吉林省依托自身冰雪资源优势，通过打造富有特色的"中国·吉林国际雾凇冰雪节"和国际越野滑雪节，使东北地区以黑龙江省一枝独秀的冰雪旅游的地域范围向南扩展，并在黑龙江省雪雕、冰灯、滑雪等旅游项目基础上，创新性地开发了雾凇、滑野雪，丰富了东北地区冰雪旅游项目或活动的多样性。这样，东北地区以冰雪为核心载体，以冰雪节为有效抓手，将冰雪艺术、冰雪运动、冰雪文化、冰雪自然景观、温泉康养、地方民俗等资源整合为一体，融入地区社会经济发展，并通过举办国际国内大型冰雪竞技赛事这一途径，提升了东北地区冰雪旅游品牌、知名度与国际影响力，推动冰雪旅游成为东北地区经济发展的"增长极"，也使东北地区成为中国冰雪旅游的"极核"之一。

20世纪90年代中期以来，以北京为中心的周边地区（泛京津冀地区，包括河北、天津、山西、河南、山东和内蒙古中部）与新疆地区成为继东北地区之外的中国冰雪旅游的后起之秀。泛京津冀地区冰雪旅游起步晚于东北地区，但依托燕山、太行山山地与适宜的冰雪气候资源，优越的区位优势，发达的交通网络，完善的基础设施条件，庞大的近距离客源地市场，京津冀协同发展战略与首都经济圈经济政策的加持，一经兴起就表现出强劲的发展势头。1996年北京周边第一家滑雪场塞北滑雪场建成，之后一大批有代表性的滑雪场，如河北省张家口市崇礼区的多乐美地滑雪场、万龙滑雪场、云顶滑雪场、长城岭滑雪场、太舞滑雪场、北京怀北国际滑雪场、北京军都山滑雪场、天津蓟州国际滑雪场等相继涌现，成为紧邻东北地区的中国滑雪旅游的重要集聚区、国际国内冰雪赛事举办的首选地，因而成为东北地区的有力竞争对手（图5-2）。为满足大众对冰雪旅游上涨的需求，推动滑雪旅游融合发展，2001年伊始，河北省创办了"中国·崇礼国际滑雪节"，北京市创办了"北京怀柔国际滑雪节"等，将发展之初单纯的滑雪逐渐与生态、文化、体育、旅游相互融合，推动冰雪旅游向观光休闲、节庆赛事、运动体验等复合式方向发展。

新疆地区是20世纪90年代中期以来又一个中国冰雪旅游集聚区。新疆位于亚洲大陆腹地，是典型的干旱区和多民族聚居区，又是历史上著名的丝绸之路要道。与东北地区和华北地区不同，新疆既拥有丰富的冰川资源，又拥有广泛深厚的积雪资源，还拥有以"古丝绸之路"为主题的历史文化和47个少数民族的多样民族文化，这为新疆绚烂的冰雪旅游奠定了多彩的底色。新疆阿勒泰地区虽是"人类滑雪最早起源地"（劳伦特·凡奈特，2019），但新疆现代冰雪旅游起步晚。1996年乌鲁木齐周边地区第一家滑雪场新疆阳光滑雪场建成，之后新疆白云国际滑雪场、新疆丝绸之路滑雪场、新疆阿勒泰将军山滑雪场、天山天池国际滑雪场、新疆雪莲山高尔夫灯光滑雪场、维斯特滑雪场等一批著名滑雪场投入运营，成为继东北地区、泛京津冀地区之后的中国第三大滑雪旅游集聚区（刘国民和张彩云，2018）。为激发冬季旅游，1997年新疆首次提出了以冬季冰雪旅游产品与新疆民俗文化旅游相结合的冰雪旅游发展思路，设计推出"新疆冰雪风情游——一张机票游新疆"产品，此后相继

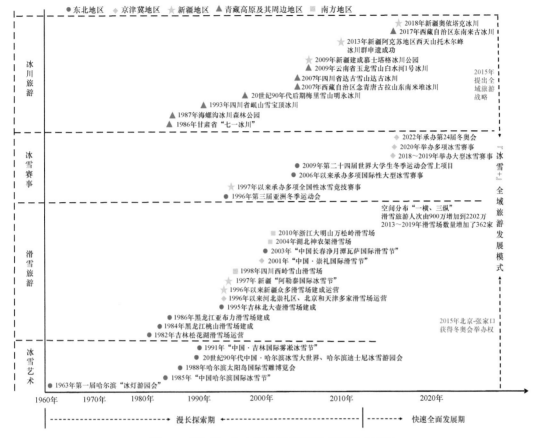

图 5-2　"冰雪 +"全域旅游发展模式的形成过程

推出了"冰雪旅游节""天山天池冰雪风情节""丝绸之路冰雪风情节""冬季博览会""中国西部冰雪旅游节""阿勒泰国际冰雪节"等一系列文化节庆活动,大力推广和宣传新疆冰雪旅游及休闲娱乐项目。与此同时,新疆丝绸之路滑雪场、天山天池国际滑雪场、新疆阿勒泰将军山滑雪场通过承办第十三届冬季运动会、全国大众滑雪邀请赛、全国高山滑雪锦标赛等全国性冰雪竞技赛事,进一步提升了新疆冰雪旅游在中国冰雪旅游行业中的地位。在滑雪旅游高歌猛进之际,新疆凭借其巍巍高山与冰川,加大冰川旅游开发。2009 年在新疆西部塔什库尔干塔吉克自治县、世界著名"冰山之父"的慕士塔格峰裙带下建成慕士塔格冰川公园,2013 年新疆阿克苏地区西天山托木尔峰冰川群与昌吉回族自治州东天山的博格达–天池景区又成功申请成为世界自然遗产,新疆冰川旅游也开始焕发勃勃生机(图 5-2)。

　　相对而言,我国南方地区冰雪资源不足,但依托局部中高山地区较好的自然资源禀赋、巨大的冰雪旅游需求和市场潜力,20 世纪 90 年代末以后,高山滑雪场零星出现在南方地区(图 5-1)。1998 年,四川西岭雪山滑雪场建成,成为中国南方地区规模最大、档次最高、设施最完善的大型高山滑雪场,2004 年湖北建成神农架滑雪场,2010 年浙江建成大明山万松岭滑雪场等。据已有数据,2015 年南方 10 省市(浙江、江苏、四川、重庆、贵州、云南、湖北、湖南、广东、福建）合计只有 69 家滑雪场（伍斌等，2020），约占当年全国滑雪场总数的 12%。

不同于冰雪资源相对缺乏的南方地区，雄踞中国西南的青藏高原及其周边地区是中国冰雪资源范围最大、类型最为齐全的地区。青藏高原地势高亢，平均海拔 4500m 以上，素有"雪域高原"之称，是除北极、南极之外的地球"第三极"，高原面及周边分布有喀喇昆仑山、昆仑山、冈底斯山、喜马拉雅山、唐古拉山、念青唐古拉山、横断山、祁连山等高山，这些高山终年积雪，不仅孕育了为数众多的冰川，成为中国、南亚、中亚大江大河的发源地，也由此缘起了藏文化，成为藏族同胞的精神寄托。皑皑的雪山、多姿的冰川、湛蓝的高原湖泊、一望无垠的高山草甸、茂密的原始森林、云腾雾罩的高山峡谷、汹涌奔腾的江河等自然景观与藏文化、茶马文化和其他少数民族文化等人文景观完美结合，成为人们向往的地方，一生必去的地方之一。尽管高原及其周边冰雪资源丰富，但由于海拔高、空气稀薄，滑雪场主要分布于高原边缘海拔 3000m 以下的地区。至 2015 年西藏无滑雪场，青海省只有 3 家（伍斌等，2020）。高亢地势导致的气候舒适度较差、交通基础设施相对落后、距离客源地市场远等使高原及其周边地区在滑雪旅游方面缺乏优势。但其冰川旅游，令其他地区难以望其项背。1986 年甘肃省"七一冰川"正式对外开放，成为中国首个以冰川为主要吸引物的旅游景点（刘巧等，2006；刘丽敏等，2019），随后，四川甘孜州泸定县海螺沟冰川森林公园（1987 年）、四川省岷山雪宝顶冰川（1993 年）、梅里雪山明永冰川（20 世纪 90 年代后期）、西藏自治区念青唐古拉山东南米堆冰川（2007 年）、四川省达古雪山达古冰川（2007 年）、云南省玉龙雪山白水河 1 号冰川（2009 年）相继得到开发与运营（图 5-1 和图 5-2）。据已有研究，云南省丽江玉龙雪山景区 2007 年接待游客量达到 190 万人次，成为整个丽江地区旅游业的两大组成部分之一（另一部分是丽江古城景区）（王世金等，2008）及支撑旅游业成为丽江地区的主导产业。相较丽江玉龙雪山景区，海螺沟冰川、达古冰川、梅里雪山冰川、米堆冰川景区接待游客量较小，分别为 63.49 万人次（2013 年）、9.05 万人次（2013 年）（王世金等，2019）、5 万人次（2002 年）（伍立群等，2004）、4.5 万人次（2013 年）（马兴刚等，2019），这些景区在当地增加就业、提高生计收入、脱贫致富、促进社会经济发展中发挥了重要作用。中国冰川资源丰富，开发冰川旅游不仅可发挥冰川资源的旅游价值，而且可极大促进西部地区绿色发展。然而，冰川旅游起步晚，开发有限，发展进程缓慢，模式相对单一，在青海、西藏主要为观光游；在海洋型冰川开发较好的四川西部、云南西北部，因融合了温泉、森林、少数民族文化，形成观光 + 度假游。

综上所述，自 20 世纪 60 年代至 2013 年，中国冰雪旅游经历了 50 余年漫长的探索发展。地域上，由东北起源，南展东扩西进至全国各地，形成三足鼎立（东北地区、泛京津冀地区和新疆地区）、高原及其周边地区崛起（青海、西藏、甘肃、四川、云南）与南方全面开花的基本格局。在冰雪资源的开发上，由雪、冰、河湖冰至雾凇、冰川，类型多样化；就冰雪旅游形式而言，由赏冰灯、观雪雕、溜冰场到看雾凇、滑野雪、观赛事、览冰川，产品多元化。冰雪旅游开始或已经融入地区社会经济发展，成为地区经济增长的重要贡献力量。

2）2013 年以来：快速全面发展期

2013 年北京市与河北省张家口市联合，并以北京市名义正式向国际奥委会提出申办

2022 年冬奥会, 2015 年 7 月, 北京、张家口获得 2022 年第 24 届冬奥会主办权, 随后, 国家层面相继出台了《群众冬季运动推广普及计划》《冰雪运动发展规划 (2016~2025 年)》《冰雪装备器材产业发展行动计划 (2019~2022 年)》《冰雪旅游发展行动计划 (2021~2023 年)》等与冰雪有关的一系列政策措施, 中国冰雪旅游迎来前所未有的重大历史机遇, 进入高速发展阶段。在供给侧方面, 滑雪场数量大幅增加, 空间分布上呈现一横 ("三北": 西北、华北和东北) 三纵 (华东、华中和西南)。根据《中国滑雪产业核心数据报告 (2015~2019 年)》(伍斌等, 2020), 2013 年全国有 408 家滑雪场, 2019 年达到历史最多, 为 770 家, 其中, 2015 年一年就迅猛增加了 108 家, 2016 年增幅有所降低, 也达到 78 家。在省级层面, 相较 2015 年, 2019 年增加 10 家以上的省区市有河北、山东、内蒙古、山西、陕西、新疆、湖北、河南和甘肃。其中, 河北增加最多, 达到 21 家, 其次为山西, 17 家, 山东和内蒙古并列为 16 家。除湖北外, 这些省区市均位于北方地区。在大区尺度上, 西北地区增加最多, 达到 50 家, 新疆继续稳坐头把交椅, 陕西与甘肃发展比较亮眼, 宁夏与青海稍逊; 华北地区增幅位列第二, 为 41 家; 在东北地区, 探索期三省 (黑龙江、吉林和辽宁) 滑雪旅游已相对成熟, 2019 年滑雪场增幅小, 三省合计为 19 家, 但东北地区 (这里包括内蒙古) 仍稳居各大区之首, 滑雪场数量总计为 249 家, 整个 "三北" 地区 2019 年滑雪场数量高居 541 家, 占比超过 70%; 纵向空间上, 不论是增加幅度, 还是拥有的滑雪场数量自华东、华中向西南依次减少, 分别为 29 家、26 家、17 家 (增幅); 111 家、70 家、43 家 (滑雪场总数量)。就冰川旅游而言, 这个阶段新增景点仅有西藏自治区昌都市八宿县内的来古冰川 (2017 年) 和新疆维吾尔自治区阿克陶县内的奥依塔克冰川 (2018 年) 两处, 原 "七一冰川"、乌鲁木齐河源 "1 号" 冰川、祁连山西段的透明梦柯冰川、"八一冰川" 景点因水源地保护与生态建设而停止营业。在需求侧方面, 冰雪旅游热情空前高涨, 2013 年总滑雪人次为 900 万, 到 2019 年达到 2202 万, 7 年增加了约 145%。大香格里拉地区 (包括藏东南、滇西北和川西) 冰川旅游火热, 以四川省甘孜州海螺沟冰川景区为例, 2013~2019 年, 旅游人次从 63.49 万跃升至 285.3 万, 增加了约 349%, 旅游综合收入达到 31.38 亿元, 增加了 659.8%。

冰雪旅游的发展不仅为旅游目的地地区创造了可观的经济效益, 而且带动了国产冰雪装备制造业、冰雪赛事服务业、冰雪运动培训服务业、冰雪市场预测与投资咨询业等相关行业的发展, 其从无到有, 日益壮大。以滑雪装备制造业为例, 滑雪场国产脱挂式架空索道由 2015 年的 2 条增长到 2021~2022 年的 33 条, 国产造雪机由 2015~2016 年的 50 台增加到 2019~2020 年的 467 台, 国产压雪车由 2014~2015 年的 8 台增加到 2019~2020 年的 27 台, 尽管 2020 年来暴发了新冠疫情, 但冰雪装备制造并未受到疫情过多的冲击 (Wu, 2022)。

旅游是旅游目的地、游客与旅游路线的三位一体, 就旅游目的地而言, 涉及景观/场地设计、场地/景区设施建设与运营管理、旅游服务等; 就游客层面而言, 涉及食、住、行、游、购、娱、观; 就旅游路线而言, 涉及线下旅行社、社交媒体等。因此, 旅游是囊括设计规划、装备制造业、交通运输业、酒店餐饮业、商业、娱乐业、演出赛事服务、营销业等的多业态聚合体。因此, 在北京冬奥会红利契机下, 通过发展冰雪旅游这一抓手, 使之成为连接产业链, 联动供应链的纽带和核心, 放大冰雪的运动、经济、文化等价值, 服务绿色发展、高质量发展的国家需求，成为新发展格局下擘画冰雪经济的迫切需要。恰时，2015 年国家层面提出了全域旅游。2018 年国务院办公厅印发的《关于促进全域旅游发展的指导意见》(以下简称《意见》) 提出，着力推动旅游业从门票经济向产业经济转变，从粗放低效方式向精细高效方式转变，从封闭的旅游自循环向开放的 "旅游 +" 转变，从企业单打独享向社会共建共享转变，从景区内部管理向全面依法治理转变，从部门行为向政府统筹推进改变，从单一景点景区建设向综合目的地服务转变。在这一《意见》的推动下，各地区发挥各自旅游资源优势，深入挖掘、重组、优化、整合冰雪旅游要素与其他经济社会资源，推进冰雪旅游产业与相关产业融合，逐步形成 "冰雪 +" 全域旅游发展模式 (图 5-2)。

可见，2013 年以来，借助北京冬奥会及其一系列政策措施红利与全域旅游国家政策，中国冰雪旅游不仅实现了 "量" 的跃升，带动了冰雪产业的发展，而且与其他旅游资源、经济社会资源进行深度整合，优化了区域经济结构，推动、促进了区域一体化协调发展。

5.1.3 中国 "冰雪 +" 全域旅游发展模式的机制与架构体系

1. "冰雪 +" 全域旅游发展模式的机制

"冰雪 +" 全域旅游发展模式衍生于全域旅游发展理念，是一种涵盖生态、经济、社会效益多元目标，政府、企业、居民多元主体参与，交通、住建、电信等多部门协调，食住、行游、购娱、学观多产业融合，适应市场、创新开发、注重保护、稳速高质、尊重文化特色的发展模式。该发展模式中，冰雪及其衍生资源是旅游核心吸引物。在全域旅游理念下，以冰雪资源为核心，通过对地方自然 (森林、草地、湖泊、温泉、气象、地质地貌等)、社会 (文化、健康养生、体育、特色村落、历史遗址、民族风俗、节庆等)、经济 (农业、水利、商贸、科教等) 资源要素进行深度挖掘、有机整合、优化提升，形成冰雪 + 自然资源、冰雪 + 文化、冰雪 + 体育赛事、冰雪 + 运动、冰雪 + 康养、冰雪 + 产业等多种旅游发展模式，衍生形成以冰雪为载体的观光、休闲度假、冰雪运动、体育竞技、科普研学、科学探险等多门类跨界旅游产品，提高冰雪旅游吸引能力，赋予冰雪旅游额外附加价值，并以 "冰雪 +" 旅游为引领，多元主体参与、多部门协调，优化管理与服务，带动地方多产业融合发展，形成 "1+1＞2" 的协同效应，实现多目标、效益优化 (图 5-3)。

2. "冰雪 +" 全域旅游发展模式的体系构成

纵观中国冰雪旅游几十年的发展历程，不论是东北地区、泛京津冀地区、新疆地区，还是青藏高原及其周边地区，都有一条清晰的发展主线，那就是从单一产品向多产品有机组合，从单一模式趋向复合模式。事实上，冰雪全域旅游的雏形在 20 世纪 90 年代中后期已经出现，2015 年北京冬奥会申办成功与全域旅游国家政策的提出，从宏观战略引领与实操政策经济的两方面叠加驱动，"冰雪 +" 全域旅游模式快速形成。

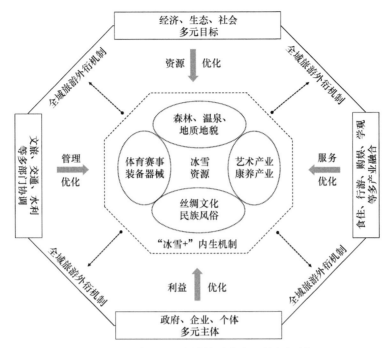

图 5-3　"冰雪＋"全域旅游内生－外衍机制

　　相较其他地区，东北地区冰雪旅游起步早，发展历时较长，以冰雪为核心的相关产业更为成熟，形成了冰雪＋艺术产业、冰雪＋体育产业、冰雪＋康养产业、冰雪＋装备制造产业、冰雪＋美食产业、冰雪＋研学/素拓等冰雪旅游发展模式。黑龙江省亚布力滑雪度假区是该模式的典型代表，区内以滑雪为核心吸引物，同时开发出雪雕、冰雕等艺术产业，森林温泉、度假村等康养产业，熊猫馆、雪山水世界等主题公园，同时滑雪装备器械产业也纷纷入驻，从而在冰雪旅游带动下实现多产业融合发展。

　　凭借优越的区位条件与北京冬奥会的带动，京津冀地区已成为中国乃至世界冰雪体育赛事中心，2018～2019 年举办了国际、国内不同级别赛事，并协办了京津冀青少年滑雪比赛与京津冀越野滑雪挑战赛，2020 年在翠云山银河、万龙、富龙、长城岭、云顶、太舞、多乐美地等滑雪场举办了多项冰雪赛事，2022 年更是承办了第 24 届北京冬奥会的各种冰上、雪上项目（图 5-4）。而且在北京冬奥会影响下，在休闲度假游方面，通过建设冰雪小镇，形成赛事型、度假养生型、运动休闲型特色模式；通过开展世界公园冰雪嘉年华、建设冰雪乐园，并与自然森林生态公园相结合，形成冰雪＋景观观赏＋娱乐活动模式；在文化方面，挖掘已有古都文化、草原文化、长城文化等，并与奥运会带动形成的双奥文化结合，形成冰雪＋文化模式；近年来研学游兴起，京津冀地区凭借冬奥遗产与日益开展的冰雪运动教育，形成了冰雪＋研学模式；冰雪装备方面，从无到有，陆续建成了北方军民融合山地冰雪装备产业园、京张奥卡宾冰雪产业园、张家口高新区冰雪运动装备产业园等，形成了冰雪＋装备器械服装制造业模式。京津冀地区冰雪旅游虽然具有与其他地区共性的发展模式，如冰雪＋体育、冰雪＋自然景观、冰雪＋研学、冰雪＋装备制造等，但其冰雪体育赛事及其相关旅游产品尤具特色（图5-4）。张家口崇礼区是这种模式的典型代表，该区是闻名遐迩的冰雪体育赛事旅游目的地，多次举办国际顶级滑雪赛事及国内外大众滑雪赛事，围绕着冰雪体育赛事，崇礼区形成了冰雪＋体育赛事、冰雪＋装备器械、冰雪＋度假休闲、冰雪＋冬奥研学等冰雪体育赛事发展模式。

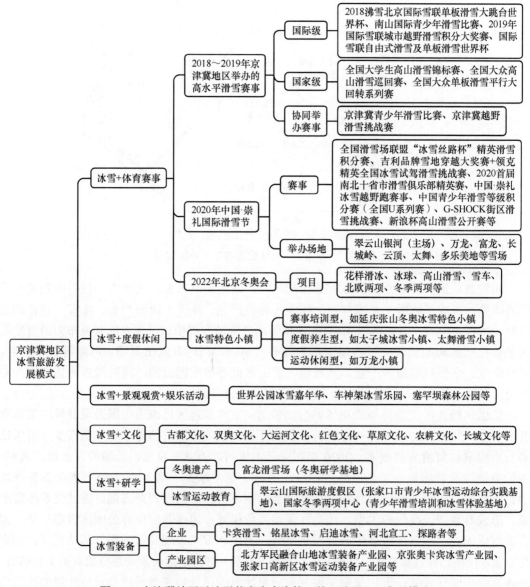

图5-4 京津冀地区以冰雪体育赛事为核心的"冰雪＋"发展模式

与中国其他地区不同，高山冰雪＋绿洲＋荒漠的这种景观格局构成了西北地区冰雪旅游的基调，自古丝绸之路要道形成的丝路文化融合其他少数民族文化、红色文化等（范丹丹，2019），成为冰雪旅游的"魂"。在此基础上，西北地区冰雪旅游形成了冰雪＋民族体育、冰雪＋文物古迹、冰雪＋民族风俗、冰雪＋大漠风光、冰雪＋西域风情、冰雪＋文化节庆等发展模式，概言之为陕甘宁新冰雪–丝绸之路文化发展模式。内蒙古自治区东西跨度大，其西部不论是生态景观，还是文化，更贴近西北地区，故将其归入陕甘宁新冰雪–丝绸之路文化发展模式。该模式突出了丝绸文化、民族文化、地域文化等与冰雪旅游的有机融合，赋予了冰雪旅游文化内涵，挖掘了冰雪旅游文化价值，从而使之区别于东北、华北、西南等地的冰雪旅游发展模式。乌鲁木齐市是这一模式的典型代表。乌鲁木齐自身拥有丰富的冰雪资源，加之其本身处于丝绸之路经济带核心区，有着浓郁的丝绸文化和民族文化，现已形成以乌鲁木齐为中心的"丝绸之路＋冰雪旅游＋民族风情"特色旅游产品组合，并推出"丝绸之路冰雪风情节"等文化节庆，同时联动周边吐鲁番、石河子、五家渠、阜康、奎屯、昌吉，形成城市旅游圈协作联动、共同发展的态势。

青藏高原地势高亢，气候寒冷，高山终年积雪，山地冰川广布，冻土生境孕育了高寒草甸、高寒草原，适应高寒环境为恶劣环境增添灵动与生机的野生动物，与古已有之自然崇拜的藏文化，使其充满神秘色彩。因此，以冰雪为核心，在高原形成了冰雪＋天气气象、冰雪＋草甸＋湖泊＋河流＋野生动植物自然景观、冰雪＋经幡＋玛尼堆人文景观、冰雪＋藏文化、冰雪＋科考等自驾探险、观光游览模式。

就地理位置而言，四川、云南属于南方地区，但四川西部与云南西北部为青藏高原东南缘横断山脉的岭谷地区，该地区与藏东南一起被称为大香格里拉地区（刘巧等，2005，2006），四川和云南两省的野外滑雪场主要位于该区，故下文的南方地区不包括四川西部和云南西北部。在大香格里拉地区，虽然有诸如西岭雪山国家级滑雪旅游度假胜地，但冰川资源具有"四季常青"的特点，赋予了该地区具有其他冰雪旅游地无可比拟的吸引力。以冰川资源为核心，大香格里拉地区形成了冰川＋古城、冰川＋温泉＋康养、冰川＋宗教景观、冰川＋科考＋科普＋研学等休闲度假模式。四川省甘孜州海螺沟冰川景区是我国典型的冰川旅游地，通过挖掘和组合区内森林、温泉、地质地貌、民族文化、红色文化等旅游资源，同时衍生出观光、科考、科普、研学、康养、度假等多种功能，并积极创办国家级度假区，从而形成以冰川为核心打造的多资源多功能的观光度假模式。

南方地区缺冰少雪，又无冰雪文化基础，但受益于北京冬奥会成功申办、举办和"三亿人参与冰雪运动"的政策指引，以及人工造雪、造冰科技的发展，一方面，依托局部中高山地区较好的自然资源禀赋，打造了如湖北神农架国际滑雪场、浙江安吉云上草原滑雪场、安徽大别山滑雪场等室外滑雪场；另一方面在巨大市场、强大资金和科技支撑下，涌现了大批如上海梦幻冰雪乐园、无锡融创雪世界、广州融创雪世界、长沙湘江欢乐城冰雪世界等室内滑雪场、滑冰场与冰雪主题乐园。切中游客猎奇、体验、休闲度假需求，通过与科技、创意融合，南方地区走出了一条山地室外与大都市室内相结合的冰雪旅游发展道路，形成冰雪＋景观赏雪、冰雪＋运动、冰雪＋科技、冰雪＋民宿、冰雪＋创意等休闲体验模式。神农架位于湖北西北部，冬天雪质蓬松、少风少雾，有利于滑雪，是华中地区最大规模滑雪场集群，依托机场与高铁打造"两小时冰雪旅游圈"，成为南方冰雪休闲体验发展模式的示范"高地"。

综上所述，中国冰雪旅游具有明显的地域性，东北地区冰雪资源得天独厚，冰雪文化源远流长，冰雪旅游形成内涵丰富的冰雪产业发展模式；以京津冀都市圈为内核，以内蒙古中部、山西、河南和山东为外环构成的泛京津冀地区，在北京冬奥会的带动下形成以冰雪体育赛事为核心的"冰雪＋"发展模式；西北地区的陕甘宁新与蒙西依托悠久的丝路文化，形成冰雪–丝绸之路文化发展模式；青海–西藏雪域高原，海拔高，景观具有原真性、多样性与稀缺性，形成自驾探险与观光模式；大香格里拉地区发育众多海洋型冰川，是中国最佳冰川旅游目的地，形成冰川观光度假模式；南方地区依托资金、科技、创意，形成室内外互补的冰雪休闲体验发展模式（图 5-5）。这六种发展模式组成了中国"冰雪＋"全域旅游发展模式的架构体系。

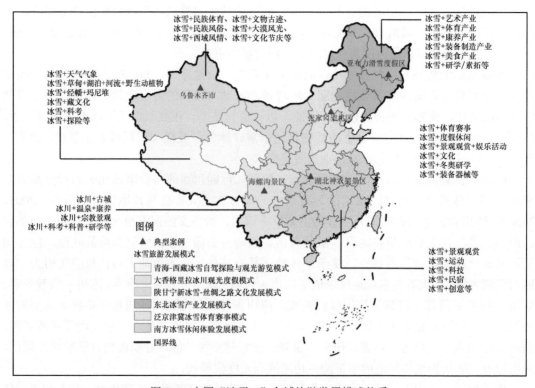

图 5-5　中国"冰雪＋"全域旅游发展模式体系

5.1.4　中国冰雪旅游发展面临的冲击与应对建议

1. 面临的冲击

中国冰雪旅游发展面临气候变化、全球疫情、市场竞争等多重冲击。

冰、雪是天气气候的产物，其存在、分布极易受气候变化影响，具有高度敏感性与脆弱性。过去 20 年，中国稳定积雪区面积无显著变化趋势，但受气温上升影响，青藏高原、新疆、东北–内蒙古三大主要积雪区积雪日数呈显著下降趋势（钟镇涛等，2018；刘一静等，2020），而且随着气候持续变暖，未来中国大部分地区积雪开始的时间推迟，积雪结束的时间将提前（石英等，2010），融雪时间有所提前（刘一静等，2020）。积雪日数显著减少的同时，近几十年中国平均年降雪量总体也呈弱的减少趋势，但新疆北部和东北北部地区降雪量在增加，且发生了由少雪到多雪的突变（孙秀忠等，2010），表明这两地区将可能进入多雪期。就冰川而言，过去几十年中国青藏高原及其毗邻地区、西北诸高山区的山地冰川均表现出加速消融的失衡状态（姚檀栋等，2019；Miles et al.，2021；李耀军等，2021；Su et al.，2022），且这种变化具有不可逆性（效存德等，2022）。由于亚洲高山区温升幅度高于全球平均水平，致使在 SSP2-4.5 和 SSP5-8.5 两种情景下至 21 世纪末冰川积累区面积显著减少，届时除天山、帕米尔高原和喜马拉雅山高山区外，其他地区冰川积累区都将消失（段克勤等，2022）。积累区消失，冰川得不到物质补充而处于完全融化状态，并加速消融直至消亡。

疫情是中国冰雪旅游发展的又一个冲击。2013 年以来正当中国冰雪旅游在北京冬奥会契机下迅猛发展之际，2020 年 1 月新型冠状病毒疫情暴发。之后，受疫情影响，仅 2020 年全国运营滑雪场数量就急剧减少了 55 家，尽管近几年有新增，但 2021～2022 雪季财年[①] 实际运营的滑雪场数量（692 家）仍比 2019 年（770 家）少了 78 家。不仅滑雪场数量减少，相较 2019 年，2020 年滑雪人次也断崖式下降了近一半，近两年又回升，2021～2022 雪季财年总滑雪人次达到 2154 万人（伍斌和魏庆华，2016）。同样，冰川旅游也受疫情影响较大，以海螺沟冰川景区为例，2020 年该景区旅游人次下降了 33.2%，尽管 2021 年有所回升，但仍未恢复到 2019 年的水平。

除了气候变化、疫情之外，市场竞争、冰雪科技是冰雪旅游发展面临的新的冲击。以黑龙江滑雪旅游为例，黑龙江省是中国冰雪旅游的发源地，2019 年该省拥有 124 家滑雪场，在中国滑雪旅游界独占鳌头，但是到 2021～2022 雪季财年黑龙江处于营业或间歇性营业的滑雪场只有 79 家，45 家停业，这在全国也是独一无二。究其原因有四：①在北京冬奥会红利下滑雪场数量扩张过快；②泛京津冀地区、南方地区滑雪旅游兴起，成为黑龙江滑雪旅游的竞争对手，滑雪无须再去黑龙江；③冰雪科技的发展、冰雪创意的融合，使室内滑雪、冰雪娱乐蔚然成风，游客既无须受室外寒冷，又能尽情享受冰雪游玩的乐趣；④新冠疫情的反复影响。以上诸因素既减少了远距离游客，又减少了近距离游客，致使滑雪场经营难以为继。对于中国总体冰雪旅游而言，冰雪科技发展极大消解了冰雪旅游的地区性与季节性，增加了冰雪旅游产品的多样化与游客的个性化选择机会，提升了冰雪旅游的科技感与体验感，有利于中国冰雪旅游的提档升级，但对诸如黑龙江省等局部地区而言，冰雪科技可能会对其造成一定的影响。

综合而言，近几十年积雪日数减少，积雪开始时间推迟，结束日期提前，雪季（9 月至次年 5 月）缩短，降雪量减少，加之气候变暖，对滑雪场造雪和雪道维护造成很大困扰，增加了其维护运营成本，同时疫情反复，在疫情防控形势严峻的地区和时段，冰雪旅游市场严重受限，加之中国冰雪旅游"遍地开花"，加大相互之间的竞争，尤其是冰雪科技与冰雪创意发展，室内滑雪馆、冰雪乐园等成为一种新的发展趋势，致使传统地区的冰雪旅游受到很大冲击。气候持续变暖，山地冰川加速消融，面积<1.0km² 的小冰川（约占冰川总条数的 80%）（刘时银等，2015）将在数十年后消亡，依托这些小冰川资源的冰川旅游未来将成为历史，而在本世纪乃至下个世纪有可能存在的大冰川是重要的潜在旅游资源，未来

---

① 雪季财年，一般指每年 5 月 1 日至次年 4 月 30 日。

随着大冰川消融，冰川旅游的稀缺性将进一步凸显。

2. 应对建议

冰雪旅游是冰雪经济的核心引擎，其受到长期气候变化、疫情、市场竞争、冰雪科技等的多重冲击，如何降低不利影响，同时遵循市场规律，助推冰雪旅游发展，最大化发挥冰雪旅游在国家近中期发展中的增长极作用，冰雪旅游到了"忍痛割肉"做出大调整的时候，作者提出以下几点建议。

（1）建立多元主体参与的规划决策机制。不同于其他生态景观，冰雪景观对气候变化更为敏感，气候变化会直接影响冰雪的消融期，由此会影响其美学形态（的维持），雪道和冰场等的可使用时间。因此，应建立由科学家、企业家、政府官员等主体参与的中国冰雪资源利用委员会，从气候变化、经济社会发展需求、市场投资、运营管理等多视角、全方位、系统化对冰雪旅游进行不同空间尺度、不同上下层级的设计、规划，因地制宜科学布局冰雪旅游项目。

（2）平衡利用冰、雪资源，适度开发冰川旅游资源，挖掘冰雪文化资源，发掘冰雪科技类资源。尽管自然雪资源的利用期只有3～5个月，但人工造雪技术进一步延长了雪资源的利用时间，而且雪资源的开发，尤其是滑雪旅游的发展形成了更长产业链。然而，室外滑雪场的高投资、滑雪旅游的高消费性使大多数滑雪场难有高收益。因此，在后北京冬奥会时代，滑雪旅游的发展要充分考虑北京冬奥红利衰减、气候变化、市场竞争、冰雪创意等多种因素的影响。另外，尽管冰川资源的利用期长，但目前开发运营的冰川景区屈指可数，仅为十多家。在气候变暖背景下，即使人类不利用冰川的旅游资源价值，其也会自然消亡掉。因此，在处理好保护与发展关系的基础上，国家要重视、鼓励、引导冰川旅游资源的适度开发。再者，要深入挖掘冰雪文化资源与科技资源，增加传统冰雪旅游的文化内涵与科技感，提升旅游档次与品位。

（3）走综合发展道路，增强冰雪旅游业抗风险的韧性。从气候变化、疫情对全国冰雪旅游的影响可见，中国冰雪旅游的抗风险能力较低。鉴于中国国土广袤，空间回旋余地大，因此要兼顾发展滑雪旅游与冰川旅游，科学布局室内游与室外游，做到"东边不亮西边亮，北边不亮南边亮，室外不亮室内亮"，反之亦然。此外，应整合商业、地产、娱乐、休闲度假等多要素和多行业，发展冰雪小镇、大型旅游度假区，做大做强冰雪旅游，使中国成为亚洲，乃至世界冰雪旅游胜地。

5.1.5 小结

在北京冬奥会举办与带动三亿人参与冰雪运动的一系列政策措施契机下，"冰天雪地"正在转化成"金山银山"，成为地区与国家绿色转型升级发展的重要抓手，以冰雪旅游为核心的冰雪经济日益凸显其作用。然而，发展层面上，目前的冰雪旅游偏重滑雪旅游与冰雪运动，对冰川旅游重视不够；研究层面上，日益侧重市场、产业、经济效益等。本节基于旅游系统思想与旅游地理学思想，探究了冰雪旅游的概念，详细分析了中国冰雪旅游发展的历史经纬,阐明了中国"冰雪 +"全域旅游发展模式的形成过程,解析了"冰雪 +"全域旅游发展模式的机制与架构体系,剖析了中国冰雪旅游发展面临的冲击,并提出了应对建议。

(1)冰雪旅游是以自然与人造冰雪资源为基础,以冰、雪自然景观及其产生的所有人文景观为旅游吸引物而开展的旅游活动或项目。根据吸引物的不同,可将冰雪旅游分为冰雪观光、冰雪运动、滑雪旅游、冰川旅游、冰雪艺术品欣赏、冰雪娱乐等形式。

(2)50 余载长期探索,北京冬奥会申办、举办,一系列政策措施红利,全域旅游发展政策的叠加驱动,使中国冰雪旅游形成"冰雪 +"全域旅游发展模式。它以冰雪资源为核心,政府、企业、居民多元主体参与,交通、科技、住建、电信等多部门协调,通过深度挖掘自然、社会、经济等资源要素,有机整合、优化提升,并与食、住、行、游、购、娱、学、观、造多产业融合,从而实现生态、经济、社会效益多元目标。

(3)中国"冰雪 +"全域旅游发展模式地区差异显著。东北地区冰雪文化根基深厚,冰雪旅游形成内涵丰富的冰雪产业发展模式;泛京津冀地区在北京冬奥会的带动下形成以冰雪体育赛事为核心的"冰雪 +"发展模式;陕甘宁新蒙西形成以丝路文化为特色的冰雪–丝绸之路文化发展模式;青藏高原景观具有原真性、多样性与稀缺性,形成自驾探险与观光模式;依托海洋型冰川与"中国最美地方"的口碑,大香格里拉地区形成冰川观光度假模式;南方地区依托资金、科技、创意,形成室内外互补的冰雪休闲体验发展模式。这六种发展模式组成了中国"冰雪 +"全域旅游发展模式体系。

(4)中国冰雪旅游发展面临气候变化、市场竞争等双重冲击,建议建立多元主体参与的规划决策机制,平衡利用冰、雪资源,适度开发冰川旅游资源,挖掘冰雪文化资源,发掘冰雪科技类资源;走综合发展道路,增强冰雪旅游业抗风险的韧性,做大做强冰雪旅游,使中国成为亚洲,乃至世界冰雪旅游胜地。

5.2 基于大数据的冰川旅游目的地形象

5.2.1 数据与研究方法

1.数据及其来源

冰川旅游目的地形象研究主要以游客在线评论大数据为核心,辅之文化距离、地理距离、经济距离和制度距离数据,具体见表 5-2。

表 5-2 数据及其来源

数据名称	数据类型	数据来源	时间尺度	数据量
游客在线评论数据	文本数据	TripAdvisor	2003~2022 年	138 709 条评论
		携程网	2015~2022 年	15 502 条评论
		去哪儿网	2002~2022 年	7 625 条评论
		穷游网	2004~2022 年	11 307 条评论
		大众点评网	2009~2022 年	23 954 条评论

数据名称	数据类型	数据来源	时间尺度	数据量
文化距离数据	社会经济数据	Hofstede 文化距离	2010 年	—
地理距离数据	社会经济数据	高德地图 API	2022 年	—
经济距离数据	社会经济数据	世界银行 GDP 数据	2021 年	—
制度距离数据	社会经济数据	全球治理指标体系 WGI	2021 年	—

1）文本数据

文本数据为游客在线评论大数据，主要来源于各大旅游服务平台。全球尺度的冰川游客评论来自 TripAdvisor 平台，基于部分研究提供的全球冰川清单及冰川旅游地清单（秦大河等，2016；Wang et al.，2020；Salim et al.，2021），并使用 "glacier" "snow mountain" 作为关键词在 TripAdvisor 平台进行检索，通过编写的 Python 爬虫程序进行爬取，最终获得来源于 16 个国家的 107 个冰川旅游目的地游客评论。爬取的字段包括 "username" "hometown" "comments" "date" "score"，删除部分内容过少及信息不全评论，最终共获取 138 709 条冰川游客有效评论。该评论集最早评论发布于 2003 年 7 月，最新评论发布于 2022 年 6 月。中国冰川旅游目的地游客评论爬取自携程网、去哪儿网、穷游网及大众点评网，其均是中国知名的旅游服务平台或点评平台。同样基于已有的冰川旅游地清单，以 "冰川旅游" "冰川" "雪山" 为关键词进行检索，最终获取了来自西部 6 个省区共 35 个冰川旅游目的地的游客评论。爬取字段包括用户名、评论时间、评论内容以及评分，去除重复评论、内容或信息过少评论后，共获取有效评论 58 388 条。该数据集最早评论发布于 2002 年 2 月，最新评论发布于 2022 年 10 月。

2）社会经济数据

社会经济数据主要包括文化距离、地理距离、经济距离和制度距离数据，主要用于分析多重距离对冰川游客评论情感值的影响。文化距离测度参考 Hofstede 的文化维度理论（Hofstede and Minkov，2010），该理论将文化划分为权利距离、不确定性规避、个人主义/集体主义、男性化/女性化、长期定位/短期定位、放纵/约束。冰川旅游客源国与目的地国的六个文化维度数据均来源于 Hofstede Insights 网站（https://www.hofstede-insights.com/）。地理距离数据主要通过调用高德地图 API 批量获取冰川游客居住地经纬度，然后根据客源地与目的地经纬度，基于 Haversine 公式计算出两地的地理距离。经济距离数据由客源国与目的地国的 GDP 之差计算得出。制度距离采用全球治理指标体系，包括话语权和问责制、政治稳定和无暴乱、政府效能、监督质量、法制以及腐败控制六个维度。

2. 研究方法

1）文本情感分析

文本情感分析又称评论挖掘或意见挖掘，是指通过计算机技术对文本的主客观性、观点、情绪、极性的挖掘和分析，并对文本的情感倾向做出分类判断（杨立公等，2013）。利用对旅游网站用户评论信息的情感挖掘和分析，景区管理者可以就游客反馈的潜在信息，改进产品、提高服务、改变营销策略、制定发展战略等,从而占据竞争优势。另外,游客也可根据这些信息进行出游计划的制定与修改,优化游玩路线。

如图 5-6 所示,文本情感分析过程主要基于已爬取的游客评论进行,首先是文本预处理,主要包含去除标点符号、分词以及加载停用词等。然后,将预处理后的文本数据构建文本语料库,并匹配情感词典,从而获取词汇的情感值,并计算每句情感值。最后,依据情感值大小判断该条评论的积极性。文中英文文本情感分析基于 Python 的 TextBlob 库,中文文本情感分析基于 SnowNLP 库进行。

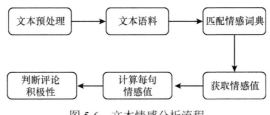

图 5-6　文本情感分析流程

2)潜在狄利克雷分布主题模型

潜在狄利克雷分布(latent Dirichlet allocation,LDA)是一种用于处理文本数据的生成概率模型,将文本表示为潜在主题上的随机混合,其中每个主题都由词的分布来表征(Blei et al.,2003)。使用 LDA 主题模型可以从大量非结构化文本大数据中发现潜在主题(Guo et al.,2017),从而有助于我们构建冰川旅游地形象。这些潜在主题需要研究人员命名,通常参考主题概率最大主题词,由一名研究人员执行,另一名研究人员确定。图 5-7 为改编自 Blei 等的 LDA 模型表示(Blei et al.,2003)。图中,α 表示第一个文档–主题的狄利克雷分布,从 α 中得到文档的主题分布 θ(多项式分布),从 θ 中可以得出一系列主题 Z。β 表示主题–单词的狄利克雷分布,从 β 中取样生成主题 Z 对应的词语分布 φ(多项式分布),最终结合 Z 和 φ 生成词语 W。每个主题中提取一个单词,连接这些单词可得到文档,重复多次,生成语料库的大量文档。最后,与原始文档进行比较,以找出狄利克雷分布中点的最佳分布方式。

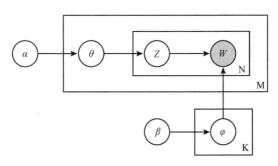

图 5-7　LDA 模型表示

由于在实际情况中,主题在文档中的分布和单词在主题中的分布并不都是先验的,只有文档是被观察到的,因此,隐藏变量和观察变量之间的联系是用式(5-1)表示的联合分布。

$$P(W,Z,\theta,\varphi;\alpha,\beta)=\prod_{j=1}^{M}P(\theta_j,\alpha)\prod_{i=1}^{K}P(\varphi_i,\beta)\prod_{t=1}^{N}P(Z_{j,t}|\theta_j)P(W_{j,t}|\varphi Z_{j,t}) \qquad (5\text{-}1)$$

式中，α 为文档–主题的狄利克雷分布；β 为主题–单词的狄利克雷分布；θ_j 为文档 j 中主题的分布，共 M 个文档；φ_i 为主题 i 中单词的分布，共 K 个主题；$Z_{j,t}$ 为在文档 j 中第 t 个单词的主题分配，共 N 个词；$W_{j,t}$ 为在文档 j 中第 t 个单词。Python 中的 scikit-learn 库可以轻松实现 LDA 建模，但在此之前需要确定 alpha、beta、n_topics（主题数）以及 n_iter（迭代次数）四个主要参数的值。语料库级别的超参数 alpha(α) 和 beta(β) 会直接影响 LDA 结果，较小的 alpha 值意味着每个评论的维度更少，而较小的 beta 值会导致每个维度的单词更少。困惑度（perplexity）代表所训练的模型对文档 d 属于哪个主题的不确定性，困惑度越低则说明模型效果越好（Blei et al.，2003）。因此，选择困惑度作为 α、β 和 n_topics 参数值确定的依据。参考 Taecharungroj 研究经验，alpha 将在 1 与 0.1 中选择，beta 在 0.1、0.01 与 0.001 中选择（Taecharungroj，2022）。对于主题数确定，一方面要求有更多主题数，以保证所提取的目的地形象更加全面；另一方面，要求困惑度更低。最终，文中将 LDA 模型核心参数 alpha 设置为 1，beta 设置为 0.1，n_iter 设置为 2000 以保证结果收敛。

3）显著性效价分析

显著性效价分析（salience and valence analysis，SVA）是 Taecharungroj 和 Mathayomchan（2019）开发的诊断工具，用于识别每个形象的重要程度和情感色彩（积极或消极）。其中，某一形象的显著性以该形象的游客评论总数表示，效价则由该形象积极评论数减去其消极评论数，然后除以该形象评论总数

$$形象效价 = \frac{积极评论数 - 消极评论数}{评论总数} \qquad (5\text{-}2)$$

前述的文本情感分析能计算出每条评论的情感值，并将其划分为积极评论或消极评论。据此，可根据 LDA 主题模型所提取的形象来计算其效价，并结合该形象的重要性，识别出目的地的优势形象和劣势形象，以便于旅游管理者优化管理。

4）多元线性回归分析

多元线性回归分析是根据因变量与多个自变量的实际观测值建立多元回归方程，从而分析各自变量对因变量的综合线性影响情况的一种数理统计方法（冷建飞等，2016），已在社会、经济以及众多自然科学领域研究中被广泛应用。多元线性回归表达式一般为

$$Y = \alpha_0 + \beta_1 X_1 + \beta_2 X_2 + \cdots + \beta_n X_n + \varepsilon \qquad (5\text{-}3)$$

式中，Y 为因变量；α_0 为常数项系数；β_1，β_2，$\cdots$，β_n 为回归系数；X_1，X_2，$\cdots$，X_n 为自变量；ε 为均值为零，方差为 $\sigma^2 > 0$ 的不可观测的随机变量，即误差项。本节主要使用多元线性回归模型分析多重距离对游客评论情感值的影响，并检查各种距离对评论情感值的影响是否存在交互作用。

5）决策实验室法

决策实验室（decision-making trial and evaluation laboratory，DEMATEL）法是复杂网络理论中一种基于图论与矩阵工具进行系统因素重要程度分析的方法（Lin and Tzeng，2009），能够通过分析系统内部各要素之间的关系，从而计算得出各要素的影响度与被影响度、原

因度与中心度。其计算首先通过系统各要素间的比较得到直接影响矩阵 O，然后使用行和最大值法进行归一化处理，并得到规范化矩阵 N，基于矩阵 N 通过式（5-4）计算得出综合影响矩阵 T，最后影响度 D_i、被影响度 C_i、中心度 M_i 和原因度 R_i 分别通过以下公式计算得出

$$T = N(I - N)^{-1} \tag{5-4}$$

$$D_i = \sum_{j=1}^{n} t_{ij} \quad (j = 1, 2, 3, \cdots, n) \tag{5-5}$$

$$C_i = \sum_{i=1}^{n} t_{ji} \quad (i = 1, 2, 3, \cdots, n) \tag{5-6}$$

$$M_i = D_i + C_i \tag{5-7}$$

$$R_i = D_i - C_i \tag{5-8}$$

式中，影响度 D_i 为因素 F_i 所对应行的行和；被影响度 C_i 为因素 F_i 所对应列的列和。

5.2.2 全球冰川旅游目的地形象评估

1. 研究方法

表 5-3 展示了爬取自 TripAdvisor 上的全球 107 个冰川旅游目的地，可以看出，除北极、格陵兰岛、俄罗斯北极地区、北亚、高加索地区以及南极外，所爬取的冰川旅游评论在其他区域均有分布，其中以美国、加拿大、阿根廷、冰岛、瑞士等国家分布最多。值得注意的是，尽管阿尔卑斯地区其冰川覆盖面积远小于上述其他地区，但其冰川旅游目的地数量多，冰川旅游发展水平高，主要得益于广阔的欧洲市场、相对便捷的交通以及冰川滑雪等衍生旅游项目的吸引。

表 5-3 全球冰川旅游目的地目录

名称	国家	评论数（条）	名称	国家	评论数（条）
鸦爪冰川	加拿大	79	瓦特纳冰川	冰岛	155
沛托湖	加拿大	2 423	布里克斯达尔冰川	挪威	686
哥伦比亚冰原	加拿大	8 997	博雅布林冰川	挪威	79
阿萨巴斯卡冰川	加拿大	757	加尔赫峰	挪威	147
伊迪丝·卡维尔山	加拿大	555	尼加斯布林冰川	挪威	196
天使冰川	加拿大	76	砖石沙滩	冰岛	438
雷尼尔山	美国	2 097	杰古沙龙冰湖	冰岛	164
霞飞湖	美国	384	冰川泻湖	冰岛	3 947
圣玛丽冰川	美国	371	朗格冰川	冰岛	90
杰克逊冰川	美国	73	米达尔斯冰原	冰岛	287
格林内尔冰川	美国	1 107	瓦尔·罗斯山谷	瑞士	186
隐湖	美国	660	南针峰	法国	7 839

名称	国家	评论数（条）	名称	国家	评论数（条）
冰山湖	美国	530	博松冰川	法国	317
六冰川平原	加拿大	321	莱斯阿尔卑斯 2 号	法国	1 546
加里波第湖	加拿大	149	莱斯大山	法国	390
鲑鱼冰川	加拿大	99	夏蒙尼勃朗峰	法国	1 401
索耶冰川	美国	2 847	布兰奇山谷	法国	388
门登霍尔冰川	美国	8 773	冰川 3000	瑞士	476
冰川湾	美国	1 260	戈尔内格拉特峰	瑞士	3 897
哈伯德冰川	美国	1 358	少女峰	瑞士	2 774
岩石冰川	加拿大	110	马特洪峰	瑞士	5 885
沃斯顿冰川	美国	421	莫尔特拉茨冰川	瑞士	365
哥伦比亚冰川	美国	201	铁力士雪山	瑞士	2 472
威廉王子湾	美国	433	罗纳冰川	瑞士	236
马塔努斯卡冰川	美国	459	萨斯费滑雪胜地	瑞士	363
波蒂奇冰川	美国	1 306	马尔莫拉达山	意大利	550
熊冰川	美国	90	帕索德尔托纳莱滑雪胜地	意大利	229
出口冰川	美国	2 559	罗莎高原	意大利	98
霍尔盖特冰川	美国	243	楚格峰	德国	3 334
格鲁温克冰川	美国	174	阿莱奇冰川	瑞士	347
维德玛冰川	阿根廷	88	仙女峰	瑞士	392
特罗纳多山	智利	4 219	费尔施·埃基斯峰	瑞士	73
纳塔莱斯港	智利	153	达赫施坦冰川	奥地利	225
探索者冰川	智利	170	格洛克纳山	奥地利	459
灰色冰川	智利	1 996	图克斯冰川	奥地利	569
圣拉斐尔湖	智利	240	考内塔尔冰川	奥地利	93
帕斯托鲁里冰川	秘鲁	693	基兹特因霍恩山	奥地利	1 264
卡帕里湖	阿根廷	587	自然冰宫	奥地利	243
拉古纳·托雷	阿根廷	1 227	皮茨塔尔冰川滑雪胜地	奥地利	136
奥涅利冰川	阿根廷	86	斯图拜冰川	奥地利	1 272
佩里托莫雷诺冰川	阿根廷	20 647	蒂芬巴赫冰川	奥地利	58
乌萨拉冰川	阿根廷	3 018	海螺沟冰川	中国	223
黑色冰川	阿根廷	321	玉龙雪山	中国	841
塞罗·菲茨·罗伊	阿根廷	2 210	梅里雪山	中国	133
惠穆尔冰川	阿根廷	470	钱丹瓦里	印度	710
白石冰川	阿根廷	137	索纳马格	印度	1 100

名称	国家	评论数（条）	名称	国家	评论数（条）
斯佩加齐尼冰川	阿根廷	931	塔吉瓦斯冰川	印度	216
文琪奎拉冰川	阿根廷	171	戈京湖	尼泊尔	93
马舍尔冰川	阿根廷	3 450	奥拉基库克山	新西兰	1 123
阿根廷湖	阿根廷	3 826	福克斯冰川	新西兰	951
斯卡夫塔费尔冰川	冰岛	841	弗兰兹·约瑟夫冰川	新西兰	2 997
斯奈费尔冰川	冰岛	227	穆勒冰川湖	新西兰	899
索尔马黑冰川	冰岛	525	塔斯曼冰川	新西兰	72
斯维纳费尔冰川	冰岛	140			

冰川分布受地理环境的严格制约，因此全球冰川旅游目的地分布十分不均。为保证全球冰川旅游目的地形象的完整性、全面性和代表性，防止受游客对旅游目的地评论过多或评论过少的影响，本节以国家为单位，分别对各国冰川旅游目的地游客评论进行形象提取。使用 LDA 模型时，一方面要求有更多主题数，以保证提取的形象更加全面；另一方面，要求困惑度更低。参考 Wang R 等（2019）确定主题数的方法，最终将游客评论数小于 1000 条的样本主题数设置为 5，游客评论大于 1000 条的样本主题数设置为 11 时，总体困惑度最小。最后对 16 个国家的冰川旅游目的地形象进行汇总（表 5-4），从而得到全球冰川旅游目的地总体形象（表 5-5）。

表 5-4 各国冰川旅游目的地形象

国家	形象									
阿根廷	徒步	可进入性	冰	冰川	船	山脉	食物	景观	道路	游客中心	颜色
奥地利	山脉	坡度	拥挤度	观景平台	餐厅	冰	滑雪	可进入性	其他	滑雪道	缆车
加拿大	冒险	冰原	徒步	天空步道	冰川湖	自驾游	公共汽车	山脉	道路	观景点	水
智利	可进入性	值得	山脉	冰川湖	道路	食物	景观	徒步	声音	观景点	船
中国	海拔	缆车	友善	可进入性	景观	门票	景观	季节	氧气罐	观景平台	天气
法国	缆车	攀爬	门票	人物	火车	景观	季节	滑雪	山脉	壮观	天气
德国	雪	火车	山脉	餐厅	观景平台	缆车	天气	道路	滑雪	攀爬	门票
冰岛	可进入性	冰川湖	山脉	道路	海豹	船	冰川	天气	徒步	景观	观景点
印度	骑马	山脉	雪橇	观景点	价格	人物	享受	雪	可进入性	道路	冰
意大利	缆车	坡度	滑雪	山脉	海拔						
尼泊尔	冒险	山脉	徒步	冰川湖	山谷						

国家	形象										
新西兰	徒步	可进入性	景观	观景点	道路	冰川	天气	游客中心	雪	直升机观光	山谷
挪威	瀑布	巨魔车	巡航	攀爬	可进入性	天气	停车场	人物	山脉	徒步	道路
秘鲁	景观	道路	观景点	徒步	可进入性						
瑞士	缆车	道路	餐厅	徒步	山脉	雪	滑雪	火车	天气	人物	景观
美国	瀑布	直升机观光	徒步	游客中心	巡航	熊	人物	山脉	水	冰川	鲸

表 5-5　全球冰川旅游目的地总体形象

维度层	评论占比/%	属性层	评论占比/%	维度层	评论占比/%	属性层	评论占比/%
自然景观	30.83	冰	3.70	基础设施	13.99	道路	6.26
		冰原	1.19			滑雪道	0.13
		冰川	4.41			天空步道	1.08
		积雪	1.99			游客中心	5.02
		山脉	7.74			餐厅	1.46
		冰川湖	2.26			停车场	0.04
		山谷	0.33	景观特征	4.37	色彩	1.98
		瀑布	2.40			声音	0.36
		景观	6.81			海拔	0.17
特定活动	18.40	徒步	8.81			坡度	0.53
		滑雪	2.84			壮观性	1.33
		自驾	0.91	价格	0.93	旅游消费价格	0.09
		攀爬	0.83			门票	0.84
		骑马	0.15	旅游环境	8.00	可进入性	4.59
		巡航	2.17			天气/气候	2.64
		直升机观光	1.90			季节	0.55
		冒险	0.79			拥挤度	0.22
交通	10.05	缆车	3.64	观景位置	2.93	观景点	2.29
		公共汽车	0.84			观景平台	0.64
		巨魔车	0.08	人物	2.23	玩伴类型	2.23
		火车	1.84	体验	0.71	值得	0.45
		船	3.54			友好	0.10
		雪橇	0.11			享受	0.16
动物	3.37	海豹	0.35	必备品	1.30	水	1.23
		鲸鱼	2.01			氧气罐	0.07
		熊	1.01	其他	0.30	其他	0.30
食物	2.59	食物	2.59				

全球冰川旅游目的地形象由 14 个维度 53 个属性组成（表 5-5）。在维度层面中，自然景观维度下以山脉、景观、冰川等属性为主。冰川旅游的特定活动主要包括徒步、滑雪、巡航和直升机观光；冰川旅游主要的交通工具为缆车、船以及火车；鲸鱼、熊和海豹是冰川旅游过程中最常遇见的动物；最重要的基础设施是道路和游客中心；景观特征主要包括色彩、壮观性；价格形象主要体现在门票方面；旅游环境主要包括可进入性以及天气/气候；观景位置具体表现为供游客拍照打卡的观景点和观景平台；人物和食物作为单独维度和属性，其中人物主要表示游客的玩伴类型；游客的体验主要有"值得""享受""友好"形象；冰川旅游必备品包括水和氧气罐；其他属性为一些难以被解释、相关性不大或随机建模错误的结果。

全球冰川旅游目的地维度形象中，自然景观、特定活动、交通、基础设施以及旅游环境五类为最常见的旅游地形象，动物、价格、人物、食物等形象维度也与部分研究成果相吻合（Bui et al., 2021），不同之处在于，景观特征、观景位置以及必备品（氧气罐、水）给予了冰川游客独特的印象。其中，冰川景观特征是游客产生旅游目的地形象的重要参照，游客对冰川景观的评价建立在感知和体验冰川颜色、形状、纹理和声音等特征基础之上（Johannesdottir, 2010）。观景位置对冰川景观观光同样至关重要，例如，游客在评论中提到中国海螺沟冰川的日照金山（由阳光照射山顶并被冰川反射而形成）景观便只能在特定观景点欣赏到。必备品形象也是特殊的，冰川旅游活动中多以徒步为主，水的准备不可或缺。同时，冰川海拔通常较高，空气相对稀薄，徒步和攀爬活动易导致缺氧，故部分游客还需携带氧气罐。此外，除了以上旅游地认知形象外，本节还捕捉到"值得""友好""享受"等情感形象，该类型形象在非结构化旅游地形象建构中通常较难捕捉（Wang R et al., 2019）。

2. 全球冰川旅游目的地形象显著性效价分析

图 5-8 是维度层面的冰川旅游地形象显著性效价分析。由图可知，自然景观是冰川旅游地最显著（30.83%）且非常积极（0.63）的形象，远超过其他形象，表明冰川旅游地的自然景观最受游客青睐，是冰川旅游的核心形象。特定活动（18.4%）、基础设施（13.99%）、交通（10.05%）和旅游环境（8%）的显著性次之，对于冰川旅游影响同样举足轻重。值得注意的是，虽然基础设施显著性很高，但其效价（0.45）低于整体平均水平，其原因或与冰川分布区物理环境有关。冰川通常分布在高纬度或高海拔山区，远离市区，自然环境脆弱，冰川退缩还易引发落石（Purdie et al., 2015），因此冰川旅游地基础设施建设难度和维护成本均大于一般旅游类型，以至于该形象效价较低。在冰川旅游目的地形象维度层面的其他形象中，动物形象的显著性（3.37%）虽不高，但效价（0.73）最高，是冰川旅游的一大亮点。价格形象的显著性（0.93%）不高，同时效价（0.31）也最低。正如一位澳大利亚游客在 2018 年 3 月对 Zugspitze 冰川旅游地发表的评价："缆车上的景色非常棒，但不幸的是，性价比太低"。因此，尽管冰川旅游地独特的自然景观能给游客带来高效价，但价格过高所带来的消极情绪同样需要注意。

图 5-9 展示了全球冰川旅游目的地形象属性层面的效价，高效价属性包括冰（0.77）、冰川（0.67）、巡航（0.65）、海豹（0.88）、鲸鱼（0.75）等，反观雪橇（−0.22）、天空步道（−0.21）、价格（−0.38）等属性效价较低。其中，尽管维度层面的基础设施效价较低，但其

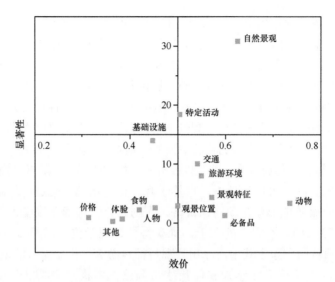

图 5-8　全球冰川旅游目的地维度形象显著性效价分析

游客中心（0.53）、停车场（0.59）效价较高。事实上，游客中心对冰川旅游十分重要，其可以为游客提供冰川机理、冰川退缩等方面的信息，从而加深游客对冰川旅游的体验。例如，2018 年 8 月美国得克萨斯州的一位游客对"出口冰川"（Exit Glacier）的游客中心评论"公园的游客中心很棒，了解历史和我们的星球如何变化是很重要的"。另一位游客评论"如果你在这个地区，抽出时间去游客中心，尽管游客中心很小，但它介绍了冰川在过去几十年中是如何退缩的"。因此，游客中心在为游客提供科普知识和倡导绿色行为方面具有十分重要的作用。

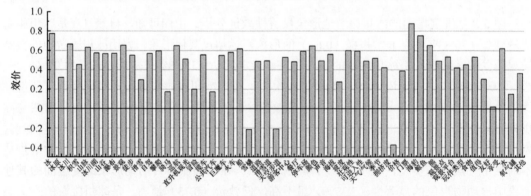

图 5-9　全球冰川旅游目的地属性形象效价图

3. 全球冰川旅游目的地形象差异分析

1）季节形象差异分析

旅游目的地形象是动态变化的，而季节正是旅游地形象动态变化的一个重要维度（王媛等，2014）。季节对冰川旅游具有重要影响，不同季节下冰川旅游目的地的景观和客流量均显著不同，故本节将冰川游客评论按照季节划分，并分别提取其形象。图 5-10 为包含季节、

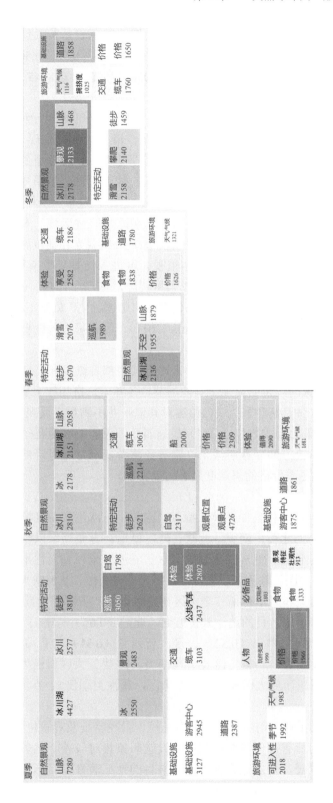

图 5-10　全球冰川旅游目的地形象季节差异

维度形象、属性形象三种信息的冰川旅游地形象树状热力图，颜色表示其效价，块状面积表示其显著性。由图可知，四个季节的平均效价并无太大差异，均在 0.52～0.56。但显著性方面，夏季（58774）明显高于秋季（35952）、春季（25038）和冬季（18945），表明对于冰川旅游地而言，即使冰川景观在冬季更为壮丽，但夏季仍是旅游旺季。

在形象类别方面，自然景观类别差异不大，以山脉、冰川、冰川湖等为主。特定活动在四季则各具特色，自驾和巡航活动主要发生于夏秋季节，滑雪运动仅出现于冬春季节，或受制于降雪和小气候波动，冬季冰川滑雪访问量显著高于夏季，故滑雪是冬季开展冰川旅游的又一特色。冰川在冬季更为稳定，因此冰川攀爬活动也更适宜于冬季开展。徒步活动作为冰川旅游核心游玩方式在四个季节均有出现。此外，道路、缆车、价格、天气/气候等形象同样为四季所共有。值得一提的是，天气会直接影响冰川旅游运营，多云和雾会降低冰川能见度及可进入性，并影响冰川旅游活动的开展，如直升机观光和徒步旅行（Espiner and Becken，2014），因此无论哪个季节都受到游客重视。可进入性是夏季所特有的形象，在气候变化背景下，全球冰川融化加速，经常形成大量裂隙，或产生冰崩、落石等灾害，导致冰川难以进入（Espiner，2001）。夏季气温升高使得冰川迅速融化，旅游不稳定性增加，进而使游客进入冰川变得更为复杂（Manandhar et al.，2011），因此可进入性形象主要存在于夏季。

在形象效价方面，尽管四季的平均效价差异不大，但其内部各维度和属性层面效价特点显著。冬季景观（0.69）形象的效价明显高于其他季节，冬春季价格相较于夏秋季更容易让游客接受。滑雪活动虽仅出现于冬春季节，但游客对其似乎并不满意，反观徒步和巡航，其效价一直较高。"体验"形象为夏季效价（0.74）最高属性，表明游客对夏季冰川旅游总体体验感到十分满意。价格形象方面，旅游淡季，旅游经营者们经常通过降低门票、酒店等价格以吸引游客，故游客对冬季价格的满意度显著高于夏季。

2）区域形象差异分析

自然地理特征具有区内一致性和区外差异性特点。因此，在冰川旅游区域形象差异分析中，将冰川旅游目的地划分为北美、南美、北欧、阿尔卑斯、青藏高原以及新西兰六个冰川旅游大区，并分别提取其形象。图 5-11 为包含大区、维度形象以及属性形象三种信息的冰川旅游目的地区域形象热力图，颜色表示效价，数字表示显著性。从反映大区整体效价和显著性的内环看，北美、南美和阿尔卑斯三个大区评论数最多，占总评论数的约 87.5%，表明这三个大区为世界主要冰川旅游目的地。效价方面，北欧（0.65）与南美（0.63）大区最高，其次为北美（0.53）和阿尔卑斯（0.52）大区，新西兰（0.31）与青藏高原（0.06）大区效价最低。从属性形象类别看，北美（18 类）与南美（17 类）大区属性类别最多，为综合性冰川旅游目的地。反观新西兰大区和青藏高原大区，属性类别仅 11 类，其冰川旅游功能与要素相对单一。

对于反映区域维度形象的中环，南美大区以旅游环境、景观特征及观景位置最具特色，同时自然景观、特定活动最为显著，但游客对其基础设施印象相对较差。北美大区的优势形象则在于特定活动和自然景观，使北美大区冰川旅游目的地显著性高、形象效价高，得到游客广泛认可；相反，北美地区价格过高成为其少有的诟病之处。北欧大区以其极致的

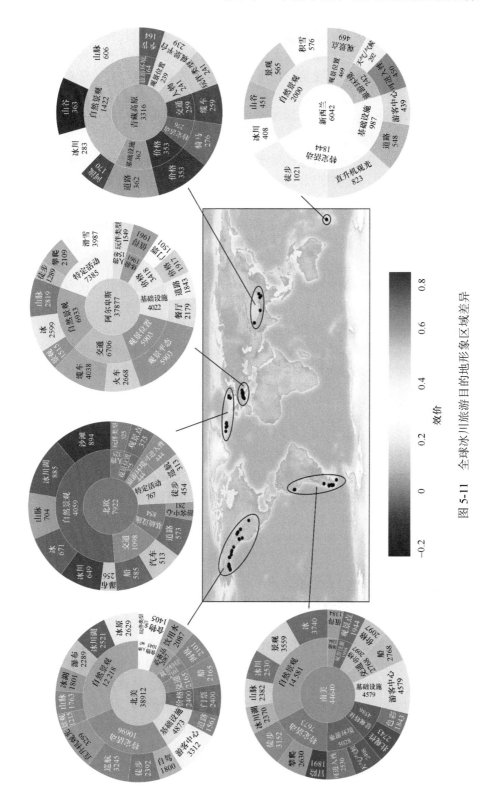

图 5-11 全球冰川旅游目的地形象区域差异

自然景观征服游客，观景位置、基础设施同样受到游客青睐，但游客对于相对较少且不易开展的特定活动评价并不高。阿尔卑斯大区则以自然景观、观景位置和体验效价最高，同时价格形象相比于其他大区更具优势。在所有区域中，青藏高原大区效价最低，其中以价格（–0.11）、旅游环境（–0.07）与交通（–0.04）形象最差，仅观景位置（0.47）形象稍好，其余形象效价均为负效价或接近于0。新西兰大区的自然景观与特定活动相对更受游客喜欢，但相比于其他大区效价同样较低。

从反映区域属性形象的外环来看。对于自然景观维度下的属性而言，南美大区的自然景观性（0.76）最为突出。北美则以冰川（0.73）见长。北欧作为景观效价最高大区，其沙滩（0.81）、冰川（0.79）、冰川湖（0.75）均受到游客高度赞誉。阿尔卑斯大区以山脉（0.68）效价最高。青藏高原大区的景观似乎未得到游客认可，其效价最高的冰川也仅为0.32。尽管山谷景观在青藏高原大区最受诟病，但在新西兰却截然不同，达到0.56的效价。特定活动方面，各地具有特色的活动包括南美的冒险、攀爬，北美和北欧的巡航、徒步，阿尔卑斯的攀爬和滑雪，青藏高原的骑马以及新西兰的直升机观光。虽然滑雪仅为阿尔卑斯大区特有形象，但其效价却并不高，同样情况还包括青藏高原大区的骑马活动。价格方面，除北美和青藏高原外，其他地区效价并不算低。值得注意的是，南美、北欧和新西兰的形象中出现了可进入性，表明进入冰川的方式和线路对于其较为重要。阿尔卑斯和青藏高原的观景平台是其特殊形象，因为两地冰川旅游均以前往山顶观光为主，因此观景平台的建设尤为重要。

4. 多重距离对冰川游客评论情感的影响分析

距离作为地理学的核心要素，是影响人类行为和感知的重要因素。它不仅具有物理维度的意义，还具有社会、经济、心理等多方面维度意义（Castree et al., 2013）。作为旅游目的地形象的重要影响因素，地理距离、感知距离等对旅游目的地的影响已得到验证（保继刚，1996；李蕾蕾，2000；周芳如，2017；Zhang et al., 2022）。本节回应了周芳如（2017）的展望，使用网络大数据研究多重距离对冰川游客评论情感的影响，即分析冰川旅游目的地形象效价的影响。

1）冰川旅游主要客源地与目的地多重距离概况

冰川吸引着全球各地的游客前往观光，来自不同客源地的游客与目的地会产生文化、地理、经济和制度等方面的距离，从而使游客对目的地形象的感知和体验有所差异。如图5-12所示，全球冰川旅游目的地的地理距离主要集中在4000km以内，所占比例超过60%，并且随着距离的增加，游客数量总体呈递减趋势，表明冰川旅游地以近源游客为主。

图5-13显示了全球冰川旅游主要参与国之间的文化距离、经济距离以及制度距离。首先由三幅图的线条指向可以总体看出，瑞士、挪威、阿根廷、加拿大、新西兰、奥地利、冰岛、智利等国为主要的冰川旅游目的地国；中国、美国、法国、德国等国家既是主要的冰川旅游目的地国，又是冰川旅游客源输出国；反观巴西、南非、土耳其等国家由于本身境内没有冰川，因此只能作为客源国，且游客旅游走向多为周边的冰川旅游国家。例如巴西，该国游客主要前往阿根廷、智利、秘鲁和美国的冰川旅游地。

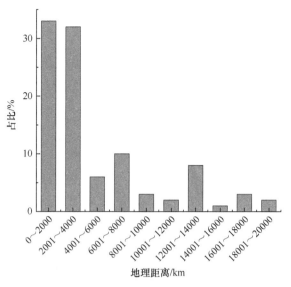

图 5-12 客源地与目的地地理距离概况

图 5-13（a）文化距离图显示，中国、俄罗斯、日本、尼泊尔、冰岛等国家与其他国家间的线条更粗，表明这些国家与其他国家的文化距离相对更大，反观新西兰、加拿大、巴西等与其他国家间的文化距离总体较小。图 5-13（b）为全球冰川旅游主要参与国之间的经济距离，该图显示，瑞士、法国、德国、加拿大、新西兰等国与其他国家的经济距离总值最大，一方面是因为上述国家本身 GDP 较高；另一方面是因为这些国家或作为目的地，或作为客源地国而与多个国家产生联系，从而导致其经济距离总值高于美国和中国两个最大的经济体。因此，就单一国间经济距离而言，仍以美中两国与其他国家的差距最大，线条最粗。图 5-13（c）为全球冰川旅游主要参与国之间的制度距离，可以明显看出中国、俄罗斯、瑞士、新西兰、阿根廷、冰岛等国总体与其他国家间的制度距离相对较大，以中国与俄罗斯两国最为突出。

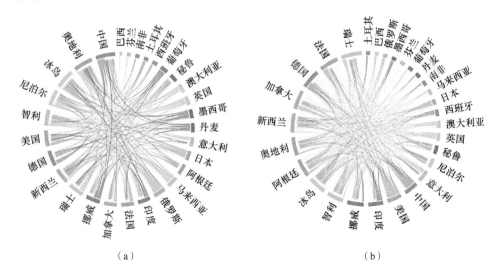

（a） （b）

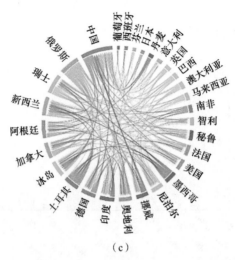

（c）

图 5-13   文化距离（a）、经济距离（b）、制度距离（c）概况

2）多重距离对冰川游客评论情感的影响

为了验证文化、地理、经济和制度距离对冰川游客评论情感的影响，并测试这些因素之间是否存在交互作用，本节进行了多元回归分析，具体经济计量模型如下

$$评论情感值 = \alpha_0 + \beta_1 文化距离 + \beta_2 \ln 地理距离 + \beta_3 经济距离$$
$$+ \beta_4 制度距离 + \beta_5 评论长度 + \beta_6 评论年份 + \varepsilon \tag{5-9}$$

$$评论情感值 = \alpha_0 + \beta_1 文化距离 + \beta_2 \ln 地理距离 + \beta_3 经济距离 + \beta_4 制度距离$$
$$+ \beta_5 文化距离 \times 地理距离 + \beta_6 文化距离 \times 制度距离 \tag{5-10}$$
$$+ \beta_7 评论长度 + \beta_8 评论年份 + \varepsilon$$

使用式（5-9）和式（5-10）分别测试主效应和交互效应。如图 5-12 所示，由于地理距离数据严重左偏，本节对该结果度量值进行了对数变换，以实现正态性，减少偏差分布（Yang et al.，2018）。此外，已有研究表明，游客评论长度会对游客评论情感值产生影响（Wang J and Wang C，2022）。冰川在气候变化背景下不断退缩，其景观度会随之减弱，从而影响游客情感，故模型选取游客评论长度和评论年份作为控制变量。

定义变量后，首先使用 SPSS 进行相关性分析，分析结果如表 5-6 所示。各变量之间均存在显著的相关性，每个变量的相关系数均小于 0.7，且回归分析中，共线性统计的容差均在 0.2～0.96，方差膨胀因子在 1.01～6.15，表明数据不存在共线性问题。此外，Durbin-Watson 系数处于 1.9～2.2，表明样本具有良好的独立性。

表 5-6   变量相关性分析结果

变量	（1）	（2）	（3）	（4）	（5）	（6）	（7）
（1）情感值	1						

变量	（1）	（2）	（3）	（4）	（5）	（6）	（7）
（2）文化距离	−0.037**	1					
（3）地理距离	−0.032**	0.296**	1				
（4）经济距离	−0.012**	0.175**	−0.015*	1			
（5）制度距离	−0.009*	0.647**	0.343**	0.147**	1		
（6）评论长度	−0.182**	0.060**	0.071**	0.004	0.042**	1	
（7）评论年份	−0.066**	0.010*	−0.037**	0.005	−0.007	−0.047**	1

$*P < 0.05$，$**P < 0.01$。

采用分层多元回归方法进行回归分析，结果如表 5-7 所示。模型 1 为未加入控制变量的回归模型，可看出文化距离、地理距离以及经济距离对游客评论情感具有负向作用，意味着这三类距离越大，游客发布评论的负向情感可能性越大；而制度距离对其具有正向影响，表明客源国与目的地国制度距离越大，游客发布积极评论的可能性越大。由其系数可以看出，文化距离、制度距离对游客评论情感值的影响最显著，而地理距离与经济距离产生的影响相对较小。这种结果是可以解释的，尽管一定的文化距离可能给游客带来新奇感，但是过大的文化距离会因语言交流等障碍使游客产生不安全感，从而对游客情感产生负向影响（尹忠明和秦蕾，2020）；地理距离增大，游客对地方依恋减少，并且伴随机会成本的增加，从而导致游客体验降低（Park et al.，2019）。同样，有研究表明经济距离对我国出入境旅游具有负向影响，而制度距离则是旅游发展的重要因素（王聪等，2018；赖菲菲等，2021）。

表 5-7　分层多元回归结果

因变量		评论情感值			
		模型 1	模型 2	模型 3	模型 4
自变量	文化距离	−0.049***	−0.040***	−0.057***	−0.057***
	地理距离	−0.029***	−0.019***	−0.033***	−0.043***
	经济距离	−0.009*	−0.009*	−0.010**	−0.011**
	制度距离	0.034***	0.032***	0.028***	0.058***
交叉项	文化距离×地理距离			0.032***	0.043***
	文化距离×制度距离				−0.038***
	控制变量				
	评论长度		−0.180***	−0.180***	−0.180***
	评论年份		−0.009*	−0.009*	−0.09*
	常量	0.335	2.535	2.604	2.585
	R^2	0.163	0.186	0.187	0.188

$*P < 0.050$，$**P < 0.010$，$***P < 0.001$。

模型 2 为加入控制变量后的结果，可以看出，虽然自变量的系数有所变化，但其对评论情感的影响方向均不变，且仍以文化距离与制度距离影响最大。模型3在加入文化距离与地理距离交互项之后，其交互作用同样显著且为正向，表明地理距离和文化距离之间可能会加强对方对游客评论情感的负向影响。模型4为加入文化距离与制度距离交互项的回归模型，其结果表明文化距离与制度距离之间或能削弱对方对游客评论情感的影响。

5.2.3　中国冰川旅游目的地形象分析

1. 中国冰川旅游目的地形象建构

图5-14显示了爬取自携程网、去哪儿网、穷游网及大众点评网的中国冰川旅游目的地。

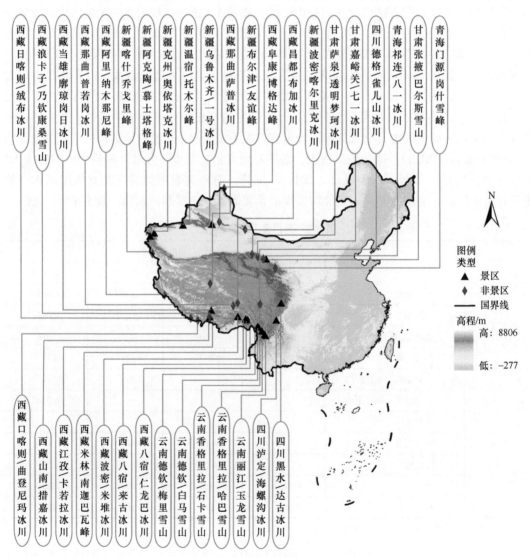

图 5-14　中国冰川旅游景点分布示意图

由图 5-14 可见，中国冰川旅游目的地主要集中于天山地区、祁连山区、昆仑山区、喜马拉雅山区及横断山区。其中景区主要分布于藏东南地区，包括西藏的林芝市、昌都市，云南的迪庆藏族自治州（简称迪庆州）、香格里拉市、丽江市，四川的甘孜州及阿坝藏族羌族自治州，共 17 个；非景区目的地主要分布在西藏的日喀则市、阿里地区、那曲市以及祁连山地区，共 18 个。

基于中国冰川旅游目的地游客评论，使用 LDA 主题模型对形象进一步提炼，最终得到中国冰川旅游目的地形象体系（表 5-8）。该体系由 12 个维度 25 个属性构成，自然景观以冰川、雪山、湖泊为主；人文景观包括古镇；主要旅游活动有拍照、徒步和自驾；索道、景区交通和交通路线属于交通维度形象；旅游环境包括天气、季节两个属性；体验形象由游客对冰川旅游的总体感受和性价比组成；景观特征包括景观的颜色、壮观性和自然性三类形象；价格主要表现为门票；必备品具体指氧气罐；时间形象维度包含时间、旅游行程两个属性形象；民族文化维度中包含民族信仰与民族表演形象；导游服务和旅行套餐归为旅游服务形象维度。

表 5-8　中国冰川旅游目的地形象体系

维度层	评论占比	属性层	评论占比	维度层	评论占比	属性层	评论占比
自然景观	16.06%	湖泊	3.82%	景观特征	7.87%	颜色	2.99%
		雪山	4.73%			壮观性	2.32%
		冰川	7.51%			自然性	2.56%
人文景观	4.00%	古镇	4.00%	体验	11.05%	体验	4.26%
旅游活动	9.99%	拍照	4.08%			性价比	6.79%
		徒步	3.19%	必备品	7.96%	氧气罐	7.96%
		自驾	2.72%	时间	5.12%	时间	1.95%
交通	11.27%	索道	2.60%			旅游行程	3.17%
		景区交通	4.82%	民族文化	7.06%	民族信仰	4.45%
		交通路线	3.85%			民族表演	2.61%
旅游环境	5.55%	天气	3.27%	旅游服务	8.86%	导游服务	6.82%
		季节	2.28%			旅行套餐	2.04%
价格	5.21%	门票	5.21%				

2. 中国冰川旅游目的地形象显著性效价分析

图 5-15 为中国冰川旅游目的地维度形象显著性效价分析。该图中，处于第一象限的形象是冰川旅游的优势形象，其显著性与效价均高于平均水平。相对应的第三象限形象显著性与效价均低于平均水平，是游客对冰川旅游目的地形象产生负面印象的主要原因。第二象限的形象具有高显著性与低效价的特点，对目的地形象的负面影响要高于第三象限。第四象限形象虽然显著性相对较低，但效价均高于平均水平。具体来看，中国冰川旅游目的地形象以自然景观最为显著（16.06%），同时效价（0.62）也极高，表明其为冰川旅游核心

形象，这与 5.2.2 节中全球冰川旅游目的地核心形象结果相一致。体验、交通、旅游活动与旅游服务形象同样为中国冰川旅游目的地的优势形象，而时间、价格、必备品、人文景观、旅游环境则属于劣势形象。旅游时间紧凑、消费价格过高、人文景观同质化现象严重、恶劣的天气以及可能出现的高原反应均可能导致游客对目的地的不良印象。景观特征虽然拥有最高的效价（0.77），但其显著性（7.88%）较低，非游客重点关注形象。

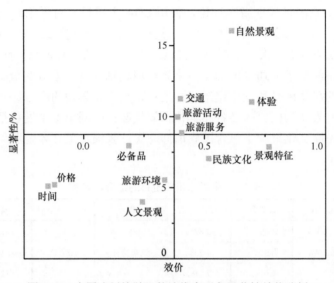

图 5-15　中国冰川旅游目的地维度形象显著性效价分析

尽管某一维度形象效价很高，但其属性层形象效价或有所不同，故探究属性层各形象效价有助于诊断冰川旅游目的地优劣形象的具体成因（图 5-16）。首先，效价最高的属性形象为壮观性（0.85），其次为性价比（0.84）、湖泊（0.83）、拍照（0.64）以及导游服务（0.63）等；反观低效价形象主要为旅游行程（-0.33）、门票（-0.12）、时间（0.03）、旅行套餐（0.18）、氧气罐（0.19）等形象。

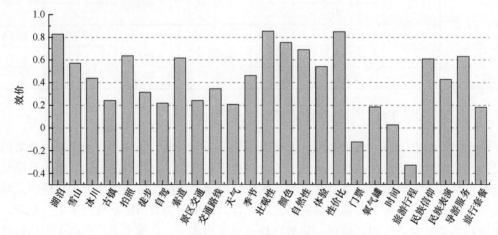

图 5-16　中国冰川旅游目的地属性形象效价图

在自然景观维度中,冰川形象效价相对较低;人文景观的古镇效价同样较低,其原因一方面可能是当前国内古镇旅游市场已饱和,另一方面可能是古镇景观同质化以及过度商业化等。在旅游活动中,冰川景观的独特性使得旅拍和婚纱摄影受到追捧,同时因智能手机的拍照能力不断提升,因此拍照普遍使游客产生较好的印象。交通维度中索道形象的效价最高,除了作为运力工具外,索道更是景区观光的一种方式和特色,故相对于索道而言,景区的大巴、电瓶车等内部交通形象的效价则较低。旅游环境中,季节的效价相对高于天气,因为任何季节前往冰川旅游目的地均各有特色,但天气的雨、晴则会直接决定游客此行能否顺利见到冰川真容,因此其效价并不高。在价格维度中,门票的效价极低,这也是全球冰川旅游目的地或其他旅游类型目的地普遍存在的共性问题。性价比的效价突出,表明尽管消费价格较高,但冰川旅游给游客带来良好的体验足以弥补价格方面的缺陷。与全球冰川旅游目的地形象不同,时间维度形象为中国冰川旅游所特有,部分游客会抱怨假期时间太短或行程太赶以至于许多景观、活动、文化等要素无法深刻体验。由于冰川旅游目的地多分布在少数民族地区,故民族文化的形象效价均较高。此外,在旅游服务维度中,冰川旅游的导游服务效价较高,受到游客肯定,但冰川旅游产品及旅行社绑定的各种套餐则使得部分游客对其不满。

3. 中国冰川旅游目的地形象差异分析

1)季节形象差异分析

由全球尺度的季节形象差异可知,冰川旅游目的地的客流量、形象效价以及旅游特点均受到季节变化的影响。图 5-17 为中国冰川旅游目的地形象季节差异气泡图,气泡大小表示形象的显著性,气泡颜色反映形象效价。可以看出,四个季节的整体显著性差异较小,但秋季(17019)、夏季(15645)的相对更高,春季(13060)、冬季(12664)相对较小,其除了受到冰川旅游目的地环境本身影响外,或与中国节假日特点有关。该结果与我国其他旅游类型的出游时间相似(刘艳平等,2019;袭希等,2022)。

在形象类别方面,夏季形象最多,旅游功能更为齐全,而春季形象类型最少(图 5-17)。冰川、导游服务、值得、氧气瓶、索道、拍照等形象为四个季节所共有,且显著性相对较高,表明这些属性无论在哪个季节对于冰川旅游而言均十分重要。然而,部分属性仅出现于特定季节,如羽绒服仅出现于冬季,与该季节寒冷有关。天气形象主要出现在春、夏、秋三季,这与中国冰川分布区冬季降水较少,天气相对稳定有关。冬季对于景区内交通要求更高,但由于冬季为冰川旅游地区的淡季,旅游相关价格调整较低,故而门票与价格形象未出现在冬季中(图 5-17)。此外古镇在夏季更受欢迎。

在形象效价方面,四个季节均以体验、自然景观维度的形象效价最高,如"值得"、冰川、雪山、湖泊、景观等形象。此外,各季节形象效价也有所差异,例如,春、秋季节拍照活动的效价明显优于夏、冬季节,但游客对索道的体验却低于后者;冬季的景观依旧优于其他季节;夏、秋季节对氧气瓶的需求似乎比冬、春季节更大。

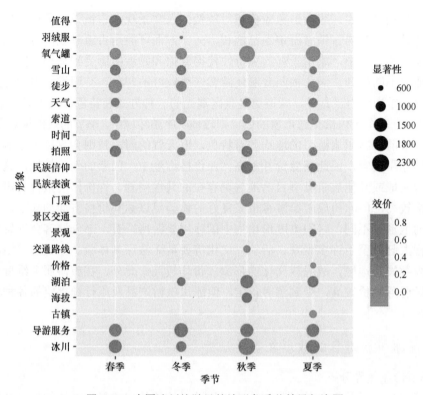

图 5-17　中国冰川旅游目的地形象季节差异气泡图

2）区域形象差异分析

图 5-18 是以省级为单位的中国冰川旅游目的地形象区域差异气泡图。总体来看，云南省冰川旅游形象显著性最高，其次为四川省与西藏自治区，新疆维吾尔自治区、青海省和甘肃省显著性最低，表明当前中国冰川旅游市场主要集中于云南、四川和西藏地区，以包含云南省迪庆州、大理白族自治州、怒江傈僳族自治州、丽江市，四川省甘孜州、凉山彝族自治州、攀枝花市，西藏自治区昌都市、林芝市的大香格里拉地区最为出名。省级尺度上，青海与新疆两省区形象效价相对较高；而云南、四川两省形象类型显著多于其他省区。

就各维度的形象效价而言，体验维度的"值得"，景观维度的雪山、湖泊等形象效价最高；反观门票、价格、时间、旅游行程等形象效价最低。其中，在雪山形象中，西藏因拥有众多圣洁的雪山脱颖而出，效价最高。在天气形象中，西藏的效价显著高于四川和云南两省，这与西藏降水相对较少，多晴天有关，例如，拉萨被称为"日光之城"。时间形象方面，云南效价要低于西藏和甘肃，此现象或许与冰川旅游目的地的规模和类型有关。云南冰川旅游目的地建设相对更完善，融合的其他旅游要素更多，因此需要花费更多的时间才能完整体验，从而导致游客在时间方面更为紧张。在门票与价格方面，甘肃、四川和云南冰川旅游消费要高于新疆和西藏。

就形象类别而言，冰川、雪山、"值得"、门票或价格等形象出现在多数省区中，反观草原、冰瀑布、探险形象主要出现于青海，也从侧面反映出青海冰川旅游的特色。此外，自

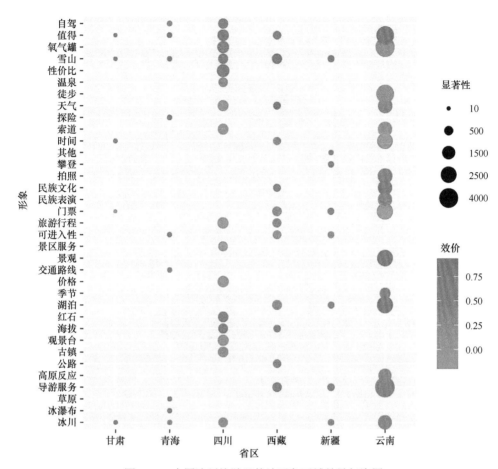

图 5-18   中国冰川旅游目的地形象区域差异气泡图

驾形象主要出现于青海和四川,表明通过自驾前往两地进行冰川旅游的游客相对较多。氧气瓶主要出现于云南和四川两省,其原因主要为分布于这两省的冰川为海洋型冰川,冰川发育区海拔大于 4000m,游客从较低海拔处乘坐缆车上到山顶才能近距离清晰观看冰川景观,而短时间内从较低海拔上升到海拔较高的冰川景观区,游客会产生高原反应,故氧气瓶几乎成为两地冰川旅游必备品,云南的高原反应形象验证了该观点。性价比形象出现在四川,表明尽管其价格形象不占优势,但景观、活动等方面的优势使得其性价比较高,从而对应的效价也高。除性价比外,温泉、红石及其海拔特征也是其优势和特色。冰川旅游民族文化方面,云南与西藏两省区更为突出。导游服务形象主要出现在西藏、新疆和云南,且效价均较高;游客对四川的景区服务评价极低,因此改进景区服务水平是四川冰川旅游目的地的迫切任务。此外,云南的徒步活动和拍照,新疆的冰川攀爬均是其各自的冰川旅游特色。

3)景区形象与非景区形象差异分析

中国冰川主要分布于西部的高山或高原地区,由于区位交通、资源环境、开发基础及经济社会条件的不同,其冰川旅游发展潜力也不相同(王世金和赵井东,2011)。因此,中国冰川旅游目的地当前存在已开发的景区与尚未开发的非景区两种类型。识别冰川旅游目的地的景区形象与非景区形象差异，一方面有助于景区了解当前发展的优势和不足，另一方面也为非景区的未来开发提供参考和借鉴。

图 5-19 为中国冰川旅游景区与非景区形象类别差异，图中数字代表该形象的评论占比。

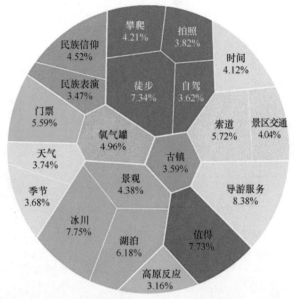

（a）

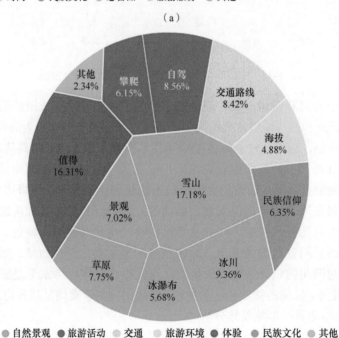

（b）

图 5-19　中国冰川旅游景区（a）与非景区（b）形象类别差异

可以看出，景区的形象类型显著多于非景区，且各形象的占比相对均匀，表明与非景区相比，冰川旅游景区形象更为多样，旅游功能更为齐全。而冰川旅游非景区形象类别相对单一，仅有六大维度形象，且自然景观维度形象评论占比高达 46.99%，近乎过半，形象的显著性比重失衡。就自然景观维度形象而言，冰川旅游景区以冰川和湖泊两大形象为主，而非景区则以雪山占比最大，其次为冰川、草原、冰瀑布，表明非景区的景观特色便是远眺雪山。旅游活动方面，非景区以自驾、攀爬为主，而景区除此之外还有徒步、拍照等活动。由于非景区尚未开发建设，故索道、门票等形象均不存在。此外，前往冰川旅游非景区目的地主要通过自驾，因此游客在时间安排上更为自由、充裕，合理的交通路线规划相对更为重要。因此与景区形象相比，非景区形象也没有时间、景区交通等形象。同时，前往景区的游客对旅游环境维度中的天气、季节更为敏感。

图 5-20 景区与非景区形象显著性效价分析，冰川旅游景区以旅游活动和自然景观形象最为突出，为其核心形象，但其低效价形象较多，以必备品、时间和价格形象效价最低。反观冰川旅游非景区形象，由于不涉及景区门票、索道等消费，且时间安排更为自由，因此其形象效价总体高于冰川旅游景区形象。非景区形象同样以自然景观最为显著，体验、交通、民族文化等效价也较高，而旅游环境效价相对较低。因此，冰川旅游景区相对于非景区而言，其优势在于旅游服务和旅游环境，但时间紧凑、价格高昂为其缺点。

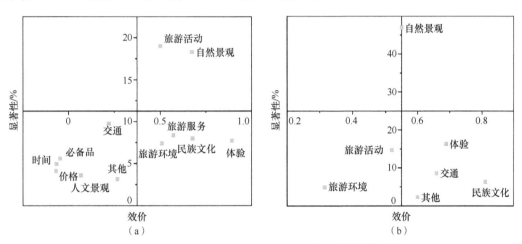

图 5-20　景区（a）与非景区（b）形象显著性效价分析

4.中国冰川旅游目的地形象内部影响因素分析

尽管中国冰川旅游目的地各维度形象的显著性和效价能在一定程度上反映其对冰川旅游的重要性，但各维度形象间的相互影响关系有待考究。因此，本节使用决策实验室（DEMATE）法，识别中国冰川旅游目的地形象系统内部各形象间的因果关系。

使用 DEMATEL，首先需要构建直接影响矩阵，参考 Wang J 和 Wang C（2022）的方法，对中国冰川旅游目的地各维度形象间的显著性进行相互比对，构建直接影响矩阵。在此基础上，采用前述的方法步骤，计算得出综合影响矩阵和影响度、被影响度、中心度、原因度。

其中，中心性是在网络分析中使用最广泛和最重要的概念工具之一，而中心度则是中心性的一种度量方式，中心度越大，表示相应形象对总体形象的影响效能越大。原因度反映系统要素的因果属性，原因度为正值，则表示这些形象是原因因素，且数值越大，对其他形象要素的影响就越大；相反，原因度为负值，则表示为结果因素，负值越小则越容易受到其他因素的影响。

图 5-21 为中国冰川旅游目的地维度形象因果关系图。由图可见，自然景观（A）、人文景观（B）和体验（G）形象的中心度相对较大，表明它们对冰川旅游目的地总体形象影响更大，因此在改善冰川旅游目的地形象时需重点关注以上形象。相反，景观特征（F）、必备品（I）、民族文化（K）等形象的中心度较小，其对冰川旅游目的地形象的影响效能相应也较小，因此可以适当减少其关注。原因度方面，自然景观（A）是冰川旅游目的地形象最突出的原因因素，对其他因素的影响最大；其次为价格（H）、旅游活动（C）、旅游服务（L）。结果度方面，人文景观（B）为最突出的结果因素，最易受到其他因素的影响，其次为体验（G）、时间（J）、旅游环境（E）、民族文化（K）。在旅游目的地进行形象管理时，可依据形象的中心度和原因度特征科学制定改进策略。

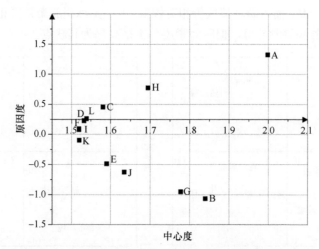

图 5-21　中国冰川旅游目的地维度形象因果关系

自然景观（A）、人文景观（B）、旅游活动（C）、交通（D）、旅游环境（E）、景观特征（F）、体验（G）、价格（H）、必备品（I）、时间（J）、民族文化（K）、旅游服务（L）

5.2.4　中外冰川旅游目的地形象差异分析

中国冰川旅游发展起步相对较晚，在开发与管理中不免会借鉴国外一些知名冰川旅游地的经验。因此，比较中外冰川旅游目的地形象，识别中外冰川旅游目的地发展异同，有助于探索中国冰川旅游发展特色，明晰中国特色的冰川旅游发展方向。

表 5-9 为中外冰川旅游目的地形象汇总。形象属性分别由中国与全球形象效价的平均值确定，低于该平均值的维度形象视为对整体形象产生负向作用，高于该平均值的标记为正向形象。在形象总体效价层面，中国冰川旅游目的地形象（0.42）略低于全球（0.45），表

明中国冰川旅游发展有待进一步提升和改进。对比维度形象可发现，人文景观、时间、民族文化、旅游服务四个维度层面形象是中国冰川旅游的特有形象，其中民族文化是效价较高的正向形象，而人文景观、旅游服务、时间均是导致总体形象效价降低的负向形象。而中国冰川游客对于基础设施、人物、食物、观景位置、动物形象感知不明显，尤其对食物、观景位置以及动物可能带来效价提升的正向形象的感知。

表 5-9　中外冰川旅游目的地形象汇总

	中国	形象属性	全球	形象属性
自然景观	冰川、雪山、湖泊	正向	冰、冰川、冰原、积雪、山脉、冰川湖、山谷、瀑布、景观	正向
旅游活动	拍照、徒步、自驾	负向	徒步、滑雪、自驾、攀爬、骑马、巡航、直升机观光、冒险	正向
交通	索道、景区交通、交通路线	负向	缆车、公共汽车、巨魔车、火车、船、雪橇	负向
基础设施	—	—	道路、滑雪道、天空步道、游客中心、餐厅、停车场	负向
旅游环境	天气、季节	负向	可进入性、季节、天气/气候、拥挤度	正向
景观特征	颜色、壮观性、自然性	正向	颜色、声音、海拔、坡度、壮观性	正向
价格	门票	负向	门票、价格	负向
体验	体验、性价比	正向	值得、友好、享受	负向
必备品	氧气罐	负向	氧气罐、水	负向
人文景观	古镇	负向	—	—
时间	时间、旅游行程	负向	—	—
民族文化	民族信仰、民族表演	正向	—	—
旅游服务	导游服务、旅行套餐	负向	—	—
人物	—	—	玩伴类型	负向
食物	—	—	食物	正向
观景位置	—	—	观景点、观景平台	正向
动物	—	—	海豹、鲸鱼、熊	正向
其他	—	—	其他	—

在具体属性形象层面，对于自然景观维度，尽管全球自然景观形象类型更为多样，但本质上都是以冰川、冰川与山脉组合、冰川融水形成景观为主，中外差异较小。在旅游活动方面，中外冰川旅游形象差异较大，国内冰川旅游活动是负面形象，而全球的则是正面形象。国内冰川旅游活动主要有拍照、徒步和自驾，较为单一，国外的攀爬、巡航、直升机观光、冒险等活动比较流行，造成这种现象的主要原因是中国冰川游玩自由度受到限制。旅游环境方面，国内属于负面形象，而国外该形象效价较高。景观特征、价格以及必备品形象特征两者相似，但在体验维度，中国冰川旅游目的地体验更好，且性价比高。

综上所述，中外冰川旅游目的地形象差异主要表现为：①中国冰川旅游目的地形象效价总体低于全球形象；②民族文化是中国冰川旅游特色形象，人文景观、时间、旅游服务形象需进一步提升改进；③中国冰川游客对基础设施、人物、食物、观景位置、动物形象的感知不显著；④中国冰川旅游活动类型与效价均低于全球形象。

5.2.5　小结

冰川旅游作为冰冻圈服务功能的重要内容，既是冰冻圈融入区域发展的重要途径之一，也是"冰天雪地"向"金山银山"转化的有效途径。冰川特性使得冰川旅游能给游客带来美学价值、科普和环境教育价值；游客到访又可为当地带来巨大经济收益，促进就业以及基础设施建设。然而，随着冰川旅游市场性的不断增强，冰川旅游目的地形象对于冰川旅游目的地管理的重要性日渐被认识，但有关冰川旅游目的地形象的研究却鲜见。作为旅游业的主体，游客是开展所有与旅游相关服务的核心。因此，从游客视角下，解析冰川旅游目的地形象及其特征，探究游客行为意图，提升冰川旅游目的地形象，更好地吸引游客并引导其采取绿色旅游方式，既有助于冰川旅游提档升级，又可促进冰川保护与生态文明建设。

基于游客在线评论大数据、实地调查问卷数据、文本文档等多源数据，使用文本情感分析、LDA主题模型、SVA等多种方法，提取全球与中国三种不同空间尺度下的冰川旅游目的地形象，通过形象的显著性及效价，识别冰川旅游目的地的核心形象，分析冰川旅游目的地形象特征的季节差异、区域差异、景区与非景区差异，深入剖析多重距离对游客评论情感值的影响，揭示冰川旅游目的地各形象间的影响关系，比较不同主体视角下的冰川旅游目的地形象特征。

在全球尺度上，冰川旅游目的地形象体系由14个维度53个属性构成，自然景观形象的显著性为30.83%，效价为0.63，是冰川旅游目的地核心形象。全球冰川旅游目的地形象表现出明显的季节性和区域性特征，夏季形象类型多样，气候舒适，旅游功能齐全，冬季价格便宜，景观突出；区域特征上，冰川旅游市场主要集中于南美、北美和阿尔卑斯地区，并且不同区域有着各自的冰川旅游特色。地理距离、文化距离、经济距离和制度距离对游客评论情感值具有不同的影响。此外，文化距离与地理距离之间，以及文化距离与制度距离之间存在交互作用，影响彼此对冰川游客评论情感的作用。

在中国尺度上，冰川旅游目的地形象体系由12个维度25个属性组成，自然景观是其核心形象，显著性和效价分别为16.06%、0.62，人文景观与民族文化是其特色形象。中国冰川旅游目的地形象特征同样存在季节差异与区域差异。此外，冰川旅游目的地景区与非景区的形象也存在明显差异。中国冰川旅游目的地各维度形象从因果方面可划分为原因因素和结果因素，自然景观是最突出的原因因素，对其他形象影响最大，同时也是中心度最大的形象，对总体形象的影响效能也最大；人文景观是最突出的结果因素，主要受其他形象的影响。

5.3　大香格里拉地区冰川旅游发展水平

5.3.1　数据与研究方法

1. 研究区概况

大香格里拉地区位于川藏滇（四川省、西藏自治区和云南省）交界处的大三角地带，介于 92°E～104°E，26°N～34°N，基于川藏滇 2004 年划定的大香格里拉范围（9 个地、州、市 82 个县）和《中国第二次冰川编目》，选择具有冰川覆盖的 8 个州/市作为冰川旅游城市，具体有四川省的甘孜藏族自治州、凉山彝族自治州、阿坝藏族羌族自治州，云南省的迪庆藏族自治州、怒江傈僳族自治州、丽江市，西藏自治区的昌都市和林芝市（图 5-22），总面积 57.86 万 km²。

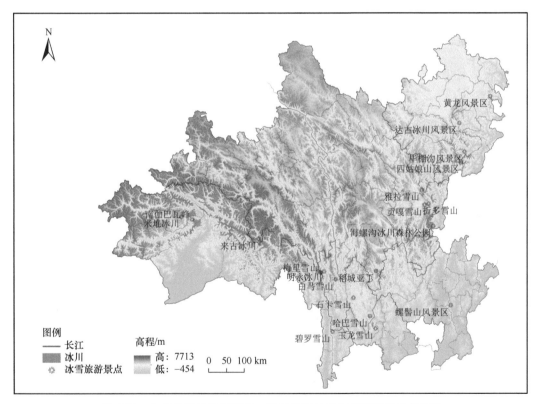

图 5-22　大香格里拉地区冰川、冰川旅游景区与旅游城市分布示意

2. 冰川旅游中心性及辐射区发展水平评价体系构建

1）指标遴选原则

（1）科学性与实际相结合的原则：指标选取应全面科学地反映冰川旅游中心城市和区

域发展的具体内涵，确定权重、划分指标重要性等级应有相关科学依据，在搜集指标数据时注意数据的准确性，同时在指标选取上考虑研究区域的特殊性，结合当地生态-社会经济系统的实际情况。

（2）全面性和主导性相结合的原则：指标选取要有全面意识、大局理念，冰川旅游中心性评价和区域发展水平评价是受多方面因素影响的系统性问题，是多因素综合作用的结果，选取指标应涵盖各个方面以进行综合评价，把握各要素之间的联系，同时突出主导因子。

（3）可操作性原则：评价指标涉及多源数据，因此在遴选指标时，不仅应考虑指标的代表性，而且要考虑指标数据的可获得性和可测性，有些变量是衡量某一要素功能的主要指标，但这一指标定性定量都无法获取，这时只能考虑可获取性指标，尽量科学实用，易于操作评价。

（4）可持续性原则：可持续性原则的核心是区域经济和社会发展不能超越资源与生态的承载能力，强调经济社会与资源环境的协调发展（郭存芝等，2016；朱婧等，2018）。冰川旅游属于生态旅游范畴，其涵盖部分生态旅游特征，是以冰川旅游资源为主要依托的旅游方式。冰川旅游资源的开发利用可能会破坏冰川地质环境、生态环境，进而对自然、社会、经济等诸多方面产生不利影响，因此遴选指标时应结合可持续发展原则。

2）冰川旅游中心性评价指标体系构建

由冰冻圈功能与服务组成的冰冻圈系统与由人口、经济和生态组成的区域社会经济系统相互作用形成冰冻圈资源-生态-社会-经济耦合的复杂大系统。一方面，两大系统内部的各要素相互影响、相互作用；另一方面，两大系统之间存在着复杂的反馈关系。冰川旅游中心城市既是旅游服务中心，又是旅游吸引中心，具有旅游目的地、旅游集散地、旅游组织管理、旅游协调服务等功能，是集旅游管理中心、旅游交通中心、旅游服务中心于一体的集中分布区（肖星，1998；何调霞，2006，2010）。基于冰冻圈旅游服务的上述内在逻辑，并依据前述四项原则，遴选构建了冰川旅游中心性评价指标体系（表5-10）。该体系由资源、经济、社会、生态四项中心性系统层构成，较为全面地涵盖了大香格里拉地区冰川旅游中心性特质，具体可细分为8项要素层，分别为城市资源、冰川旅游资源、城市经济发展水平、冰川旅游经济发展、城市社会发展水平、冰川旅游社会发展、整体生态和城市生态。每个要素层下设指标层，共18项，通过熵值法和中心性测度模型对18项指标进行计算，得到各地区的中心性指数。

表 5-10 冰川旅游中心性评价指标体系

目标层	系统层	要素层	指标层	指标解析	属性
冰川旅游中心性水平	资源	城市资源	城市建成区面积/km²	表征容纳公用设施和基础设施的能力	正
			城镇人口总量/万人	表征人力资源的规模和水平	正
		冰川旅游资源	冰川旅游景点数量/个	表征冰川旅游资源利用状况	正
			4A及以上冰川旅游景点数量/个	表征冰川旅游资源建设水平	正

续表

目标层	系统层	要素层	指标层	指标解析	属性
冰川旅游中心性水平	经济	城市经济发展水平	第三产业人均 GDP/元	表征地区第三产业经济体量	正
			人均全社会消费品零售总额/元	表征人均社会商品购买力实现程度	正
		冰川旅游经济发展	冰川旅游收入/亿元	表征冰川旅游发展水平	正
			冰川旅游总接待量/万人	表征冰川旅游客源市场	正
			冰川旅游人均消费/元	表征冰川旅游客源市场的消费水平	正
	社会	城市社会发展水平	单位面积公路里程数/(km/km²)	表征冰川旅游交通运输保障	正
			每千人拥有卫生机构床位数/张	表征医疗休养应急能力	正
		冰川旅游社会发展	旅行社数量/个	表征游客服务接待能力	正
			限额以上餐饮住宿业数量/个	表征食宿发展水平	正
			星级饭店数量/个	表征食宿接待能力	正
	生态	整体生态	环境保护占财政支出比例/%	表征政府环保支持力度	正
			生态治理指数	造林面积占区域面积的比例	正
		城市生态	建成区绿化覆盖率/%	表征城市环境质量	正
			人均生活垃圾处理量/t	表征环保设施处理能力	正

3）冰川旅游辐射区发展水平评价指标体系构建

围绕区域发展水平这一研究目标，在考虑典型冰冻圈旅游区特点的基础上，结合已有冰冻圈旅游服务价值指标的研究成果与部分区域发展水平研究成果（孙久文和姚鹏，2014；应雪等，2019；王伟等，2019；效存德等，2016，2020；李晨毓等，2020；张丛林等，2020；秦大河等，2017b，2020），紧扣冰冻圈旅游区发展实际，从冰冻圈资源、经济、社会和生态系统四个方面遴选了 18 个指标，构建了大香格里拉冰川旅游辐射区发展水平评价指标体系，该体系包括目标层、准则层、指标层三级（表 5-11）。冰冻圈旅游区发展水平，不仅取决于社会经济发展水平，还受到冰冻圈资源和生态环境承载力的制约。基于此，从冰冻圈资源系统方面遴选了冰川面积、冰川面积覆盖率、积雪持续日数和积雪深度四项指标，既刻画冰冻圈作用强度，又反映冰冻圈规模状况。经济系统中引入旅游业发展指标，如旅行社数量、三星及以上星级酒店数量、旅游总接待量，其他经济指标包括人均全社会消费品零售总额和第三产业人均 GDP。社会系统包括财政支出中教育投入占比、每千人拥有卫生机构床位数、交通运输能力、人口密度和城镇化率。鉴于资料的可获得性，选取自然保护区面积比例、净初级生产力（net primary production，NPP）总量、归一化植被指数（normalized difference vegetation index，NDVI）和森林覆盖率四项指标反映生态系统自身物质储备状况和人为对生态系统的修复能力（杨岁桥等，2012）。具体指标说明见表 5-11。

表 5-11　大香格里拉冰川旅游辐射区发展水平评价指标体系

目标层	准则层	指标层	指标解析	属性
大香格里拉冰川旅游辐射区发展水平评价	资源系统	冰川面积/km²	表征已开发或待开发冰川资源	正
		冰川面积覆盖率/%	表征特定区域的冰川资源量	正
		积雪持续日数/d	表征积雪持续的时间	正
		积雪深度/cm	表征降雪量大小	正
	经济系统	人均全社会消费品零售总额/元	表征地区人均消费水平	正
		第三产业人均GDP/元	表征地区第三产业经济体量	正
		旅行社数量/个	表征游客服务接待能力	正
		三星及以上星级酒店数量/个	表征食宿接待能力	正
		旅游总接待量/万人	表征旅游客源规模	正
	社会系统	财政支出中教育投入占比/%	表征教育发展潜力	正
		每千人拥有卫生机构床位数/张	表征医疗发展水平	正
		交通运输能力/(km/km²)	表征交通运输水平	正
		人口密度/(人/km²)	表征地区人口密集程度	正
		城镇化率/%	表征地区城镇化发展程度	正
	生态系统	自然保护区面积比例/%	表征生态治理情况	正
		NPP总量/(G C/a)	表征植被的生产能力、固碳能力	正
		NDVI	表征地表植被覆盖状况	正
		森林覆盖率/%	表征生态平衡状况	正

3. 数据及来源

本节使用了冰冻圈、生态、社会经济统计年鉴、行政区划等4类数据，具体如下。

1）冰冻圈数据

冰川数据来源于《中国第二次冰川编目》，该编目数据始于2006年末，完成于2012年，反映了2005~2006年的冰川状况。积雪数据包括积雪持续时间与积雪深度，来自中国雪深数据集和国家气象科学数据中心，时间序列为2008~2017年。

2）生态数据

本节使用的生态数据有NDVI、NPP、自然保护区面积和森林覆盖率数据。NDVI数据来源于地理空间数据云网站，分辨率为1km×1km；NPP数据来源于中国西部环境与生态科学数据中心网站（http://westdc.westgis.ac.cn），分辨率为500m×500m，自然保护区面积数据来源于中华人民共和国生态环境部全国自然保护区名录，森林覆盖率数据来源于各县统计年鉴，时间序列为2008~2017年。

3）社会经济统计年鉴数据

社会经济数据主要来源于2009~2018年《云南统计年鉴》《四川统计年鉴》《西藏统计年鉴》《中国城市建设统计年鉴》《中国县域统计年鉴》《中国区域经济统计年鉴》《中国县

市社会经济统计年鉴》以及各研究样区市统计年鉴、统计公报。需要特别说明的是，因青藏高原地区社会经济数据统计口径不一，序列长短不一、数据缺失严重，故察雅、八宿县、左贡县、芒康县、察隅县所用到的经济、社会数据均以无数据处理，后文关于五县的测度结果也以无数据处理。

4）其他数据

行政区地图数据与高程数据，分别来自国家基础地理信息中心网站（http://www.ngcc.cn）和地理空间数据云网站，交通距离数据来源于高德地图，旅行社数量和餐饮住宿业数量由网络数据和官方网站计算整理而得。

4. 数据处理方法

1）冰川面积、冰川面积覆盖率处理方法

本节所用的冰川面积数据是基于《中国第二次冰川编目》数据与面积年均变化率计算而得的，面积年均变化率根据已有文献整理计算而得（邹琼等，2019；李霞，2015），部分数值太小保留小数点后 4 位有效数字（表 5-12）。冰川面积覆盖率是基于冰川面积数据与特定地区土地面积数据计算而得的，是覆盖该特定地区的冰川面积与其土地面积之比。

表 5-12　冰川面积年均变化率

冰川	年份	冰川面积/km²	时段	面积年均变化率/%
玉龙雪山	1957	11.60	—	—
	2001	5.30	1957～2001 年	−0.012 3
	2009	4.42	2001～2009 年	−0.020 8
	2014	3.98	2009～2014 年	−0.019 9
合计	—	—	1957～2014 年	−0.011 5
梅里雪山	1974	172.30	—	—
	1993	160.78	1974～1993 年	−0.35
	2001	156.90	1993～2001 年	−0.30
	2013	141.42	2001～2013 年	−0.82
合计	—	—	1974～2013 年	−0.46
贡嘎山	1974	254.91	—	—
	1989	238.47	1974～1989 年	−0.43
	2001	234.43	1989～2001 年	−0.14
	2010	224.45	2001～2010 年	−0.47
合计	—	—	1974～2010 年	−0.33
总计	—	—	2001～2013 年	−0.011 9

2）积雪深度、积雪天数、NPP、NDVI 处理方法

首先利用 ArcMap 中的 Conversion 工具将年积雪深度、年积雪天数、NPP 和 NDVI 文本文件导入生成 1km 分辨率的栅格数据，然后利用行政边界图切出研究区 2008～2017 年栅

格图层，并与县级行政区划图叠加，统计得到各县域的积雪深度、积雪天数、NPP 和 NDVI 数据。

3）数据标准化方法

因无负向指标，本节均采用极差法正向标准化对指标数据进行处理，公式如下：

$$x'_{\theta ij} = \frac{x_{\theta ij} - \min(x_{\theta ij})}{\max(x_{\theta ij}) - \min(x_{\theta ij})} \qquad (5\text{-}11)$$

式中，$x'_{\theta ij}$ 为标准化数据；$x_{\theta ij}$ 为原始指标数据，表示第 θ 年城市 i 的第 j 项指标值；$\max(x_{\theta ij})$ 为第 i 个城市第 j 项指标中的最大值；$\min(x_{\theta ij})$ 为第 i 个城市第 j 项指标中的最小值。

5. 评价方法

1）指标权重赋值

运用熵值法对表 5-10 和表 5-11 中的指标进行权重赋值，熵值法属于客观赋权法，根据熵的特性，可以通过计算熵值来判断某个指标的离散程度，指标的离散程度越大，表明该指标对综合评价的影响越大（南平等，2006；姚作林等，2017），具体步骤如下。

（1）确定指标权重

$$y_{\theta ij} = \frac{x'_{\theta ij}}{\sum_{\theta=1}^{r}\sum_{i=1}^{n} x'_{\theta ij}} \qquad (5\text{-}12)$$

式中，$x'_{\theta ij}$ 为标准化数据；$y_{\theta ij}$ 为第 θ 年城市 i 的第 j 个指标值权重；r 为年份个数；n 为城市个数。

（2）确定指标熵值

$$e_j = -c\sum_{r=1}^{r}\sum_{i=1}^{n} y_{\theta ij}\ln(y_{\theta ij}), c = \frac{1}{\ln rn} \qquad (5\text{-}13)$$

式中，e_j 为指标熵值，$0\leqslant e_j\leqslant 1$；$c$ 为参数。

（3）确定指标总权重

$$w_j = \frac{g_j}{\sum_{j=1}^{m} g_j}, g_j = 1 - e_j \qquad (5\text{-}14)$$

式中，w_j 为指标 j 的权重；g_i 为第 j 项指标的信息效用值；m 为指标的数量。

2）冰川旅游辐射范围界定方法

（1）中心性测度。在地区中，中心城市起到极核引领作用，反映城市中心地位和对外服务能力，是研究区域发展问题的核心。运用熵值法对大香格里拉地区冰川旅游城市中心性进行测度，公式如下：

$$H_{\theta i} = \sum_{j=1}^{m}(w_j \cdot x'_{\theta ij})\cdot 100 \qquad (5\text{-}15)$$

式中，$H_{\theta i}$ 为第 θ 年城市 i 的中心性指数。

运用空间断裂点模型对冰川旅游中心地范围进行界定，依据场强模型和辐射半径模型，量化冰川旅游中心地范围辐射力强弱。

（2）空间断裂点模型。城市对周边区域辐射力存在距离衰减规律，若相邻两个城市在空间某点处相互引力达到平衡，定义该点为这两个城市之间的断裂点（南平等，2006），空间断裂点模型可用于识别中心地对外围的辐射作用，是划分城市"中心地"和中心地影响力的经典模型（姚作林等，2017），测算公式如下

$$D_{ik} = \frac{D_{ij}}{1 + \sqrt{M_j/M_i}} \qquad (5\text{-}16)$$

式中，k 为断裂点，D_{ik} 为城市 i 到断裂点的距离；D_{ij} 为 i、j 两个城市之间的距离（此处为两地公路最短距离）；M_i、M_j 为城市 i 和 j 的综合实力，已有研究一般用城市人口规模或经济总量来表示，但城市实力并不单一体现为城市人口或经济总量，因此，在模型的具体计算中，本节用城市中心性指数来替代城市质点指标（姚作林等，2017）。

（3）场强模型。城市作为区域空间结构的核心和网络节点，具有一定的集聚和辐射功能，对周边地区的影响力大小被定义为城市"场强"，对区域发展来说，场强高不但意味着受区域中心城市的影响力强，且意味着未来发展潜力较大（胡美娟等，2019；刘万波，2019），本节使用场强模型计算冰川旅游中心地辐射力强弱，具体测算公式如下：

$$F_{ik} = \frac{M_i}{D_{ik}^2} \qquad (5\text{-}17)$$

式中，F_{ik} 为城市 i 在断裂点 k 处的辐射范围；M_i 为城市 i 的综合实力；D_{ik} 为城市 i 到断裂点 k 处距离。

（4）辐射半径模型。辐射半径公式是场强公式的变形，即

$$D_r = \sqrt{M_i/F} \qquad (5\text{-}18)$$

式中，D_r 为城市 i 的辐射半径；M_i 为城市综合实力；F 为确定的边界场强。

（5）分级方法。通过式（5-11）～式（5-16）计算得出研究区中心性指数得分，在 ArcGIS 10.1 软件下，根据自然断裂点法将其分为五级（郝汉舟等，2017；潘晓东等，2019），依次为高水平、较高水平、中等水平、较低水平、低水平，如表 5-13 所示。

表 5-13 大香格里拉地区中心性指数评价分级标准

分级	I	II	III	IV	V
	高水平	较高水平	中等水平	较低水平	低水平
中心性指数得分	$C \geqslant 39.36$	$26.09 \leqslant C \leqslant 39.35$	$21.39 \leqslant C \leqslant 26.08$	$14.86 \leqslant C \leqslant 21.38$	$C \leqslant 14.85$

3）区域发展水平综合评价方法

（1）综合测度计量模型。区域发展水平评价指标体系中每一指标都从不同侧面反映了冰川旅游辐射区发展状况，要全面反映发展水平的高低，还需进行综合测度，本节采用加权求和法进行处理，指数越高，表明发展水平越高，反之越低。

a. 准则层得分计算

$$Y_i = \sum W_{ij} \times X_{ij} \qquad （5-19）$$

式中，Y_i 为准则层得分；W_{ij} 为指标权重；X_{ij} 为标准化值（张国俊等，2019）。

b. 目标层得分计算

$$S_i = \sum Q_i \times Y_i \qquad （5-20）$$

式中，S_i 为目标层得分；Q_i 为准则层权重；Y_i 为准则层得分（张国俊等，2019）。

（2）区域发展水平分级方法。通过式（5-19）和式（5-20）计算得出研究区发展水平平均得分，在 ArcGIS 10.1 软件下，根据自然断裂点法将其分为五级（郝汉舟等，2017；潘晓东等，2019），依次为高水平、较高水平、中等水平、较低水平、低水平，如表 5-14 所示。

表 5-14　大香格里拉冰川旅游辐射区发展水平评价分级标准

分级	I	II	III	IV	V
	高水平	较高水平	中等水平	较低水平	低水平
发展水平得分	≥0.19	0.13≤S≤0.18	0.10≤S≤0.12	0.07≤S≤0.09	≤0.06

（3）地理探测器。地理探测器是由王劲峰团队开发的一种探测空间分异性以及揭示其背后驱动因素的新统计学方法，该模型无较多假设条件，可以克服传统统计方法处理变量的局限（王劲峰和徐成东，2017）。为了分析影响大香格里拉地区发展水平的主导因子，将 2008 年、2011 年、2014 年和 2017 年的发展指数作为因变量 Y，使用自然断裂点分类算法将对应的 18 项评价指标进行离散化处理，将分类后的连续型变量作为自变量 X。通过比较各因素 q 值的大小，定量分析发展水平的主导因素。

因子探测：探测影响因子 X 对发展指数 Y 的解释力，用 q 值度量，其表达式为

$$q = 1 - \frac{\sum_{h=1}^{L} N_h \sigma_h^2}{N\sigma^2} \qquad （5-21）$$

式中，q 为自变量 X 对因变量 Y 空间分层差异的影响力度，q 值越大，说明自变量 X 对因变量 Y 的影响力越大，取值为 [0,1]；L 为自变量或因变量的分层；N_h 与 σ_h^2 分别为层 h 的单元数和方差；N 和 σ^2 分别为整体的单元数和方差。

5.3.2　大香格里拉地区冰川旅游辐射范围界定

已有研究划分了大香格里拉生态旅游核心区的范围，涵盖川西南、滇西北、藏东南 9 个地/州/市 82 个县，即四川省甘孜藏族自治州、凉山彝族自治州、攀枝花市的 40 个县，云南省迪庆藏族自治州、大理白族自治州、怒江傈僳族自治州、丽江市的 24 个县，西藏自治区昌都市、林芝市的 18 个县，总面积达 53.62 万 km²，其辐射区可西至西藏自治区林芝市，东至四川省泸定县，北至巴颜喀拉山东段及岷江上游之间，包括青海省果洛藏族自治州及甘肃省最南端的一部分，南至云南省丽江一线（刘巧等，2006；杨小明，2013）。目前冰川

旅游核心区及辐射区的相关研究甚少,对大香格里拉冰川旅游区缺乏严格的范围界限。本节在前人划定范围的基础上,选择具有冰川覆盖的地州市(甘孜藏族自治州、凉山彝族自治州、阿坝藏族羌族自治州、迪庆藏族自治州、怒江傈僳族自治州、丽江市、昌都市和林芝市)作为冰川旅游城市,界定大香格里拉地区冰川旅游辐射范围,探究冰川旅游核心发展区。

1. 冰川旅游中心性时空变化特征分析

1)时间变化特征

整体而言,2013~2017 年大香格里拉地区各州/市冰川旅游中心性指数呈稳定上升趋势(表 5-15),由 2013 年的 24.25 增加至 2017 年的 33.41,增长 37.77%,发展水平不断提高。上升较快的集中分布在研究区东西两端,最快的为昌都市,近五年上升幅度达 95.20%,其次为凉山彝族自治州,上升幅度达 70.02%,最慢的阿坝藏族羌族自治州仅为 16.13%。

表 5-15　2013~2017 年大香格里拉地区冰川旅游城市中心性指数变化

地区	2013 年	2014 年	2015 年	2016 年	2017 年
阿坝藏族羌族自治州	35.33	37.78	41.16	41.42	41.03
甘孜藏族自治州	22.07	24.47	25.79	28.02	30.05
凉山彝族自治州	25.85	27.23	30.85	40.76	43.95
丽江市	38.87	43.08	45.82	50.40	51.29
怒江傈僳族自治州	13.49	13.22	15.17	15.35	17.00
迪庆藏族自治州	33.00	34.74	39.05	42.02	46.63
昌都市	6.88	6.68	7.64	8.29	13.43
林芝市	18.52	19.55	21.05	23.91	23.86
平均值	24.25	25.84	28.32	31.27	33.41

丽江市、阿坝藏族羌族自治州、迪庆藏族自治州、凉山彝族自治州冰川旅游中心性综合指数均高于研究区平均值,在冰川旅游市场竞争中占据主导地位;丽江市冰川旅游中心性指数明显高于其他城市,稳居研究区冰川旅游首位。甘孜藏族自治州、林芝市、怒江傈僳族自治州和昌都市处于平均指数之下,仅为首位丽江市的 56.83%、46.58%、32.35% 和 18.70%。

从中心性指数变化来看,丽江市、阿坝藏族羌族自治州、林芝市均有不同程度下降,迪庆藏族自治州、凉山彝族自治州、甘孜藏族自治州、怒江傈僳族自治州和昌都市上升幅度大,发展较为稳健,反映出研究区 37.50% 的州/市在这一阶段中心性指数降低,62.50% 的州/市呈增加状态;2016 年是研究区中心性指数显著变化的一年,该年之前,凉山彝族自治州、迪庆藏族自治州和阿坝藏族羌族自治州三州/市中心性排名基本稳定,而该年后,迪庆藏族自治州由第三上升至第二、凉山彝族自治州由第四上升至第三,阿坝藏族羌族自治州却由第二下降到第四。

2）空间变化特征

整体来看，研究区中心性指数表现出三大特征（图 5-23）：①研究单元中心性指数以中等及其以上水平为主，三者面积占比高达 59.00%。其中，较高水平和高水平分布区二者面积占总面积的 33.00%。②各研究单元行政级别虽相同，但其冰川旅游中心性指数差异性较大。其中，最大的丽江市（45.89）和最小的昌都市（8.58）相差近 5 倍。③空间分布上形成了以长江为分界线的东西两壁，长江以东地区为冰川旅游主要发展区，中心性指数占总指数的 80.00%，东、西中心性指数相差近 4 倍，主要得益于丽江市和成都市的辐射带动，旅游开发较早，交通等配套设施完善，为冰川旅游发展打下了坚实基础。长江以西地区虽然旅游资源丰富，但其复杂的地形地势、不便的交通和低密度人口，使得旅游资源开发较晚，限制了冰川旅游经济的发展，其冰川旅游中心性指数最低。

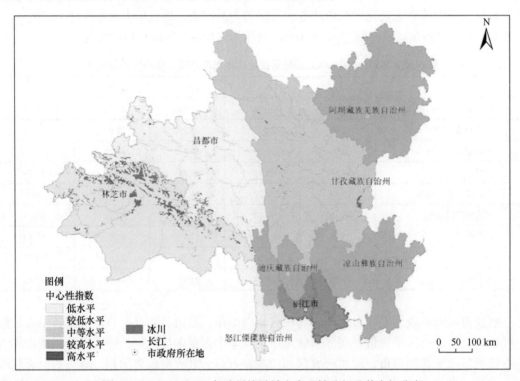

图 5-23　2013～2017 年冰川旅游城市中心性分级及其空间分布

综上所述，大香格里拉地区冰川旅游发展实力逐渐提升，发展前景广阔。迪庆藏族自治州和凉山彝族自治州在冰川旅游市场中所占份额逐步扩大，未来冰川旅游市场竞争将增强；阿坝藏族羌族自治州、怒江傈僳族自治州和林芝市冰川旅游发展缓慢，且经济地位五年保持不变，随着市场竞争日趋增强，其冰川旅游发展空间可能受到影响；长江以东地区的中心性指数平均增长速度为 39.13%，以西地区的平均增长速度为 50.00%，东西两壁的冰川旅游发展可能日趋平衡。

2. 冰川旅游中心城市等级体系划分

运用 SPSS 21.0 软件对上述中心性指数进行系统聚类分析，在此基础上，依据城市冰川旅游发展水平高低，将 8 州/市分为四类，得到大香格里拉地区冰川旅游四级中心城市体系（表 5-16）。

表 5-16　大香格里拉地区冰川旅游中心城市体系

中心城市	中心城市个数	城市
一级中心	1	丽江市
二级中心	3	阿坝藏族羌族自治州、迪庆藏族自治州、凉山彝族自治州
三级中心	2	甘孜藏族自治州、林芝市
四级中心	2	怒江傈僳族自治州、昌都市

按照中心性和服务范围的大小，可分为四个级别：一级中心城市拥有服务整个区域甚至更大区域的交通、供给和接待能力，在大香格里拉地区经济、社会和生态本底方面均具有绝对优势，中心地位突出，处于核心地位；二级中心城市是承接核心城市，进而带动次级冰川旅游发展的中心城市；三级中心城市是核心城市和二级中心城市辐射功能延伸和外溢所形成的城市；四级中心城市主要位于区域边缘地区，受周围城市的辐射带动，其发展潜力较大，在区域建设中对其他城市起着重要支撑作用。据此划分方法并结合上文计算的中心性指数，将大香格里拉冰川旅游中心城市划分为以下等级：丽江市为一级中心城市，其城市中心性指数平均大于 45，二级中心城市阿坝藏族羌族自治州、迪庆藏族自治州、凉山彝族自治州，其中心性指数介于 30～45，主要位于核心城市丽江市的外围；三级中心城市甘孜藏族自治州和林芝市，其中心性指数介于 20～30，主要位于二级中心城市外围；四级中心城市怒江傈僳族自治州和昌都市，中心性指数小于 20，主要位于大香格里拉边缘地区，随着交通和基础设施的逐步完善，其冰川旅游可能会吸引更多游客。

3. 冰川旅游辐射范围界定

由上一小节"2. 冰川旅游中心城市等级体系划分"计算可知，丽江市为研究区空间结构的核心，按照断裂点理论，将丽江市为核心计算的断裂点位置进行空间连线，包含的空间范围就是冰川旅游辐射范围（孔祥彬，2007）。利用式（5-16），以丽江市为中心，计算其对于大香格里拉地区 8 个州/市的冰川旅游引力断裂点位置，并通过 ArcGIS 10.1 进行空间测量，同时考虑行政区的完整性，划定冰川旅游中心地范围，如图 5-24 所示。

由图 5-24 可知，丽江市与迪庆藏族自治州的断裂点最近，与林芝市的断裂点最远，其他州/市的断裂点位置、距离断裂点交通距离和时间距离均介于上述两者之间。依据上述断裂点选择，丽江市的玉龙纳西族自治县、古城区、宁蒗彝族自治县，凉山彝族自治州的木里藏族自治县、冕宁县、西昌市和盐源县，怒江傈僳族自治州的贡山独龙族怒族自治县、福贡县和兰坪白族普米族自治县，林芝市的察隅县，昌都市的左贡县、芒康县、八宿县和察雅县，甘孜藏族自治州的得荣县、稻城县、雅江县、康定市、九龙县、理塘县和道孚县，

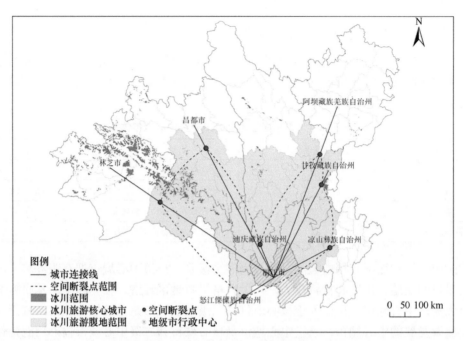

图 5-24　冰川旅游中心地范围界定示意

迪庆藏族自治州全境，共计 25 区/县纳入大香格里拉冰川旅游中心地范围。依据空间连续性的原则并结合冰川旅游中心性指标对中心地范围进行优化调整（姚作林等，2017），将甘孜藏族自治州的乡城县、巴塘县纳入影响范围，共计 27 区/县，中心地范围行政区总面积达 20.58 万 km²，占大香格里拉地区总面积的 35.57%。其中，迪庆藏族自治州全部纳入中心地范围，阿坝藏族羌族自治州距离太远未能包括在内，丽江市所辖中心地范围达 1.22 万 km²，占该市总面积的 65.57%；凉山彝族自治州总计 2.63 万 km²，占该州总面积的 47.91%；甘孜藏族自治州总计 6.22 万 km²，占全州总面积的 44.03%；林芝市总计 2.92 万 km²，占全市总面积的 27.48%；昌都市总计 4.14 万 km²，占全市总面积的 40.23%；怒江傈僳族自治州总计 1.05 万 km²，占全州总面积的 79.04%。

4. 冰川旅游中心城市辐射能力圈层结构解析

基于上述辐射范围研究结果，利用式（5-17）计算得出各城市之间的断裂点处场强（表 5-17），将大香格里拉地区冰川旅游辐射范围划分为三个圈层：核心圈层、紧密圈层和机会圈层（图 5-25）。

表 5-17　大香格里拉地区各城市之间断裂点处场强

对应城市	中心城市						
	丽江市	阿坝藏族羌族自治州	迪庆藏族自治州	凉山彝族自治州	甘孜藏族自治州	林芝市	怒江傈僳族自治州
丽江市							
阿坝藏族羌族自治州	0.000 15						

对应城市	中心城市						
	丽江市	阿坝藏族羌族自治州	迪庆藏族自治州	凉山彝族自治州	甘孜藏族自治州	林芝市	怒江傈僳族自治州
迪庆藏族自治州	0.005 21	0.000 10					
凉山彝族自治州	0.001 22	0.000 29	0.000 37				
甘孜藏族自治州	0.000 31	0.001 19	0.000 15	0.001 03			
林芝市	0.000 07	0.000 05	0.000 08	0.000 04	0.000 05		
怒江傈僳族自治州	0.000 58	0.000 05	0.000 33	0.000 18	0.000 07	0.000 03	
昌都市	0.000 13	0.000 12	0.000 13	0.000 05	0.000 08	0.000 11	0.000 04

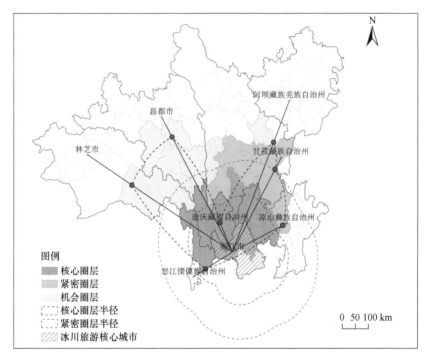

图 5-25 冰川旅游中心地范围辐射能力圈层结构

丽江市到各城市的断裂点处场强均值为 0.0011,而其他城市均值均小于 0.0011,表明丽江市的辐射力度最强。其中,丽江市–迪庆藏族自治州的断裂点处场强最大,为 0.005 21,具备很强的辐射能力,且两者之间实际交通距离为 179.80km,有利于彼此产生较强的经济辐射,因此选择丽江市–迪庆藏族自治州之间的断裂点处场强为核心圈层的边界场强。利用式(5-18)计算得出大香格里拉地区冰川旅游辐射范围核心圈层半径为 93.82km,核心圈层包括丽江市的玉龙纳西族自治县、古城区、宁蒗彝族自治县,怒江傈僳族自治州的福贡县、贡山独龙族怒族自治县、兰坪白族普米族自治县,甘孜藏族自治州的稻城县、凉山彝族自治州的木里藏族自治县和盐源县、迪庆藏族自治州全境(包括香格里拉市、维西傈僳族自治县和德钦县），总计 12 个区/县，总面积达 7.06 万 km²，占辐射范围总面积的 34.3%。

丽江市到各城市的断裂点处场强均值为 0.0011，其余城市断裂点处场强均值为 0.0002，选择其他城市与相邻城市断裂点处场强均值作为紧密圈层的边界场强，其原因为，除中心城市丽江市外，其他城市冰川旅游辐射力度相当，可以反映城市对周边地区的影响。由于丽江市与阿坝藏族羌族自治州、林芝市；阿坝藏族羌族自治州与迪庆藏族自治州、林芝市和怒江傈僳族自治州；迪庆藏族自治州与林芝市；凉山彝族自治州与昌都市、林芝市；甘孜藏族自治州与林芝市、怒江傈僳族自治州；林芝市与昌都市；怒江傈僳族自治州与昌都市；以上两城市间实际距离均超过 1000km，时间距离超过 15h，交通距离太远，经济辐射较难到达，因此不具备统计意义，故在场强均值计算中剔除。计算可得，紧密圈层包括凉山彝族自治州的冕宁县和西昌市，甘孜藏族自治州的康定市、理塘县、雅江县、乡城县、九龙县和得荣县，总计 8 个区/县，总面积达 5.12 万 km²，占辐射范围总面积的 24.9%。

其他剩余辐射范围为机会圈层。机会圈层包括甘孜藏族自治州的巴塘县和道孚县，昌都市的察雅县、八宿县、左贡县和芒康县、林芝的察隅县，总计 7 个区/县，总面积达 8.40 万 km²，占辐射范围总面积的 40.8%。

5.3.3 大香格里拉冰川旅游区区域发展水平与影响因素分析

区域发展水平是指一个地区在经济全球化条件下，现有区域综合实力在量上的规定，表明区域综合发展水平的高低（张冀震等，2009）。冰川旅游辐射范围是冰川旅游发展的核心区，是可持续发展的重要保障，辐射区发展水平是资源、社会、经济、生态诸因素综合作用的结果。在前述研究的基础上，本节将综合评价冰川旅游辐射区区域发展程度，剖析影响区域发展水平的关键因子。

1. 大香格里拉地区发展水平变化

1）趋势变化

就区域整体而言，2008～2017 年大香格里拉地区发展水平在波动中呈上升趋势 [图 5-26（a）]，相对于 2008 年，2017 年增幅为 23.08%。在整个研究时段，2010 年的发展水平得分最小 [图 5-26（a）]，主要受冰冻圈资源变化影响大。2008～2010 年受"西南大旱"影响（胡学平等，2014），当地降水量锐减，根据统计资料，与 2008 年相比，2010 年大香格里拉地区平均积雪深度降低了 174.42cm，平均积雪天数减少了 33d，以致冰冻圈资源综合得分下降了 34.33%，大大拉低了大香格里拉地区发展水平的综合得分。

在准则层系统层面，经济发展指数持续增长，增幅达 256.25%，尤其是 2012 年后，发展明显加速 [图 5-26（b）]，表明在大香格里拉地区，随着旅游接待能力和市场服务能力的显著增强，其经济作用凸显；社会系统层面，发展指数平稳增加，增幅为 59.09%，说明该地区教育、医疗卫生、交通设施和地区建设后备力量稳步增强，助推了区域稳定发展；就生态系统而言，生态发展指数在 2011～2012 年降幅达 30.31%，其他年份趋于平缓，可见地区在发展的同时比较重视保护生态环境，2011 年作为"十二五"规划的开局之年，政策的

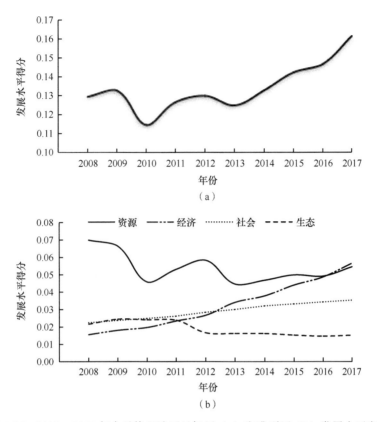

图 5-26   2008～2017 年大香格里地区目标层（a）和准则层（b）发展水平变化

转换和实施的力度可能致使生态指数产生波动。与上述三个系统相比，冰冻圈资源系统高度受气候变化影响，呈现不稳定变化态势，表现在资源发展指数上起伏变化较大 [图 5-26（b）]，2008 年资源发展指数约为 0.07，2010 年急剧下降为约 0.05，之后两年又明显增高，2012 年达到 0.06，2013～2017 年基本在 0.05 左右徘徊。综合图 5-26（a）和（b），冰冻圈资源得分与区域综合得分呈正相关，发展趋势相吻合，表明在大香格里拉地区的发展中，冰冻圈资源具有一定的主导作用，这种作用在 2013 年前尤为明显。过去几十年，大香格里拉地区冰冻圈大幅萎缩，冰冻圈资源发展指数走低，发展前景不容乐观。

　　2）空间变化

　　从图 5-27 中可以看出，大香格里拉地区发展以中等偏下发展水平为主，高水平发展区主要分布在巴塘县、理塘县、康定市、古城区和西昌市，其拥有丰富的冰冻圈旅游资源或人口经济条件，整体分布离散破碎，其原因在于内部地形起伏较大，交通通达性较差，各地区发展相对独立，边境"分割"效应明显。低水平和较低水平主要分布在中部和西部，包括木里藏族自治县、盐源县、得荣县、兰坪白族普米族自治县和维西傈僳族自治县，其中木里藏族自治县多年一直处在低水平发展区，其余四个地区波动出现在较低水平发展区。

　　时段平均只展示了发展水平的较大差异性，故此，以 3 年为界，选取 2008 年、2011 年、2014 年和 2017 年四个时间节点，进一步剖析研究地区发展水平的阶段性变化。图 5-27 显示，2008 年研究区发展水平格局以低水平和中等水平为主，两者合计面积占比达到 50.00% 以上，低水平发展区主要分布在凉山彝族自治州西部地区以及丽江市大部，中等水平主要分布在甘孜藏族自治州南部地区以及迪庆藏族自治州大部分地区，这些地区地表起伏大，交通不便，经济以传统农牧业为主，农事活动对旅游经济的贡献有限。2011 年，低水平和高水平发展区面积占比最高，分别为 26.93% 和 30.04%，与 2008 年相比，空间分布基本保持不变，其中西昌市和道孚县由较高水平转变为高水平、得荣县由较低水平转变为低水平，可见 2008～2011 年地区发展水平的空间差异扩大。2014 年发展水平仍以低水平和高水平级

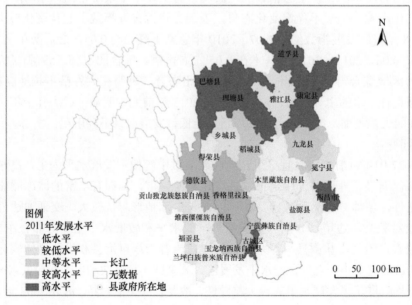

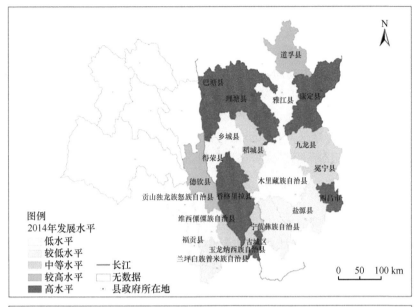

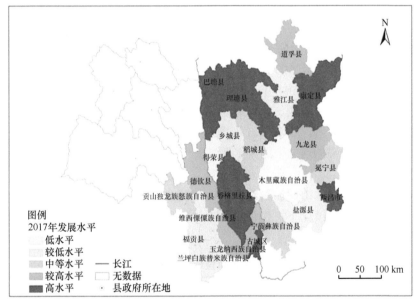

图 5-27　2008～2017 年不同时段大香格里拉地区发展水平空间分布

别为主,面积占比分别为 27.53% 和 33.00%,低水平和高水平发展区面积均有不同程度增加,从区域演变来说,主要表现为低水平发展区和较低水平发展区之间的转变,盐源县和宁蒗彝族自治县由低水平发展成较低水平,冕宁县由较低水平发展为中等水平,除此之外,其他低水平区域均由 2011 年较低水平转变而来,低水平发展区向北延伸,覆盖至雅江县和乡城县等地区,表明研究区发展水平下降。2017 年研究区发展水平以高水平和较低水平为主,高水平发展区空间分布不变,低水平发展区逐渐转变为较低水平发展区,县级数量由 2014

年的七个下降到 2017 年的两个，表明发展实力增强，发展水平空间差异缩小。

综上所述，2008～2017 年大香格里拉地区发展水平差异呈现先扩大后缩小的趋势，阶段差异显著。高水平分布区不断扩展，发展实力不断增强，其他水平分布区则发展不稳健，时而提高，时而降低。主要与发展定位和旅游资源占比有关，以古城区和木里藏族自治县为例，木里藏族自治县以工业发展为主，实施农业稳县策略，2017 年三次产业增加值占比为 19.90：45.90：34.20，而古城区三次产业增加值占比为 4.49：32.56：62.95，此外，2008～2017 年古城区旅游接待量与木里藏族自治县的相差倍数由 67.46 上升至 72.85，可见发展路线的制定对典型旅游经济区大香格里拉地区的发展意义深远。

2. 大香格里拉地区发展的主控因素

1）基于地理探测器模型解析

为量化各因素对研究区发展水平的影响程度，引入地理探测器方法对影响因素进行分析。由于社会经济因素变化较大，所以对四个时间节点均进行因子探测。结果显示（表 5-18），在准则层面上，四大影响因素的解释力排序依次为资源因素＞经济因素＞社会因素＞生态因素，表明大香格里拉地区是冰冻圈资源支撑的旅游经济区域发展模式，冰冻圈是其发展的资源基础，旅游是其快速发展的"加速器"，二者融合的冰冻圈旅游经济是区域发展的主要驱动力。在四个时间节点数据中，选择 q 值大于 0.50 的因子为主要影响因素，分析其对不同时段区域发展水平的影响。2008 年对发展水平影响前三大因子分别为 NDVI、冰川面积、冰川面积覆盖率；2011 年为积雪深度、城镇化率、冰川面积；2014 年为城镇化率、人均全社会消费品零售总额、旅行社数量；2017 年为城镇化率、人均全社会消费品零售总额、旅行社数量。可见，四个节点解释力最强的前三个因素具有阶段性变化，具体为2008～2011 年解释力最强的前三个因素主要隶属于资源因素，而 2014～2017 年，资源因素的影响力下降（q 值明显减小），经济和社会因素在区域发展中的作用明显增强，这表明像大香格里拉地区这种典型冰冻圈旅游经济区，尽管目前气候显著变暖，冰冻圈萎缩对区域发展不利，但是在快速城镇化下，作为旅游主体的人及其消费的作用凸显，在一定程度上可抵消冰冻圈资源萎缩的负面影响。

表 5-18 大香格里拉地区因子探测结果

影响因子	q 值			
	2008 年	2011 年	2014 年	2017 年
冰川面积	0.705***	0.582***	0.377***	0.233***
冰川面积覆盖率	0.703***	0.573***	0.364***	0.224***
积雪持续日数	0.442***	0.570***	0.312***	0.225***
积雪深度	0.398***	0.623***	0.295***	0.195***
人均全社会消费品零售总额	0.352***	0.210***	0.671***	0.645***
第三产业人均 GDP	0.288***	0.349***	0.447***	0.598***
旅行社数量	0.134***	0.244***	0.555***	0.605***

影响因子	q 值			
	2008 年	2011 年	2014 年	2017 年
三星及以上星级酒店数量	0.199***	0.250***	0.494***	0.585***
旅游总接待量	0.124***	0.437***	0.448***	0.523***
财政支出中教育投入占比	0.198***	0.131***	0.279***	0.283***
每千人拥有卫生机构床位数	0.451***	0.450***	0.425***	0.513***
交通运输能力	0.289***	0.325***	0.240***	0.155***
人口密度	0.355***	0.341***	0.487***	0.577***
城镇化率	0.482***	0.586***	0.694***	0.722***
自然保护区面积比重	0.231***	0.059**	0.242***	0.186***
NPP 总量	0.341***	0.251***	0.270***	0.246***
NDVI	0.890***	0.278***	0.378***	0.263***
森林覆盖率	0.230***	0.139***	0.042*	0.092***

***、**、* 分别表示 1%、5%、10% 的水平上显著。

综合上述分析，并结合研究区不同发展时段的特点，可知 2008～2011 年 q 值均大于 0.50 的因子为冰川面积、冰川面积覆盖率，2014～2017 年为人均全社会消费品零售总额、旅行社数量、城镇化率。可见冰川面积、冰川面积覆盖率、人均全社会消费品零售总额、旅行社数量和城镇化率是大香格里拉地区发展水平的主要影响因素。

2）影响因素分析

资源因素：冰冻圈旅游是以冰冻圈资源作为主要吸引物而开展的旅游活动，大香格里拉旅游经济区主要以冰川或冰川遗迹作为冰冻圈旅游资源，冰川面积可以反映一个地区总的冰川旅游资源，冰川面积覆盖率可以反映地区冰川旅游资源的丰富程度与可利用规模大小。冰川对气候变化敏感，一般认为气候变暖会导致冰冻圈景观质量和美感下降。研究表明，冰川消退最显著影响是冰川旅游目的地游客数量的大幅度减少和当地旅游收入的大幅度缩减（Liu，2016）。冰川面积和冰川面积覆盖率两者影响力在 2008 年和 2011 年均高达 0.50 以上，但后续几年影响力逐年下降，原因在于以冰川旅游资源为主导的发展区，初期冰川旅游处于开发阶段，发展不成熟，仅依靠冰川自身的魅力吸引游客，随着近几年开发力度的加大，在周边形成成熟的关联产业链，培育了新的经济增长点，造成冰川规模变化对区域影响力逐渐弱化的现象。

经济社会因素：大香格里拉地区经济基础薄弱，随着气候变暖，冰川大幅度萎缩，可制约该地区发展水平的提升。前文研究表明，作为旅游主体的人及其消费作用的凸显，在一定程度上可以削减冰冻圈资源萎缩带来的负面影响。经济社会发展水平的提高，可以促进城市基础设施的建设和市场经济的发展。城镇化率和人均全社会消费品零售总额是反映经济社会发展状况的基础性指标，城镇化率一方面可以反映农村人口向城市迁移聚集的过程，另一方面可表现产业结构的转变和生产生活方式的改变；人均全社会消费品零售总额是研究国内零售市场变动情况，反映经济景气程度的重要指标；旅行社数量的多少一定程度上代表了大香格里拉地区旅游基础设施服务水平、组织功能和接待能力。由表 5-18 可知，人均全社会消费品零售总额、城镇化率、旅行社数量的影响力（q 值）由 2008 年 0.352、0.482、0.134 提升至 0.645、0.722、0.605，与大香格里拉经济社会的发展水平呈正相关。一方面，在以冰冻圈资源为主导型发展的地区，资源富集程度直接影响了地区发展水平的高低，基础设施、市场经济和城市服务水平的提升，可有效提高地区应对资源消退、经济波动的能力；另一方面，以经济支持为主导型发展的地区，经济发展的优势弥补了因冰冻圈资源缺失带来的不足。因此，人均全社会消费品零售总额、城镇化率和旅行社数量是影响大香格里拉旅游经济区发展水平的重要指标，在一定程度上均发挥了自身功能。

3. 对策建议

目前，大香格里拉地区是冰冻圈资源支撑的旅游经济区域发展模式，随着全球气候持续变暖，将制约该地区发展水平的稳步提升。同时，大香格里拉地区是我国西部典型的冰冻圈旅游经济区，其发展路线和发展经验可为其他冰冻圈旅游区提供参考样板。因此，在未来的发展中，还需做好以下几个方面工作。

1）生态资源保护

立足本地区属于生态脆弱区和重点生态旅游开发区的区位特点，坚守"保护第一、开发第二，先规划、后建设"原则；加强生态涵养功能区的保护，进一步巩固和发展退耕还林、还草的成果，严格遵循生态保护红线，继续推进自然保护区、森林公园、风景名胜区、地质公园、湿地公园等各类自然保护地的建设；突出冰川旅游生态性，挖掘生态内涵，营造生态意境，推进冰川旅游地绿色旅游建设；最后在发展经济的同时，严格把控环境质量关，从源头上控制生态恶化，促进可持续发展。

2）经济社会发展

大香格里拉地区发展不平衡，要支持各地区发挥比较优势，构建高质量发展的动力系统，从实际出发，宜山则山、宜水则水、宜工则工、宜商则商，积极探索富有地域特色的高质量发展新路子。市场需求主导型地区要发挥资源优势，加大基础服务设施建设力度，提高经济和环境承载力；经济支持主导型地区要借助区域经济发展优势，实施高质量发展战略，继续提高基础设施和公共服务水平，全力保障和改善民生。

3）政府政策引导

大香格里拉旅游资源丰富，政府应重点培育高质量住宿餐饮企业，大力促进冰冻圈旅游发展，积极引导企业借助购物节平台引导消费，带动消费增长，为当地发展注入活力。此外，根据各地区发展主导因素的不同，划分不同的类型区，做好区域可持续发展综合规划，为当地经济社会发展和城镇化的提高提供科学保障。

5.3.4 小结

在 2004 年川藏滇三省区划定的大香格里拉地区生态旅游范围的基础上，选择 8 州/市作为研究区,从资源、经济、社会、生态四方面,构建了冰川旅游中心性评价指标体系,使用中心性测度计量模型,在时空尺度上,定量分析了研究区 2013～2017 年冰川旅游中心性指数,借助 SPSS 21.0 技术平台,聚类划分了冰川旅游中心城市等级体系。在此基础上,运用空间断裂点模型和场强模型,界定了冰川旅游辐射范围,划分了辐射能力圈层结构。

大香格里拉地区冰川旅游中心性指数呈上升趋势,初步形成四级冰川旅游中心城市体系,丽江市位居首位。冰川旅游辐射范围总面积达到 20.58 万 km²,包括 27 个区/县级行政单元,分别为丽江市的玉龙纳西族自治县、古城区、宁蒗彝族自治县;怒江傈僳族自治州的福贡县、贡山独龙族怒族自治县、兰坪白族普米族自治县,甘孜藏族自治州的稻城县、康定市、理塘县、雅江县、乡城县、九龙县、巴塘县、道孚县和得荣县,凉山彝族自治州的木里藏族自治县、盐源县、冕宁县和西昌市;昌都市的察雅县、八宿县、左贡县和芒康县;林芝市的察隅县;迪庆藏族自治州的香格里拉市、维西傈僳族自治县和德钦县,其中核心圈层包括 12 个区/县,紧密圈层包括 8 个区/县,机会圈层总计 7 个区/县。

冰冻圈与区域可持续发展是冰冻圈科学的应用基础研究方向,尚处于起步阶段,作为其重要研究内容之一的冰冻圈旅游服务研究,是该领域的热点之一。在界定大香格里拉冰川旅游辐射范围的基础上,从冰冻圈资源、经济、社会、生态四方面,遴选了 18 项指标,构建了区域发展水平评价指标体系,采用熵值法、综合指数评价模型与地理探测器相结合的分析方法,综合评价了该地区发展水平,明晰了区域发展水平等级与空间分布格局,揭示了影响发展水平的关键因素。2008～2017 年,大香格里拉地区冰川旅游辐射区发展水平提升了 23.08%,受冰冻圈资源变化影响大,在气候变暖背景下,冰冻圈资源发展指数的走低,使得发展前景不容乐观;研究区以中等及以下发展水平为主,各地区发展不平衡,发展水平差异呈现先扩大后缩小的趋势。高水平分布区不断扩展,受地形影响分布离散破碎,各县域发展相对独立;低水平和较低水平发展区主要分布在中部和西部地区,发展不稳健;冰冻圈资源是影响研究区区域发展水平的主导因素,经济和社会作用的凸显,在一定程度上抵消了冰冻圈资源萎缩的负面影响。冰川面积、冰川面积覆盖率、人均全社会消费品零售总额、旅行社数量和城镇化率是区域发展水平的主要影响因子。

5.4 海螺沟冰川旅游发展与甘孜州地区经济增长互馈关系分析

5.4.1 数据与研究方法

1)研究区概况

海螺沟冰川森林公园(以下简称海螺沟冰川)位于青藏高原东南缘,贡嘎山东坡(29°29′30″N～29°39′20″N,101°52′49″E～102°15′45″E)(图 5-28),地处四川省甘孜藏族自治州的泸定、康定、九龙和雅安市的石棉 4 县交界区,由海螺沟、燕子沟、磨子沟、南门关沟、雅家坪、磨西台地六个景区组成,拥有"国家 5A 级旅游景区"、"国家级风景名胜区"、"国家级自然保护区"、"国家地质公园"、"国家森林公园"、中国唯一的"冰川森林公园"和国家生态旅游示范区等多项桂冠。海螺沟内的冰川面积达 31km²，包括 3 条山谷冰川和 8 条悬冰川、冰斗冰川。其中，海螺沟 1 号冰川面积最大，其顶点海拔 6750m，末端海拔 2850m，是地球上同纬度冰川中海拔最低的。它自上而下由粒雪盆、大冰瀑布和冰川舌三级阶梯组成，全长 13km。冰川舌厚达 40～150m，其上有体态各异、造型奇特的冰川景观。冰川舌长 5km，全部伸进原始冷杉林带，形成了世界罕见的冰川与原始森林交错共存的自然绝景，因此成为地区发展旅游业的重要资源。

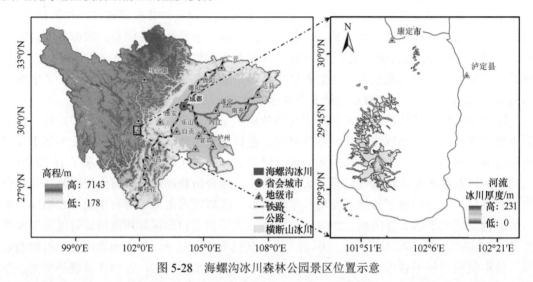

图 5-28 海螺沟冰川森林公园景区位置示意

贡嘎山海螺沟冰川距离主要客源地成都、重庆较近，交通可达性高，冰川末端海拔较低，是全球可进入性最强的海洋型冰川。截至 2021 年 12 月，海螺沟冰川森林公园接待国内外游客 242 万人次，旅游综合收入达到 26.67 亿元。

2）数据来源及处理

本节使用了四川省甘孜州地区生产总值（gross domestic product，GDP）数据与甘孜州海螺沟景区旅游综合收入（tourism revenue，TR）数据。其中，GDP 数据取自《甘孜州统计年鉴》，时间跨度为 1990～2021 年，GDP 表示甘孜州经济增长水平。TR 数据来自甘孜州海螺沟景区管理局，时间尺度为 1990～2021 年。TR 是海螺沟景区在一定时间内（本节以年为单位）通过向国内外游客销售旅游产品、旅游商品以及提供其他劳务所获得的货币总收入。这包括了饮食、住宿、交通、购物、娱乐等各类消费性收入，以及门票收入、酒店住宿、交通、观光车辆和索道、餐饮、文化服务、休闲娱乐、旅行社和其他预订服务等各项收入。TR 是衡量旅游地旅游经济地位的重要指标（田里，2016），它反映了海螺沟冰川旅游的发展水平。为消除时间序列分析中可能存在的异方差性，对样本数据（GDP 和 TR）进行了取自然对数处理，取对数后的新序列分别记为 lnGDP、lnTR，作为后续分析的基础数据。所有的分析过程与结果均采用 Eviews10 软件进行计算，稳健性检验则使用 Stata 17 SE 软件进行分析。

3）研究方法

（1）向量自回归（vector autoregressive，VAR）模型。1980 年，诺贝尔经济学奖获得者 Christopher A. Sims（Sims，1980；Hamilton，1994）将 VAR 模型引入经济学领域，推动了经济系统动态性分析的广泛应用。VAR 模型是用模型中所有当期变量对所有变量的若干滞后变量进行回归，且不带有任何事先约束条件。VAR 模型用于预测相互关联的时间序列系统，以及分析随机扰动对变量系统的动态冲击，从而解释各种经济冲击对经济变量形成的影响（高铁梅，2006）。具体来说，本节引入的是非限制向量自回归模型 [VAR（p）]，其数学表达式为

$$y_t = \Phi_1 y_{t-1} + \cdots + \Phi_p y_{t-p} + H x_t + \varepsilon_t \qquad t=1,\cdots,T \tag{5-22}$$

式中，y_t 为 k 维内生变量列向量；x_t 为 d 维外生变量列向量；p 为滞后阶数；T 为样本个数；$k \times k$ 维矩阵 Φ_1，$\cdots$，Φ_p 和 $k \times d$ 维矩阵 H 为待估计的系数矩阵；ε_t 为 k 维随机扰动列向量，它们相互之间可以同期相关，但不与自己的滞后值相关且不与等式右边的变量相关，假设 Σ 是 ε_t 的协方差矩阵，是一个（$k \times k$）的正定矩阵，式（5-22）可以展开表示为

$$\begin{bmatrix} y_{1t} \\ y_{2t} \\ \vdots \\ y_{kt} \end{bmatrix} = \Phi_1 \begin{bmatrix} y_{1t-1} \\ y_{2t-1} \\ \vdots \\ y_{kt-1} \end{bmatrix} + \cdots + \Phi_p \begin{bmatrix} y_{1t-p} \\ y_{2t-p} \\ \vdots \\ y_{kt-p} \end{bmatrix} + H \begin{bmatrix} x_{1t} \\ x_{2t} \\ \vdots \\ x_{kt} \end{bmatrix} + \begin{bmatrix} \varepsilon_{1t} \\ \varepsilon_{2t} \\ \vdots \\ \varepsilon_{kt} \end{bmatrix} \qquad t=1,\cdots,T \tag{5-23}$$

即含有 k 个时间序列变量的 VAR(p) 模型由 k 个方程组成。

（2）VAR 模型分析流程概述。运用 VAR 模型分析冰川旅游发展与地区经济增长关系，需要经过 7 个步骤，具体为：①平稳性检验。在经典计量经济学中，利用时间序列数据建模时，一个重要假设是数据序列必须是平稳的。不平稳的数据序列可能会导致统计检验结果出现较大的偏差，甚至出现"虚假回归"的问题，因此，在构建 VAR 模型之前，使用扩展的迪基–富勒单位根检验方法（augmented Dickey-Fuller test，ADF）来检验两个变量数据序列的平稳性（Dickey and Fuller，1979）。若 ADF 检验值小于在某种显著性水平下的临界值，则认为该序列不存在单位根，为平稳序列，拒绝原假设，否则就接受原假设，认为序列存在单位根，即为非平稳序列。②协整检验。采用 Engle 和 Granger 协整检验方法（E-G 两步法）来检验两个变量间的协整关系（Engle and Granger，1987）。根据 Engle 和 Granger 的协整理论，如果两个变量的某个线性组合处于稳定状态，那么就可以认为两个变量是协整的，存在长期的均衡关系。③模型阶数确定。在构建 VAR 模型时，需要确定最优的滞后期，根据赤池信息准则（Akaike information criterion，AIC）（Akaike，1974）、施瓦茨准则（Schwarz criterion，SC）（Schwarz，1978）、似然比检验（likelihood ratio，LR）（Moreira，2003）、最终预测误差（final prediction error，FPE）（Akaike，1974）和汉南–奎因（Hannan-Quinn，HQ）准则（Akaike，1974）来确定 VAR 模型的最优滞后阶数。④模型稳定性检验。确定了 VAR 模型的阶数后，对于滞后长度为 p 且有 k 个内生变量的 VAR 模型，AR 特征多项式有 $p \times k$ 个根。如果构建的 VAR 模型所有根的倒数的模小于 1，即位于单位圆内，那么就可

以认为 VAR 模型是稳定的。⑤格兰杰因果检验。格兰杰因果关系检验实质上是检验一个变量的滞后变量是否可以引入其他变量方程中，如果一个变量受到其他变量的滞后影响，则称它们具有格兰杰因果关系（Granger，1969；Sims，1972）。本节中，基于步骤①和②的检验结果，对两个平稳数据序列变量，在存在协整关系的情况下，检验它们是否构成格兰杰（Granger）因果关系。⑥脉冲响应函数分析。由于 VAR 模型包含很多参数，而这些参数的经济意义很难解释，因此通常将关注点集中于脉冲响应函数。如果两变量间存在协整关系，并且至少构成单向的格兰杰因果关系，可通过脉冲响应函数（impulse response function，IRF）分析模型受到某种冲击时对系统的动态影响（Hamilton，1994）。⑦方差分解分析。通过方差分解（variance decomposition），可以分析每一个结构冲击对内生变量变化的贡献度，进一步评价不同结构冲击的重要性（Hamilton，1994）。脉冲响应函数描述了 VAR 系统中某个内生变量一个单位的冲击给其他变量所带来的影响，这是一种绝对效果的描述；而方差分解可以分析每个变量的更新对 VAR 系统变量影响的贡献度，这是一种相对效果的描述。

5.4.2　VAR 模型构建

（1）ADF 平稳性检验。lnGDP 和 lnTR 两个变量的趋势变化如图 5-29 所示，二者均表现出持续上升的趋势，且在不同的时间段具有不同的均值。因此，初步判断原数据序列可能是非平稳的。然而，由于这两个变量有大致相同的增长趋势，这表明它们可能存在协整关系。为了进一步确认这点，采用 ADF 来检验原数据序列的平稳性，具体结果如表 5-19 所示。

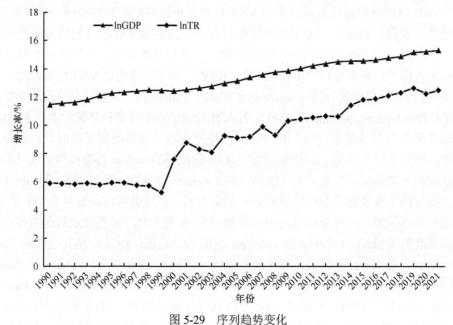

图 5-29　序列趋势变化

表 5-19 各变量平稳性检验结果

变量	检验类型（c,t,m）	ADF 值	显著性水平			P 值	检验结果
			1%	5%	10%		
lnGDP	（c,t,1）	−2.411 9	−4.296 7	−3.568 4	−3.218 4	0.366 4	非平稳
lnTR	（c,t,0）	−3.141 2	−4.284 6	−3.562 9	−3.215 3	0.114 9	非平稳
dlnGDP	（c,0,0）	−3.448 1	−3.670 2	−2.964 0	−2.621 0	0.017 0	平稳
dlnTR	（c,0,1）	−5.221 1	−3.679 3	−2.967 8	−2.623 0	0.000 2	平稳
ε_t	（c,0,0）	−2.694 0	−2.641 7	−1.952 1	−1.610 4	0.008 8	平稳

注：检验类型为（c,t,m），其中，c 表示截距项，t 表示含趋势项，m 表示滞后阶数，d 表示变量的一阶差分。

表 5-19 的结果显示，数据序列 lnGDP 和 lnTR 的 ADF 检验值均大于 1%、5% 和 10% 的临界值，对应的 P 值分别为 0.3664 和 0.1149，这意味着不能拒绝它们具有单位根的假设，从而可以断定原数据序列是非平稳的。但在进行一阶差分处理后，情况有所不同。变量 dlnGDP（表示甘孜州经济增长率）的 ADF 检验值均小于 5% 和 10% 的临界值，其对应的 P 值为 0.0170；变量 dlnTR（表示海螺沟景区旅游综合收入增长率）的 ADF 检验值均小于 1%、5% 和 10% 的临界值，对应的 P 值为 0.0002，这就意味着这两个变量的一阶差分形式都可以被认为是平稳的，即它们都是一阶单整序列，记为 $I(1)$。

（2）E-G 协整检验。由上文 ADF 检验可知，lnGDP 与 lnTR 两个序列为一阶单整序列 I（1），故可进一步检验 I（1）的协整关系。将 lnTR 设定为被解释变量，lnGDP 设定为解释变量，对其进行最小二乘回归估计，结果如表 5-20 所示。

表 5-20 协整方程回归估计结果

变量	回归系数	标准差	T 统计量	P 值
c	−17.879 5	1.537 2	−11.630 9	0.000 0
lnGDP	2.008 5	0.114 6	17.532 7	0.000 0

根据表 5-20 得到如下回归方程

$$\text{lnTR}=-17.879\ 5+2.008\ 5\text{lnGDP}+\varepsilon_t \tag{5-24}$$

该方程拟合优度检验系数 $R^2=0.9111$，拟合效果良好。F 统计量为 307.3968，远大于 $F_{0.05}(1,29)=4.18$，通过显著性检验，表明回归方程具有较好的解释意义。进一步对残差序列 ε_t 进行 ADF 单位根检验，如果残差表现出平稳随机序列特性，则可判定 lnTR 与 lnGDP 两序列间存在协整关系。

残差序列 ε_t（表 5-19）的单位根检验 t 统计量为 −2.694 0，均小于 1%、5% 和 10% 的显著性水平下的临界值，因此拒绝了残差序列 ε_t 存在单位根的原假设，认为残差序列 ε_t 是平稳的，意味着海螺沟景区的旅游综合收入与甘孜州的经济增长之间存在长期稳定的均衡关系。方程回归系数揭示了海螺沟景区旅游综合收入增长与甘孜州经济增长之间的弹性关系。根据式（5-24），甘孜州地区生产总值每增长 1%，海螺沟景区旅游综合收入就会相应增加 2.01%。这表明，甘孜州地区经济增长对海螺沟冰川旅游业的发展具有较为显著的影响。

（3）VAR 模型最优滞后阶数确定。表 5-21 是计算出的 0～7 阶 VAR 模型的 LR、FPE、AIC、SC 以及 HQ 值，其中标注"*"的部分是相应准则下筛选出的滞后阶数。根据同时取最小值所对应的滞后期为模型的最优滞后期的确定原则，确定 VAR 模型的最优滞后阶数为 4。因此，根据最优滞后阶数 4 构建了 VAR 模型，记为 VAR（4），该模型表述如下

$$\begin{bmatrix} d\ln GDP \\ d\ln TR \end{bmatrix}_t = \begin{bmatrix} 0.015 \\ 1.356 \end{bmatrix} + \begin{bmatrix} 0.294 & 0.044 \\ -2.498 & -0.281 \end{bmatrix} \begin{bmatrix} d\ln GDP \\ d\ln TR \end{bmatrix}_{t-1} + \begin{bmatrix} 0.220 & 0.044 \\ -2.819 & -0.468 \end{bmatrix} \begin{bmatrix} d\ln GDP \\ d\ln TR \end{bmatrix}_{t-2}$$
$$+ \begin{bmatrix} 0.019 & 0.032 \\ 3.884 & -0.127 \end{bmatrix} \begin{bmatrix} d\ln GDP \\ d\ln TR \end{bmatrix}_{t-3} + \begin{bmatrix} -0.018 & 0.037 \\ -5.103 & -0.253 \end{bmatrix} \begin{bmatrix} d\ln GDP \\ d\ln TR \end{bmatrix}_{t-4} + \begin{bmatrix} \varepsilon_{1t} \\ \varepsilon_{2t} \end{bmatrix} \quad (5\text{-}25)$$

表 5-21　VAR 模型最优滞后阶数选取准则

Lag	logL	LR	FPE	AIC	SC	HQ
0	3.662 4	NA	0.003 0	−0.138 7	0.040 6*	−0.112 7
1	8.766 4	8.927 6	0.002 7	−0.230 5	0.064 0	−0.152 4
2	12.088 5	5.259 9	0.002 9	−0.174 0	0.316 8	−0.043 8
3	14.228 6	3.031 8	0.003 5	−0.019 1	0.668 1	0.163 3
4	25.025 9	13.496 6*	0.002 1*	−0.585 5*	0.298 0	−0.351 1*
5	25.435 4	0.443 6	0.003 0	−0.286 3	0.793 6	−0.000 2
6	29.785 5	3.987 6	0.003 2	−0.315 5	0.960 7	0.023 1
7	31.142 4	1.017 7	0.004 8	−0.095 2	1.377 4	0.295 5

图 5-30 中，单位圆中的点表示 AR 特征根倒数的模，横坐标和纵坐标表示单位数值，如果所有的点都落在单位圆内，表示 VAR(4) 模型平稳。本节建立的两变量滞后 4 期的 VAR(4) 模型共有 8 个特征根，且每个特征根倒数的模落在单位圆内，这表明所构建的

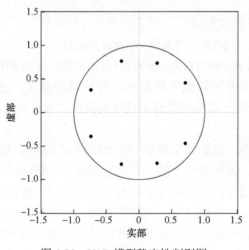

图 5-30　VAR 模型稳定性判别图

VAR(4) 模型通过了稳定性检验，因此，可以进行进一步的脉冲响应函数与方差分解分析。

（4）格兰杰因果检验。对构建的 VAR（4）模型进行格兰杰因果检验，以便确定 dlnGDP 和 dlnTR 之间的因果关系。检验结果见表 5-22，检验结果证明了模型的稳定性，因此，可以进行脉冲响应函数和方差分解分析。

表 5-22　格兰杰因果关系检验

原假设	最优滞后期	样本数	F 值	P 值	结论
dlnTR 不是 dlnGDP 的格兰杰原因	4	27	1.129 9	0.373 7	接受
dlnGDP 不是 dlnTR 的格兰杰原因	4	27	4.181 1	0.014 4	拒绝

由表 5-22 可知，对于第一个假设"dlnTR 不是 dlnGDP 的格兰杰原因"，在 5% 显著性水平下，其 F 值为 1.129 9，相应的伴随概率 P 值为 0.373 7，大于 5% 的检验水平，因此不能拒绝原假设，认为 dlnTR 不是 dlnGDP 的格兰杰原因。对于第二个假设"dlnGDP 不是 dlnTR 的格兰杰原因"，在 5% 的显著性水平下，其 F 值为 4.181 1，P 值为 0.014 4，小于 5% 的检验水平，因此拒绝原假设，认为 dlnGDP 是 dlnTR 的格兰杰原因。综上可见，甘孜州经济增长率是海螺沟景区旅游综合收入增长率的格兰杰原因，但海螺沟景区旅游综合收入增长率不是甘孜州经济增长率的格兰杰原因，两者间存在由甘孜州经济增长率向海螺沟景区旅游综合收入增长率的单向格兰杰原因。表明甘孜州经济增长对海螺沟冰川旅游发展水平的提高具有一定的影响作用，但海螺沟景区旅游综合收入的增长不一定能够影响甘孜州经济发展。

5.4.3　甘孜州地区经济增长与海螺沟景区旅游发展之间的不对称关系分析

如上节的分析所示，VAR（4）模型通过了平稳性检验，并且存在甘孜州经济增长率是海螺沟景区旅游综合收入增长率的单向格兰杰原因。因此，本节将通过脉冲响应函数分析甘孜州经济增长率（dlnGDP）和海螺沟景区旅游综合收入增长率（dlnTR）分别对自身以及对对方的冲击作用（图 5-31）。

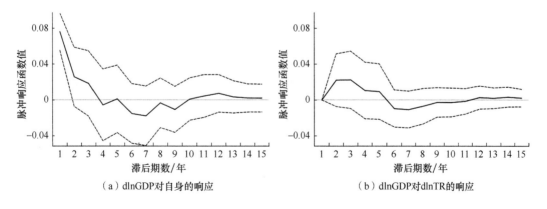

（a）dlnGDP 对自身的响应　　　　　（b）dlnGDP 对 dlnTR 的响应

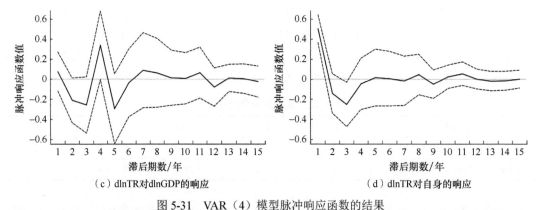

（c）dlnTR对dlnGDP的响应 　　　　（d）dlnTR对自身的响应

图 5-31　VAR（4）模型脉冲响应函数的结果

实线表示变量受冲击后的走势，上下两条虚线表示正负 2 倍的标准差偏离带

（1）从甘孜州经济增长率所受到的冲击来看，当其受到一个标准差的新息冲击后，它会在当前时期（本节使用的是年度数据，因此预测单位为年）立即做出反应。在第 1 个周期，冲击值达到 0.08，随后连续波动下降，直到第 7 个周期降至 –0.02 左右，然后从第 8 个周期开始波动上升，直到第 10 个周期以后保持微弱的正向冲击效应 [图 5-31（a）]。这说明，甘孜州的经济增长率在较长的时间内对自身有一个正向的冲击作用。图 5-31（b）显示，当 dlnGDP 受到 dlnTR 的正向冲击后，从第 1 个周期开始上升，并在第 2 个周期达到最高值 0.02，然后冲击效应连续下降至第 6 个周期的 –0.01，从第 7 个周期开始轻微上升，然后保持相对稳定的状态。可见，在前 5 个周期内，dlnTR 对 dlnGDP 有一个正向的脉冲作用，在第 6～第 8 个周期存在一个短暂的负向冲击，在第 9 个周期以后，其影响不再具有统计显著性。这说明，在较长的时间内，dlnTR 对 dlnGDP 的冲击作用并不明显。总体上，从较长时期看，甘孜州经济增长率主要受自身内部结构的影响，而在短期内受自身内部结构和海螺沟景区旅游综合收入增长率的双重影响，这种影响为正向效应。

（2）海螺沟景区旅游综合收入增长率所受冲击如图 5-31（c）显示，dlnTR 在前 6 期受到 dlnGDP 的"W"形态的冲击。具体而言，在第 1～第 3 期，它经历了负向冲击，然后在第 4 期达到正向冲击的最高值，接近 0.4，随后在第 5 期又达到第二个负向冲击峰值（–0.3）；第 7～第 11 期，它经历了一个正向的冲击，第 12 期以后趋于平稳。可见，甘孜州经济增长率对海螺沟景区旅游综合收入增长率的冲击响应时期相对较长。另外，如图 5-31（d）所示，dlnTR 在当期对其自身的一个标准差信息冲击做出了快速反应，这个冲击值在第 1 期达到 0.5，在第 2～第 4 期又经历了一个短暂的负向冲击，冲击值达到 –0.3，从第 5 期开始长期保持稳定，并最终收敛至 0。这表明，海螺沟景区旅游综合收入增长率对自身的冲击效应不具有持久性。

综上所述，甘孜州经济增长率与海螺沟景区旅游综合收入增长率之间呈不对称关系，表现在：①由甘孜州经济增长率引起的冲击响应持续时期更长。甘孜州经济增长率对自身和海螺沟景区旅游综合收入增长率的冲击响应时期长度分别为 10 期和 12 期，而海螺沟景区旅游综合收入增长率对甘孜州经济增长率以及对自身的冲击响应时期长度分别为 7 期和 5 期。②由甘孜州经济增长率引起的冲击作用远大于由海螺沟景区旅游综合收入增长率引起的冲击作用。图 5-30(b)和(c)的纵轴冲击函数值显示,dlnTR 对 dlnGDP 冲击的最大值约为 0.02,dlnGDP 对 dlnTR 冲击的最大值约为 0.4,两者相差 19 倍。可见,甘孜州地区经济增长可显著助推海螺沟景区旅游综合收入的提高。

5.4.4 甘孜州地区经济增长与海螺沟景区旅游发展关系的量化分析

上节分析表明,甘孜州地区经济增长与海螺沟景区旅游发展之间存在明显的不对称关系,本节将通过方差分解分析进一步量化这种不对称关系。

就甘孜州经济增长率方差分解结果而言(表 5-23),第 1 期受自身波动冲击 100%的影响,随后,从第 2 期开始,海螺沟景区旅游综合收入增长率对甘孜州经济增长率的影响逐渐显现。在冲击初期阶段,dlnTR 对 dlnGDP 的冲击强度约为 7.0611%,到第 3 期冲击强度进一步增加至 12.7947%。值得注意的是,从第 3 期开始,冲击强度持续增加,至第 7 期达到最大值 15.9997%,而在此后的各个时期,冲击强度平稳保持在约 16%。相应地,dlnGDP 对自身的冲击强度从第 7 期起也保持相对稳定,约为 84%。总体来看,海螺沟景区旅游综合收入增长率对甘孜州经济增长率的冲击强度较弱,长期来看,海螺沟景区的旅游综合收入增长率对甘孜州经济增长率的贡献相对较小,这与前文海螺沟景区旅游综合收入增长率对甘孜州经济增长率的冲击作用不明显的结论相一致。

表 5-23 甘孜州经济增长率和海螺沟景区旅游综合收入增长率的方差分解表

周期	dlnGDP 方差分解			dlnTR 方差分解		
	S.E.	dlnGDP/%	dlnTR/%	S.E.	dlnGDP/%	dlnTR/%
1	0.0762	100.0000	0.0000	0.5114	2.2256	97.7744
2	0.0834	92.9389	7.0611	0.5714	15.5156	84.4844
3	0.0883	87.2053	12.7947	0.6748	25.4483	74.5517
4	0.0891	86.0217	13.9783	0.7563	40.2823	59.7177
5	0.0896	85.0683	14.9317	0.8119	48.1441	51.8559
6	0.0914	84.5547	15.4453	0.8128	48.2490	51.7510
7	0.0937	84.0003	15.9997	0.8178	48.8458	51.1542
8	0.0940	83.5713	16.4287	0.8216	48.9825	51.0175
9	0.0946	83.7131	16.2869	0.8232	48.8251	51.1749
10	0.0947	83.6485	16.3515	0.8236	48.7866	51.2134

从海螺沟景区旅游综合收入增长率方差分解结果来看(表 5-23),第 1 期就受到甘孜州经济增长率的冲击影响,冲击强度为 2.2256%,第 1 期之后,该冲击强度呈现出持续增强的态势,至第 7 期后,这一冲击强度稳定在约 49%。其最大贡献出现在第 8 期,此时贡献率达到 48.9825%。在此期间,dlnTR 受自身结构冲击的强度从第 1 期起逐渐降低,至第 7 期后,这一冲击强度趋于稳定,约为 51%。这一结果显示,dlnGDP 对 dlnTR 具有较强的冲击强度,这与前文"甘孜州经济增长率是海螺沟旅游收入增长率的格兰杰原因"的结果相一致,换言

之，早期的甘孜州地区经济增长率和海螺沟景区旅游综合收入增长率有助于解释未来海螺沟景区旅游综合收入增长率状况。

出现以上结果，主要缘于甘孜州地区经济增长是由第一产业、第二产业、第三产业共同作用的结果，旅游业仅是第三产业的一部分，而海螺沟景区则仅仅是甘孜州众多旅游景点中的一处。实际上，海螺沟景区在 2021 年的旅游综合收入只占甘孜州旅游综合收入的 6.8%，但这并不意味着后期海螺沟景区旅游综合收入对甘孜州地区经济发展的影响效应会消失。事实上，旅游和经济是双向良性互动的促进关系，随着社会经济的发展，人们生活水平不断提高，基础设施，如公路的建设也在加快（截至 2020 年底，四川省的公路总里程数位居全国第一），另外，国家相关休闲旅游政策的逐步推出，以及当前（即后北京冬奥会时代）持续的冰雪旅游热潮，都为海螺沟冰川旅游的快速发展提供了前所未有的机遇。

5.4.5 稳健性检验

为了进一步证实上文的结论，采用工具变量法进行稳健性检验。从海螺沟冰川旅游发展与甘孜州地区经济增长之间的互动逻辑来看，虽然 VAR 模型描述了内生变量的变化过程，但建立的 VAR 模型中，变量的历史观测数据可能受到一些重要外生因素，如"国家和地区的政策以及投资"等的影响。然而，由于理论认识的不足或变量无法观测等，在实际建模中可能并不能将全部遗漏变量列出，会遗漏一些重要的解释变量。在分析结论时，如果没有考虑这些遗漏变量，可能导致模型的"误读"。因此，这种双向关系在估计中产生了内生性问题。内生性问题是实证经济分析中不能忽视的情形。在处理这种问题时，除了寻找外部工具变量外，也可以常用内生变量的滞后项作为工具变量，这在经济学的各个学科中也非常普遍。本节选取了滞后一期的被解释变量 lnGDP 作为工具变量，检验其是否存在内生性问题，具体的回归结果如表 5-24 所示。

根据表 5-24 的结果，lnTR 与 lnGDP 之间存在显著的正相关关系。因此，进一步对工具变量的内生性进行了检验。对于原假设：变量是外生的，Durbin（score）的 chi2（1）值为 29.5443（P=0.0000），而 Wu-Hausman F（1，28）的值为 568.293（P =0.0000）。内生性检验结果显示，P 值小于 0.01，因此拒绝原假设，表明变量之间存在一定的内生性问题，即 lnGDP 与 lnTR 之间可能存在一定程度的相互因果关系，lnTR 在影响 lnGDP 的同时也会受到 lnGDP 的反向影响，这一发现证实了本节的回归结果是稳健的。

表 5-24　稳健性检验结果

变量	lnTR		常量		样本量/个	R^2
lnGDP	0.490***	（17.61）	8.982***	（34.44）	31	0.901

*** P<0.01，括号中为 z 统计量。

5.4.6 结语

以海螺沟冰川森林公园为研究区，利用 1990～2021 年海螺沟景区旅游综合收入与甘孜州地区生产总值数据,通过构建 VAR 模型,分析了甘孜州地区经济增长率和海螺沟景区旅游综合收入增长率之间的互馈关系,并进行了稳健性检验。

(1) 甘孜州地区经济增长水平和海螺沟景区冰川旅游业发展水平之间存在长期稳定的均衡关系。这种均衡关系是一种弹性关系,即甘孜州 GDP 每增长 1% 会带动海螺沟景区旅游综合收入增加 2.01%,表明甘孜州地区经济增长对海螺沟景区旅游业发展具有较为显著的正向影响。

(2) 甘孜州经济增长率与海螺沟景区旅游综合收入增长率之间存在不对称的依存关系,甘孜州经济增长率对自身和对海螺沟景区旅游综合收入增长率的影响持续时期更长,贡献率更为显著,分别约为 84% 和 49%,而海螺沟景区旅游综合收入增长率对自身和对甘孜州地区经济增长的贡献率分别约为 51% 和 16%。甘孜州地区经济增长可明显推动海螺沟冰川旅游发展,而海螺沟冰川旅游发展对甘孜州地区经济发展的提质加速作用有限。

5.5 基于社会学的冰川旅游发展感知与态度研究

5.5.1 大香格里拉地区居民对冰川旅游的感知

1. 数据与方法

1) 研究区概况

大香格里拉地区位于川藏滇交界处,介于 92°E~104°E,26°N~34°N,总面积 57.86 万 km²,降水充沛,年降水量 >1000mm,海拔由东南向西北递增,山岭海拔多在 4000m 左右。冰川以海洋型冰川为主,占全国冰川总面积的 14.56%,是西部地区冰川旅游开发相对较成熟的地区。根据地理区位、资源类型、景区级别的不同,本节选择五个代表性景区,从东向西依次为:达古冰川风景名胜区、海螺沟冰川森林公园、稻城亚丁风景区、玉龙雪山国家风景名胜区和梅里雪山国家公园(图 5-22),各景区基本概况见表 5-25。

表 5-25 冰川旅游景区基本特征概况

景区	达古冰川	梅里雪山	稻城亚丁	海螺沟	玉龙雪山
区位	位于中国四川省阿坝藏族羌族自治州黑水县境内	位于西藏自治区察隅县东部与云南迪庆藏族自治州德钦县交界处	位于四川省甘孜州藏族自治州稻城县香格里拉镇	位于四川省泸定县磨西镇贡嘎山东坡	位于玉龙纳西族自治县境内
景点级别	AAAA 级	AAAA 级	AAAA 级	AAAAA 级	AAAAA 级
资源类型	亚洲最大红叶彩林旅游区;旅游度假目的地;最具影响力新美景;全球第一高海拔观光索道	国家公园;最美的"十大名山"之一;最具国际品牌价值旅游景区	国家级自然保护区、省级风景名胜区	国家级风景名胜区;国家级自然保护区;国家地质公园;国家森林公园	国家级风景名胜区;国家地质公园

2) 数据及其来源

2019 年 7 月 13 日~8 月 1 日课题组在达古冰川风景名胜区、梅里雪山国家公园、海螺沟冰川森林公园、稻城亚丁风景区和玉龙雪山国家风景名胜区及其附近开展了为期约 20d 的实地调查，调查对象选取 5 个景区附近居民，实地发放问卷 817 份，共回收 817 份，剔除回答不全、填写不完整及存在明显逻辑错误的问卷 30 份，最后得到有效问卷 787 份，占回收问卷的 96%。五地分别发放问卷 99 份、161 份、149 份、142 份和 266 份，有效回收率分别为 97%、97%、94%、99% 和 95%。

3）冰川旅游感知研究问卷设计与调查方法

（1）问卷结构。5 个景区采用同样的问卷设计、结构和方法。问卷设计主要基于课题研究需要，同时借鉴吸收前人研究成果，经过预检测与修改，调查问卷分为四部分：第一部分为被调查人基本信息，主要包括民族、性别、年龄、文化程度、主要职业和籍贯；第二部分为冰川旅游发展感知项；第三部分为当地居民冰川旅游参与情况项；第四部分采用五点李克特式量表，为冰川旅游发展影响感知项。结合实际情况，选取居民参与情况、冰川旅游发展情况、发展影响情况三大要素进行评价。

（2）偏差控制。问卷初稿完成后，征询相关专家意见，先后进行四次团体座谈，并对典型样本进行深度讨论和预研究。调查开始前对调查人员进行了规范教育，严格科学执行询问。考虑调查地区居民的特殊性，调查过程中由当地村干部引导，避免语言沟通出现差异。为避免居民相互观点影响，采取面对面、一对一方式；为消除居民对调查的敏感性，事先说明调查仅用于科学研究。

4）评价方法

运用 Excel 2007 对调查问卷问题及答案进行统一编码，按感知程度采用五级尺度度量，并分别赋值 1、2、3、4、5 予以计分；考虑该问卷负面感知的所有变量为反向问题，对反向问题进行一致性处理，即反向问题指标予以反向计分，按 5、4、3、2、1 顺序分别赋值。然后运用 SPSS 21.0 对数据进行统计分析，主要分析方法包括感知强度模型、因子分析、模糊综合评价模型和重要性-表现性分析（importance-performance analysis，IPA）法。

（1）感知强度模型。感知强度的计算公式如下（张兰生等，2005；邓茂芝等，2011a，2011b）

$$G_j = \frac{\sum\limits_{i}^{n} P_i N_{ij}}{\sum\limits_{i}^{n} N_{ij}} \tag{5-26}$$

式中，G_j 为某特征居民对 j 问题的相对感知强度平均值；P_i 为该特征居民持第 i 种观点的得分；N_{ij} 为该特征居民对 j 问题持第 i 种观点的人数；n 为 j 问题的选项个数。

（2）因子分析。目前关于权重的确定方法比较多，通常由专家主观判断打分确定因子权重（兰宇翔等，2016），这种方式与被调查者的认知存在一定的偏差，故采取因子分析法客观确定居民感知度的权重系数（唐珊珊和于东明，2019）。因子分析法是通过降维处理，从原始众多变量中归纳出几个互不相关的少数综合因子的一种统计分析方法（王佳月等，2018）。应用主成分分析和方差最大旋转法，从变量相关矩阵中提取特征值大于 1 的因子，在此基础上对主因子的方差贡献率和各评价指标的因子载荷进行归一化处理，以此确定各级评价指标的权重。

（3）模糊综合评价法。模糊综合评价法是应用模糊数学的模糊合成原理，将一些边界不易确定的因素定量化，从而进行综合评价的一种方法（黄辉等，2012）。本节在因子分析计算权重的基础上，运用模糊综合评价法计算各级评价指标的居民感知度得分。模糊评价模型的建立分为以下几个步骤：

a. 确定主因子居民感知度的评价矩阵：冰川旅游建设及影响感知。

b. 确定评价对象的因素集：$U = (u_1 \ u_2 \ \cdots \ u_n)$，$n$ 为评价因子个数。

c. 确定评语集 V：评语集分为 5 个等级，即 $V = (v_1 \ v_2 \ \cdots \ v_5)$，其中，$v_1$ 表示不同意，v_2 表示不太同意，v_3 表示一般，v_4 表示较同意，v_5 表示很同意。

d. 作出单因素评价

$$R = \begin{bmatrix} r_{11} & r_{12} & \cdots & r_{15} \\ r_{21} & r_{22} & \cdots & r_{25} \\ \vdots & \vdots & & \vdots \\ r_{n1} & r_{n2} & \cdots & r_{n5} \end{bmatrix}$$

e. 模糊综合评价：采用 $M(\bullet, \ \oplus)$ 模型，对各主因子指标评价集进行处理，$B = A \cdot R$，A 为权重矩阵，$A = (\alpha_1 \ \alpha_2 \ \cdots \ \alpha_n)$。

f. 模糊综合评价结果：$P = B \cdot V$。

（4）IPA 法。IPA 法是将空间划分为 4 个象限，明确改进策略的方法，最初是营销行业对产品在被使用之前在消费者心目中的重要性（importance）和使用之后消费者的实际表现（performance）进行比较，找出优势及劣势资源，指导企业进行资源再分配的方法（程溪苹和孙虎，2012）。本节用于分析冰川旅游建设过程中的优势与劣势，并针对 4 个象限从继续提升、适度调控、后续扩张和重点改进四方面提出冰川旅游发展策略。

2. 受访居民基本特征

表 5-26 显示受访者的人口学特征，调查的居民绝大多数为当地少数民族，且五地少数民族所占比例符合当地民族构成，玉龙雪山民族其他选项比例高达 70%，景区附近居民多为纳西族、彝族和白族；受访人群中男性比例高于女性，平均性别比为 1∶1.41，基本符合我国人口性别特征；年龄结构中青壮年所占比例巨大，19～40 岁占 63%，41～60 岁占 20.08%；在文化程度方面，五个景区居民小学及以下、初中、高中/中专所占比例高达 68%，说明受访地缺乏高素质人才，其中在初中及以下居民文化程度方面，梅里雪山和海螺沟所占比例差距不大，为 55% 左右，远高于达古冰川（33%）、稻城亚丁（36%）和玉龙雪山（24%）；从受访者职业来看，受访者主要从事旅游服务和个体工作，占总调查人数的 54.38%，受调查者职业所占比例构成符合当地经营主业，被调查居民具有一定的代表性；本地出生居民的调查人数平均占比 85.69%，对本地冰川旅游发展水平有一定的认知。

表 5-26　五个冰川旅游地样本基本特征比较

项目		达古冰川	梅里雪山	海螺沟	稻城亚丁	玉龙雪山
民族	藏族/%	68.75	67.31	10.71	58.16	3.94
	汉族/%	20.83	27.56	81.43	35.46	25.19
	回族/%	3.13	0	0.71	0.71	0.79
	其他/%	7.29	5.13	7.15	5.67	70.08
性别	男/%	58.33	59.62	50.71	58.87	63.39
	女/%	41.67	40.38	49.29	41.13	36.61
年龄	18 岁及以下/%	4.17	16.03	17.14	22.69	4.72
	19～40 岁/%	54.17	57.69	60.72	65.96	75.60
	41～60 岁/%	37.49	19.87	20.00	11.35	18.50
	60 岁以上/%	4.17	6.41	2.14	0	1.18
文化程度	小学及以下/%	21.88	26.28	8.57	9.93	5.12
	初中/%	11.46	26.28	45.00	26.24	18.50
	高中/中专/%	21.88	23.08	23.57	34.75	36.62
	大专/本科/%	44.78	24.36	22.86	29.08	39.76
	研究生及以上/%	0	0	0	0	0
职业	种植业/%	3.12	15.71	7.86	1.42	6.69
	畜牧业/%	16.67	4.16	0.71	1.42	1.18
	旅游服务/%	47.92	19.23	28.57	26.24	40.16
	个体/%	10.42	26.28	22.85	24.82	21.65
	务工/%	3.12	4.49	10.00	11.35	7.88
	学生/%	7.29	23.72	23.58	28.37	16.14
	其他/%	11.46	6.41	6.43	6.38	6.30
籍贯	本地居民占比/%	86.00	94.23	83.57	70.92	93.70
	样本数量/个	96	156	140	141	254

3. 居民的冰川旅游感知度分析

1）受访居民基本态度感知

针对居民基本态度感知（图 5-32），95.30%的受访者支持本地冰川旅游发展，97.84%的受访者欢迎外来游客到本地参观。其中，达古冰川、海螺沟、稻城亚丁和梅里雪山 4 个景区表示支持当地发展冰川旅游的比例均超过 96%，欢迎外来游客到本地参观的比例均超过 98%，仅在玉龙雪山两个比例比较低，为 89.76%、95.67%，更甚的是，该景区近 1.97%的受访者排斥外来游客，10.24%的受访者对冰川旅游发展持无所谓态度，55.51%的受访者持"带来利益支持"态度，感知态度明显比其他景区消极。为进一步量化 5 个景区居民对冰川旅游发展的总体态度，根据判断程度依次赋予选项分值 1、2、3、4，运用式（5-26）

计算得到各冰川旅游景区居民的基本态度感知强度。结果显示，海螺沟得分最高，为 3.76；玉龙雪山最低，为 3.24；其余三个景区依次为达古冰川 3.75、稻城亚丁 3.68 和梅里雪山 3.56。

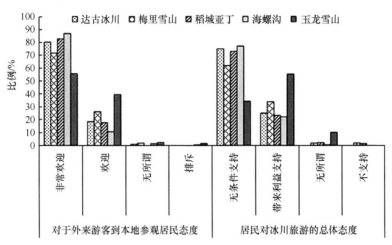

图 5-32 居民基本态度感知

调查发现，5 个景区居民对冰川旅游发展的支持程度和对外来游客的欢迎程度呈现比较明显的差异。海螺沟经营主体是政府，冰川旅游开发程度相对较高，收入由政府统筹主要用于景区开发及周边村乡建设，居民基本均受益，总体感知得分最高；达古冰川虽开发程度比较低，但景区的开发使得附近基础设施逐渐完善，居民获得一定利益；稻城亚丁经营主体为企业，稻城县确定了"旅游全域化"的发展之路，居民参与经营程度高；梅里雪山虽开发主体是政府，但开发程度低，大多数居民因对自然的崇拜，参与冰川旅游的程度有限；玉龙雪山开发程度高，但周围居民参与程度低，感受不到冰川旅游发展带来的效益，反而对旅游发展使居住环境质量下降感受敏感，得分最低。可见，在大香格里拉地区，近九成居民支持发展冰川旅游，各景区居民支持程度的差异主要源于景区开发经营管理模式、居民参与从中受益程度及宗教信仰保护的不同。

2）受访居民参与情况感知

（1）居民参与方式分析。总体而言，63.54% 的受访者参与了本地冰川旅游，参与形式单一，主要利用民居和商铺进行餐饮住宿接待，并且销售与景区相关的小纪念品。其中，47.54% 的受访者主要参与住宿餐饮业，以中青年妇女为主经营一些本土特产，以中青年男性为主进行一些景区公路养护、护林员和环卫工的工作。

5 个景区参与情况对比而言，稻城亚丁受访者参与率高达 89.36%，海螺沟为 85.71%，玉龙雪山为 71.26%，达古冰川为 63.54%，梅里雪山相对较低，为 50.64%。达古冰川受访者参与工作主要为住宿餐饮和景区管理，两者合计 75.24%；梅里雪山和海螺沟主要为住宿餐饮，占比均在 55% 以上；稻城亚丁和玉龙雪山参与方式多样，除主要的住宿餐饮外，牵马护送游客、景区管理和导游也是居民主要的参与方式。

结果分析说明，冰川旅游景区居民参与方式单一，多从事体力劳动基础性工作，所需文化水平不高；五大景区除梅里雪山以外，其他景区居民参与率较高。

（2）居民收入情况分析。冰川旅游区居民的旅游收入逐渐递增，大部分居民反映真正从冰川旅游发展中获利，其中 77.42% 的受访者认为近几年参与冰川旅游收入有所增加，旅游收益占家庭年收入一半以上的受访者达到 54.15%，说明冰川旅游发展过程中，旅游收入对家庭总收入有一定贡献，一定程度上提高了居民的生活水平。

但是不同景区结果表明，在冰川旅游收入有所增加的受访者占比中，海螺沟最高，为89.17%；梅里雪山最小，为 58.23%；其余三个景区依次为稻城亚丁 84.13%，达古冰川78.69%，玉龙雪山 72.93%。其中认为明显增加的受访者比例中，五个景区均不足 50%，特别是达古冰川、梅里雪山和玉龙雪山，比例均不超 1/3，说明居民受益程度小。

以上分析说明，冰川旅游发展带来一定的社会效益，但经济受益程度小，仅少部分居民受益颇多。其中，玉龙雪山居民的受益程度与景区发展程度严重不符，稻城亚丁和海螺沟相对于其他三个景区，居民所受利益较高。据走访情况，玉龙雪山和达古冰川都存在居民与景区联系较小的问题，居民参与机会不多；梅里雪山当地以朝圣为主，经济刺激不大，居民对梅里雪山开发存在较大意见。

3）冰川旅游建设及影响感知

（1）各级指标权重计算。运用 SPSS 21.0 软件对 10 个影响项和 4 个发展项进行因子分析，居民感知的 KMO > 0.5（值为 0.849），Bartlett 的球形度检验 Sig 值 < 0.001，表明指标数据非常适合进行因子分析。由得出的特征值与方差贡献率可知，前四个因子的特征值大于 1，公因子累积方差贡献率 > 50%（值为 54.604%），已包含原始变量的大部分信息，因素分析结果可以接受（吴明隆，2010）。因此，把 14 个评价指标划分为四类主因子进行研究，具体旋转后的因子载荷矩阵如表 5-27 所示。

表 5-27　居民感知因子分析

因子	评价指标	载荷	特征值	方差贡献率/%	累积方差贡献率/%
景区发展效果（P1）	收入逐渐增加（X1）	0.638	3.957	28.265	28.265
	景点知名度提高（X2）	0.759			
	基础设施逐步完善（X3）	0.671			
	居民参与人数增多（X4）	0.732			
	外来务工人员增多（X5）	0.659			
	外地参观人数增多（X6）	0.688			
	加强自然资源的节约（X7）	0.593			
	宣传使居民对冰川旅游了解加深（X10）	0.714			
景区发展建设（P2）	冰川旅游发展程度（X11）	0.787	1.452	10.369	38.634
	景区的开发程度（X12）	0.778			
景区发展前景（P3）	景区门票价格（X13）	0.783	1.174	8.388	47.022
	未来发展潜力（X14）	0.508			
游客经营管理（P4）	经营活动单一，以一日游为主（X8）	0.337	1.061	7.582	54.604
	游客环境保护意识不够（X9）	0.746			

根据因子分析结果,对主因子的方差贡献率和各评价指标的因子载荷进行归一化处理,以此确定各级评价指标的权重(表 5-28)。通过四个主因子的方差贡献率分别与"游客经营管理"的累计方差贡献率进行比值运算,得到四个主因子在整个评价体系中的权重。同样方法,各主因子评价体系中,根据评价指标的因子载荷量确定在主因子中的比重,即评价指标在主因子中的权重。为进一步明确各个评价指标在整个评价体系中的地位,对主因子权重与评价指标权重进行乘法运算,得到各评价指标总权重。

表 5-28 评价指标权重

主因子	权重	评价指标	权重	总权重
景区发展效果	0.518	收入逐渐增加	0.117	0.061
		景点知名度提高	0.139	0.072
		基础设施逐步完善	0.123	0.064
		居民参与人数增多	0.134	0.070
		外来务工人员增多	0.121	0.063
		外地参观人数增多	0.126	0.065
		加强自然资源的节约	0.109	0.056
		宣传使居民对冰川旅游了解加深	0.131	0.068
景区发展建设	0.190	冰川旅游发展程度	0.503	0.096
		景区的开发程度	0.497	0.094
景区发展前景	0.153	景区门票价格	0.606	0.093
		未来发展潜力	0.394	0.060
游客经营管理	0.139	经营活动单一,以一日游为主	0.311	0.043
		游客环境保护意识不够	0.689	0.096

(2)居民感知度模糊综合评价。运用模糊综合评价法对居民感知度进行初步评估,分析过程中采用的权重系数为因子分析计算结果的权重,隶属度由各评分等级的选择人数比例确定,感知评分准则为"1 表示感知度低、3 表示感知度一般、5 表示感知度高,1 → 5 表示居民评价感知提高",具体分析结果如下。

感知度的评价矩阵为

$$
R_1 = \begin{bmatrix}
0.011 & 0.027 & 0.076 & 0.375 & 0.511 \\
0.004 & 0.034 & 0.052 & 0.408 & 0.502 \\
0.011 & 0.067 & 0.052 & 0.412 & 0.457 \\
0.019 & 0.043 & 0.113 & 0.384 & 0.441 \\
0.034 & 0.032 & 0.169 & 0.371 & 0.394 \\
0.008 & 0.057 & 0.100 & 0.343 & 0.492 \\
0.014 & 0.112 & 0.074 & 0.343 & 0.457 \\
0.028 & 0.065 & 0.119 & 0.339 & 0.449
\end{bmatrix}
$$

$$R_2 = \begin{bmatrix} 0.178 & 0.525 & 0.187 & 0.111 & 0.000 \\ 0.118 & 0.428 & 0.348 & 0.105 & 0.000 \end{bmatrix}$$

$$R_3 = \begin{bmatrix} 0.065 & 0.241 & 0.632 & 0.062 & 0.000 \\ 0.371 & 0.510 & 0.103 & 0.017 & 0.000 \end{bmatrix}$$

$$R_4 = \begin{bmatrix} 0.032 & 0.093 & 0.117 & 0.394 & 0.365 \\ 0.316 & 0.377 & 0.097 & 0.123 & 0.086 \end{bmatrix}$$

模糊综合评判为

$$B_1 = W_1 \Lambda R_1 = (0.016 \quad 0.054 \quad 0.094 \quad 0.373 \quad 0.463)$$

$$B_2 = W_2 \Lambda R_2 = (0.148 \quad 0.477 \quad 0.267 \quad 0.108 \quad 0.000)$$

$$B_3 = W_3 \Lambda R_3 = (0.185 \quad 0.347 \quad 0.424 \quad 0.044 \quad 0.000)$$

$$B_4 = W_4 \Lambda R_4 = (0.228 \quad 0.289 \quad 0.103 \quad 0.207 \quad 0.173)$$

$$B = \begin{bmatrix} 0.016 & 0.054 & 0.094 & 0.373 & 0.463 \\ 0.148 & 0.477 & 0.267 & 0.108 & 0.000 \\ 0.185 & 0.347 & 0.424 & 0.044 & 0.000 \\ 0.228 & 0.289 & 0.103 & 0.207 & 0.173 \end{bmatrix}$$

模糊综合评价结果为

a. 主因子模糊综合评价结果：

$$P_1 = b_1 + 2b_{12} + 3b_{13} + 4b_{14} + 5b_{15} = 4.213$$

$$P_2 = b_{21} + 2b_{22} + 3b_{23} + 4b_{24} + 5b_{25} = 2.335$$

$$P_3 = b_{31} + 2b_{32} + 3b_{33} + 4b_{34} + 5b_{35} = 2.327$$

$$P_4 = b_{41} + 2b_{42} + 3b_{43} + 4b_{44} + 5b_{45} = 2.809$$

b. 居民感知度综合评价结果：

$$A = W \Lambda B = (0.097 \quad 0.212 \quad 0.179 \quad 0.249 \quad 0.264)$$

$$P_{总} = b + 2b + 3b + 4b + 5b = 3.371$$

根据以上结果，冰川旅游的"景区发展效果"得分最高，为4.213，处于偏上等级，说明大香格里拉地区冰川旅游发展给当地带来了显著的正面影响，受到当地居民的广泛认同，但是尚未达到"高"的程度。"景区发展建设"和"景区发展前景"的感知得分分别为2.335分和2.327分，处于"低"到"一般"水平，均未超过总体感知度的评价得分，表明研究区居民对景区建设和景区前景感知偏消极，冰川旅游发展存在不足，有较大的进步空间。"游客经营管理"得分为 2.809 分，处于"低"到"一般"水平，低于总体感知度平均得分，居民对景区的经营活动和游客素质趋向于消极评价。

（3）不同景区居民感知模糊评价。利用表 5-28 中各评价指标在主因子上的权重，采用相同的模糊综合评价法对达古冰川、梅里雪山、海螺沟、稻城亚丁和玉龙雪山居民的感知度进行计算，评价结果见表 5-29。

表 5-29　不同景区居民感知度评价结果

冰川旅游景区	景区发展效果	景区发展建设	景区发展前景	游客经营管理	综合评价
达古冰川	4.279	2.280	2.675	2.907	3.462
梅里雪山	4.101	2.173	3.065	3.382	3.476
海螺沟	4.436	2.610	2.985	3.117	3.683
稻城亚丁	4.295	2.534	2.856	3.311	3.603
玉龙雪山	4.087	2.686	2.876	3.155	3.505
总体感知	4.213	2.335	2.327	2.809	3.371

结果显示，居民对大香格里拉地区冰川旅游的综合评价得分分别为达古冰川 3.462 分、梅里雪山 3.476 分、海螺沟冰川 3.683 分、稻城亚丁 3.603 分和玉龙雪山 3.505 分。可以看出，五地居民之间的感知度差异较小，介于 3~4 分，属于一般偏上等级，均超过综合感知评价得分，说明居民的总体感知偏积极，产生了一定的社会效益。

从四个主因子具体来看，"景区发展效果"的感知度评价差异较小，感知均超过 4 分，感知较高，海螺沟感知得分最高，梅里雪山和玉龙雪山的感知得分均未超过总体感知得分，且梅里雪山作为 4A 级景区与玉龙雪山 5A 级景区相比较，感知得分高于玉龙雪山景区，两景区相差 0.014 分，说明在冰川旅游景区发展的不同阶段，居民对发展效果感知呈现出一定的次序，在旅游地开发初期和发展期，居民对生活变化感知显著，随着旅游开发的推进，居民开始关注旅游开发带来社会经济文化环境的负面影响，感知结果呈现出了明显的旅游地生命周期律，大香格里拉冰川旅游发展也未能突破客观生命周期的局限。

"景区发展建设"方面，玉龙雪山建设程度明显高于其他四个景区，海螺沟冰川和稻城亚丁其次，达古冰川和梅里雪山低于总体感知评价得分，偏较低水平。走访调查中发现，稻城亚丁"旅游全域化"深入发展，深度推进文旅融合，开发发展程度明显高于达古冰川与梅里雪山，达古冰川虽景观粗糙，但相较于梅里雪山而言，开发利用程度相对较高。

在"景区发展前景"方面，梅里雪山的感知程度最高，处于 3~4 分，属于"一般→较高水平"，其他景区均处于 2~3 分，属于"较低→一般"状态，说明梅里雪山虽然受信仰影响发展程度较低，但居民对梅里雪山的发展前景抱有很大期望。

"游客经营管理"方面，达古冰川感知得分明显低于其他四地，其他四地均位于 3~4 分，属于"一般→较高水平"，其中梅里雪山的感知得分最高，达古冰川与之相比相差 0.475 分，说明达古冰川旅游基础设施建设滞后，与其他辅助景区未能形成有效整合，影响游客旅游体验。玉龙雪山和海螺沟冰川作为研究区仅有的两个 5A 级景区，其感知得分低于稻城亚丁和梅里雪山，说明玉龙雪山和海螺沟冰川需要严格把控旅游服务质量，重视卫生条件，口碑立身、品质说话，擦亮冰川旅游"金招牌"，切实避免"盛名之下，其实难副"的问题。

（4）居民感知度 IPA。为细分居民对指标层的重要性与感知度之间的差异，采用 IPA 法，对居民感知度进行评价。大香格里拉地区冰川旅游的重要性总体均值为 0.07，感知度总体均值为 3.50，因此，重要性和感知度的原点定位在（0.07，3.50），分别将重要性和感知度的总体均值作为横轴和纵轴，构建 IPA 象限分析图，对影响居民感知度的 14 个变量进行重要程度和感知程度测评。象限 Ⅰ、Ⅱ、Ⅲ、Ⅳ，分别代表高重要性–高感知度、低重要性–高感知度、低重要性–低感知度、高重要性–低感知度，如图 5-33 所示。

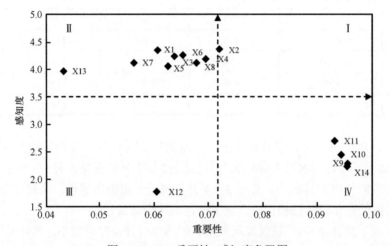

图 5-33　IPA 重要性–感知度象限图

第 Ⅰ 象限（优势区）的优势分析：位于第 Ⅰ 象限的为景点知名度提高指标，根据 IPA 法原理，居民对它的感知颇深、期望较高。问卷调查显示，在提高景区的知名度上，冰川旅游景区居民的赞成率高达 90% 以上，这也是目前该区冰川旅游发展的主要优势影响，因此该区域可称为"优势区"，在后续发展过程中应当继续保持。

第 Ⅱ 象限（保持区）的次要优势分析：共有 8 个指标位于第 Ⅱ 象限内，分别为收入逐渐增加，基础设施逐步完善，居民参与人数增多，外来务工人员增多，外地参观人数增多，加强自然资源的节约，景区门票价格，经营活动单一、以一日游为主。居民对该区内的指标感知度高，但重视度低，所以目前尽量保持现状即可，但考虑这些指标也是景区的"次要优势区"，在后续发展中可以适当调控。

第 Ⅲ 象限（机会区）的次要劣势分析：仅有景区的开发程度指标位于第 Ⅲ 象限内。居民对该区域的指标重要性和感知度都很低，是后续改进之处，冰川旅游景区管理者应依据其未来的发展情况制定相应的对策。

第 Ⅳ 象限（改进区）的劣势分析：位于第 Ⅳ 象限的指标为游客环境保护意识不够、宣传使居民对冰川旅游了解加深、冰川旅游发展程度和未来发展潜力，共计 4 个，该区指标重要性很高但感知度较低，是冰川旅游发展中的弱势变量。调查发现，影响冰川旅游景区发展的共同因素主要为交通不便、旅游产品单一和宣传力度不够。道路交通受地形影响限制，纪念品大同小异，甚至当地小吃美食都没很好推广。除此之外，达古冰川周边配套设施不完善。关于这些消极影响，管理者应高度重视，深入探究居民的核心需求，重点改进这些方面的不足。

4. 基于评价结果的冰川旅游发展策略

1）改革培训体制，开展政府＋公司＋景区＋社区联动培训模式，提升居民文化素质

五个景区均分布在少数民族聚集区，藏族人口较多，居民小初高所占比例高达68%，多从事体力劳动基础性工作，受益程度小。当地政府、相关用人单位和景区管理部门可以组织居民进行技能培训，特别是语言学习，增强居民与外地游客的交流能力，提升居民服务意识；居民受文化水平所限，偏好短期利益，容易出现"羊群效应"，因此，政府或景区在发展中需重视对少数民族群体观念的针对性疏导，及时转变居民发展观念，畅通居民反馈渠道，扫清发展障碍。

2）优势区继续提升策略：文化铸魂，创建"创新合作"发展模式，营造独特IP形象

目前冰川景区，主要是通过纪录片和网站的方式进行宣传，调查显示，52.01%的游客来源于景区周边城市居民，说明冰川旅游景区对外营销力度不够，景区知名度范围有限，因此在继续提升过程中，宣传人员更应深度挖掘本地景区特色，融入少数民族风情，凝练文化内涵，形成本地冰川旅游独特IP（intellectual property）形象，积极与其他冰川旅游景区进行联合宣传，营造特别事件，如组织文艺演出、体育比赛等，提高景区在全国的知名度。

3）保持区适度调控策略：提升景区品质品位，弥补景区发展劣势

质量的提升、结构的优化会影响居民对优势的感知度，因此政府应从提高优化质量出发，建立维持发展的长效机制。

开发独具特色的冰川旅游产品，推动兴产富民。店铺盈利一直是冰川旅游地居民收入的重要来源，也是冰川旅游得以发展的重要资金支持。冰川旅游景区大多数分散在少数民族地区，绝大多数景区依赖民族文化经济价值的延伸，创新冰川旅游产品必须与民族文化融为一体，深度思考挖掘冰川旅游地自身悠久的历史和丰富的文化底蕴，邀请民间艺人、非物质文化遗产继承手工艺者共同研发当地特色旅游商品，建立DIY工坊，让游客真正体验产品的生产制作，体验制作乐趣；明确冰川旅游的市场需求，不同群体的人对冰川旅游有着不同的文化认同和现实需求，冰川旅游产品同质化严重，要认真研究不同景区、不同游客对于旅游产品的需求和动机、兴趣和行为，基于产品销售量和定制量的不同对冰川旅游市场进行深入细分研究。

增强景区配套设施，提升品质和体验效果。基础设施的建设是提升景区旅游综合服务能力的关键。目前，景区受交通影响和基础配套设施限制，游客通常以一日游为主。真正让游客"慢下来、留下来、住下来"需完善景区附近住宿、通信、医疗、环卫等旅游设施建设，加强公共设施生态化设计，提升住宿餐饮的服务质量，适当建立部分高水平星级宾馆；可在火车站、汽车客运站等重点地区设置旅游咨询点，随时为旅客提供旅行建议和路况说明，开设旅游专线，每天固定时间到站点接送游客，提升景区交通便捷服务。

规范劳动力市场，提升景区服务质量。旅游业的发展，必然导致外来人口的参观和就业，

这在加速景区发展的同时，对景区的运营管理也提出了挑战。就业人员的文化素质直接影响景区的服务能力，因此，政府应酌情设置就业人员文化底线，提高景区管理服务质量。

制定门票优惠促销政策。问卷调查结果显示，69.38%的居民对门票的感知度较高，后续发展可以采取门票提前预约等手段，推出组团旅行社优惠政策、自驾游优惠政策、组团游星级酒店住宿优惠；淡季宣传促销，实行旅游补贴政策，以激发各渠道商的积极性，力争使游客数量增长。

丰富冰川旅游项目，打造多元新体验。问卷结果显示76%的居民认为"经营活动单一，以一日游为主"，因此针对旅游经营活动，可以从民族特色和自然景色出发，策划冰川旅游与民俗文化相融合的旅游节，创建夜间娱乐活动项目，增加景区趣味性和游客可参与性，延长游客在景区的停留时间。

4）机会区后续扩展策略：把控景区开发"双刃剑"，实现冰川旅游"适度"发展

气候持续变暖，冰川急剧退缩，受到了政府部门和游客的广泛关注，冰川旅游价值也在不断升高，开发前景可观。随着后续冰川旅游发展的纵深、高层次提升，公众需求的高端化和多元化，景区开发程度低终将成为发展短板。因此，基于冰川旅游发展高质量、高水平、大格局的发展需求，应分清轻重缓急，适度挖掘冰川旅游开发亮点，将重要性、紧急性问题完善后，再从供需均衡、保护冰川旅游资源的前提下着手冰川旅游景区的进一步开发。

5）改进区重点提升策略：推进生态文明建设和文化软实力提升

突出冰川旅游生态性，推进生态文明建设。优良的生态环境是重要的旅游资源，推进景区绿色旅游建设，挖掘生态内涵，营造生态意境，"适应"生态系统的属性要求。景区管委会可设立旅游生态恢复专项资金，用于生态脆弱区和被破坏区的保护与修复；特殊的地理环境、朴素的自然观念和坚定的信仰使我国少数民族对自然环境有着独特的观念，这种朴素的少数民族生态伦理观可作为民族文化的重要内容向游客进行传播和推广，以提高景区服务质量和冰川旅游资源保护。

推进"智慧旅游"建设，提升宣讲推广度。打造地域性冰川旅游综合服务平台，通过微信小程序、公众号和手机应用（application，APP）程序三大服务端口，以提升智慧化体验为出发点和落脚点，整合交通出行、景区导览、游客体验等模块于一体，实现"吃住行娱购"各环节智慧化服务功能，通过智能导游的形式为游客提供语音讲解，或通过人工智能（artificial intelligence，AI）语音交互等进行冰川旅游知识宣讲。

5.5.2　海螺沟景区社区居民对冰川旅游的态度

社区居民作为冰川旅游目的地的东道主，其自身居住空间是冰川旅游地吸引物的重要组成部分。居民旅游态度是影响游客体验质量的重要因素，如何更好地促进居民参与旅游发展是学术界重点关注的问题（胥兴安等，2021）。目前，居民对旅游态度的研究主要基于社会交换理论（Dong et al.，2002），有学者把社会交换理论与情感团结等理论进行融合（彭建和王剑，2012），研究如何促进居民对旅游业的支持（Nunkoo et al.，2012）和居民对游客

的动态复杂的情感（Woosnam et al.，2012），居民对游客的情感团结有利于增进居民对旅游发展的支持（Moghavvemi et al.，2017）。有研究指出，居民感知是衡量居民对旅游发展态度的重要变量（唐晓云，2015），居民态度不仅与旅游影响感知有关，还与居民对地方的情感，即地方依恋有密切关系（陈世平和乐国安，2001）。据此，本节尝试将社会交换理论、地方依恋理论与情感团结理论相结合，探讨社区居民对冰川旅游的态度。

本节选取我国典型的海洋型冰川——海螺沟冰川森林公园为研究区（图5-28），以情感团结理论、地方依恋与社会交换理论为基础，构建"地方依恋、居民感知-情感团结-社区居民冰川旅游态度（安全感、支持度、满意度）"的结构方程模型，探究地方依恋、居民感知对社区居民冰川旅游态度（安全感、支持度、满意度）的影响及其相互关系，以期为旅游主管部门构建和谐主客关系，推进冰川旅游目的地居民支持旅游发展提供决策参考和路径选择，以实现冰川旅游提质增效，促进区域经济可持续发展。

1. 理论依据与研究假设

1）情感团结理论

情感团结由涂尔干提出（Woosnam et al.，2009），其主要特征是亲密情感和深度交往（Hammarström，2005）。情感团结常常被用于研究旅游中的主客关系。有学者发现在居民视角中，地方依恋影响着居民对游客的情感团结程度（Woosnam et al.，2009），并将情感团结分为欢迎程度、情感亲密和同情理解三个维度（Woosnam and Norman，2010）。情感团结的三个维度在影响居民对社区旅游发展的态度中扮演着不同角色，均是影响居民对旅游发展支持与否的重要因素（伍蕾和陈海蓉，2019）

2）社会交换理论

社会交换理论是使用个人利益和成本来解释社会交换行为。目前主要聚焦于旅游影响感知与态度（路幸福和陆林，2015）、旅游业发展支持度等研究（Nunkoo et al.，2012）。当居民感知到旅游利益大于成本时，会更倾向于支持旅游发展；反之不会（卢松等，2008；Ouyang et al.，2017）。但还有学者发现和谐的社区居民人际关系也会加强居民对旅游利益的感知，减弱其旅游成本感知（Perdue et al.，1990；李秋成等，2015）。

3）地方依恋理论

Tuan最早提出"恋地情结"的概念（Jakle et al.，1974），人对地方存在着特殊情感联结与关系，为解释这种关系，他提出"地方感"，即地方的自身属性和人对地方的依附感。基于此，地方依恋理论是指人对某地方的认同程度与情感依恋。地方依恋的构成维度，有研究将其分为人和地两个维度（Hinojosa et al.，2019）。从人地联系的性质上，地方依恋的构成维度分为地方依赖和地方认同（Williams et al.，1992；Lewicka，2018）。还有研究者提及情感联结（Yuksel et al.，2010；Ramkissoon et al.，2013）和社会联结（Woosnam et al.，2018）等维度。

4）关键概念与研究假设

地方依恋是影响游客与居民情感团结的重要前因变量（Li and Wan，2017）。主客的情感团结程度能表明居民对地方的情感，居民越依恋社区，越容易与游客产生情感共鸣（王纯阳和屈海林，2014）。对旅游地的喜爱是游客和居民对地方的情感共鸣（Woosnam et al.，2009）。Suess 等（2020）发现，居民对地方的积极情感与情感团结之间具有显著的正向影响。

居民感知是指居民对生产生活空间旅游业发展中的物质环境与人文环境变化的主观认知（Lai and Hitchcock，2017）。已有研究发现不仅居民获益对情感团结具有正向显著影响，而且居民正向环境感知对情感团结也具有正向显著影响（Palmer et al.，2013）。

居民旅游态度是指居民支持旅游发展的意向，如参与旅游发展意向等（Woosnam et al.，2015）。有研究表明，居民对游客的情感凝聚会显著影响其旅游发展支持态度（Fredrickson et al.，2008）。因此，可推论情感团结对社区居民旅游态度具有正向作用。Woosnam 等构建了游客与居民的情感团结–安全感知模型，情感团结的三个维度均对安全感知存在正向影响。满意度是衡量一个人生活质量的综合性心理指标（陈世平等，2001）。居民对游客的情感团结是一种积极情感，随着居民积极情感体验的不断增加，可以建构身体、认知、心理和社会资源等一系列的个人资源，提升居民的满意度（陈璐和李勇泉，2019）。当主客间互动是一种朋友关系时，会激发居民的积极情感，提高居民的满意度（Prayag and Ryan，2012）。

基于上述理论依据与关键概念，构建居民旅游感知与态度模型（图 5-34），本节提出 6 个假设：

H1：地方依恋对情感团结有正向影响。

H2：居民获益对情感团结有正向影响。

H3：环境感知对情感团结有正向影响。

H4：情感团结对安全感有正向影响。

H5：情感团结对支持度有正向影响。

H6：情感团结对满意度有正向影响。

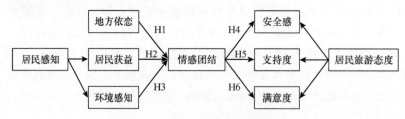

图 5-34　居民旅游感知与态度模型

2. 数据与方法

1）问卷设计

调查问卷设计有三个部分：第一部分为人口统计学特征相关问题，包括性别、民族、年龄、文化程度、职业和居住时长（表 5-30）；第二部分为地方依恋、居民获益、环境感知、情感团结与旅游发展态度问题，其包含 7 个维度、28 个题项，研究变量借鉴国内外的成熟量表，构建居民旅游感知与态度测量量表，测量方法采用李克特五点量表；第三部分为冰川旅游发展与居民参与情况，包括景区开发展程度、后疫情冰川旅游的人数变化、参加冰川旅游所获得的收入、冰川旅游参与形式与途径、制约因素、发展对策建议等 10 个问题。

表 5-30 样本人口基本特征

变量	类别	频率	百分比/%	变量	类别	频率	百分比/%
性别	男	180	50.28	文化程度	小学及以下	78	21.79
	女	178	49.72		初中	145	40.50
年龄	18 岁以下	22	6.15		高中/中专	81	22.63
	18～30 岁	83	23.18		本科/大专及以上	54	15.08
	31～40 岁	102	28.49	民族	汉族	244	68.16
	41～55 岁	123	34.36		藏族	27	7.54
	56 岁以上	28	7.82		彝族	71	19.83
职业	政府公职人员	12	3.35		其他	16	4.47
	个体户	158	44.13	居住时长	0～1 年	10	2.79
	打工	59	16.48		2～4 年	37	10.34
	农牧民	73	20.39		5～9 年	27	7.54
	景区管理/服务	23	6.42		10～14 年	41	11.45
	学生	27	7.54		15～19 年	38	10.61
	其他	6	1.68		20 年以上	205	57.26

2）问卷调查

以海螺沟冰川森林公园社区居民为研究对象。2021 年 7 月预调查后，根据景区管理人员与居民反馈意见，对调查问卷进行了完善，于 2021 年 9 月 29 日至 10 月 8 日，通过在磨西镇的老街社区、咱地村、磨岗岭村、大杉树村、共和村、柏秧坪村和燕子沟镇的燕子沟村、新兴村、大坪村等 9 个社区开展调研。采取"一对一"、现场发放和回收的调查方式，保证了调查问卷的质量。共发放 378 份调查问卷，其中 358 份有效问卷，达到 94.71% 的有效率。

3）样本特征

从表 5-30 样本人口基本特征来看，总体样本男女比例约为 1∶1，男性占 50.28%，女性占 49.72%，符合问卷数据的采集要求，年龄以 31～55 岁为主（62.85%），文化程度以初中为主（40.50%），民族以汉族为主（68.16%），职业以个体户为主（44.13%），居住时长多为 20 年以上（57.26%）。这是社区居民参与冰川旅游发展的主要人群。

4）研究方法

结构方程模型（structural equation model，SEM）是一种将因子分析的测量性与路径分析的回归建模性相结合、融合多种统计方法的多元模型。SEM 不仅能够处理作为"因"的外衍潜变量，这种无法直接观测的潜变量又被称为外因潜变量；而且能够处理作为"果"的内衍潜变量，这种潜变量又被称为内因潜变量，从而理解外因潜变量对内因潜变量及内因潜变量之间的总效应、直接效应与间接效应。由于 SEM 既包含了测量模型和结构模型，又综合了多元回归分析、因素分析和路径分析，并且具有支持用一些外显指标去测量心理、感知等传统方法难以准确测量潜变量的优势，在旅游感知、旅游满意度及旅游发展态度等研究中应用较为广泛（Heckler，1994）。故本节选用 SEM 基于上文 6 个假设构建海螺沟冰川森林公园社区居民对冰川旅游态度影响的结构方程模型。

首先，利用 SPSS 25.0 建立起一个涵盖 358 个样本的数据库。其次，对量表进行探索性因子分析，并将数据导入 AMOS 23.0 构建结构方程模型，运用最大似然法对模型进行验证性因子分析，通过路径系数反映外因潜变量（地方依恋、居民获益、环境感知）和内因潜变量（情感团结、安全感、支持度、满意度）之间的关系，借助路径绝对值来体现外因潜变量和内因潜变量之间的关联程度。运用 SPSS 25.0 中 Process 3.3 宏插件 Model4，探讨居民的地方依恋、居民感知与居民旅游态度之间可能存在的中介效应。最后在 SPSS 25.0 中将地方依恋作为调节变量，检验地方依恋是否对居民感知与居民旅游态度、情感团结与居民旅游态度的关系具有调节效应。

3. 居民旅游感知与态度模型构建

使用 SPSS 25.0 对居民感知与态度评价指标进行探索性因子分析，总体抽样适合性检验的 KMO 值为 0.937，说明该模型适合做因子分析。排除因子载荷小于 0.5 的 "我喜欢和到访游客进行交流沟通" 这一项，提取了 7 个公因子，其贡献率达 67.587%，克朗巴哈系数 Cronbach's α 均≥0.799，表明 7 个公因子结构可靠性较好，构建了居民感知与态度评价指标体系（表 5-31）。整体样本 Cronbach's α 为 0.945，说明问卷内容有高度的内部一致性和可靠性，可采用验证性因子分析对居民旅游感知与态度模型进行进一步检验。

表 5-31 居民感知与态度评价指标体系

观测变量	因子载荷							克朗巴哈系数 Cronbach's α
	1	2	3	4	5	6	7	
A1 在现居住地最适合做我喜欢的事	—	—	0.676	—	—	—	—	0.859
A2 现居住地对我而言很重要	—	—	0.781	—	—	—	—	
A3 现居住地是最适合我生活的地方	—	—	0.760	—	—	—	—	
A4 在现居住地生活比其他地方更让我感到满意	—	—	0.751	—	—	—	—	
B1 发展冰川旅游增加了我的工作机会	—	—	—	—	0.610	—	—	0.820
B2 发展冰川旅游增长了我的见识	—	—	—	—	0.726	—	—	
B3 发展冰川旅游提高了我的社会地位	—	—	—	—	0.750	—	—	
B4 发展冰川旅游改善了本地交通状况	—	—	—	—	0.561	—	—	
B5 发展冰川旅游促进了我们地方文化的传承	—	—	—	—	0.609	—	—	
C1 冰川旅游开发没有对当地自然景观造成破坏	—	0.782	—	—	—	—	—	0.857
C2 冰川旅游开发没有打破我原本宁静的生活	—	0.747	—	—	—	—	—	
C3 冰川旅游开发没有造成当地生态环境恶化	—	0.787	—	—	—	—	—	
C4 冰川旅游开发没有使当地产生更多垃圾和污染	—	0.686	—	—	—	—	—	
D1 我很开心游客能来到我家附近	0.657	—	—	—	—	—	—	0.841
D2 到访游客对当地发展做出了贡献	0.559	—	—	—	—	—	—	
D3 我平等地对待到访的游客	0.684	—	—	—	—	—	—	

观测变量	因子载荷							克朗巴哈系数 Cronbach's α
	1	2	3	4	5	6	7	
E1 很少有游客发生犯罪行为	—	—	—	—	—	0.610		
E2 到访的游客没有给我带来忐忑和不安	—	—	—	—	—	0.644		0.799
E3 到访游客友善包容，尊重当地的风俗习惯	—	—	—	—	—	0.654		
E4 到访的游客素质总体较高	—	—	—	—	—	0.661		
F1 我非常支持当地冰川旅游的发展	—	—	—	—	—	—	0.762	
F2 我希望当地冰川旅游发展得越来越好	—	—	—	—	—	—	0.807	0.901
F3 我希望有更多游客前来游玩	—	—	—	—	—	—	0.822	
G1 我对当地冰川旅游发展现状满意	—	—	—	0.732	—	—	—	
G2 与其他地方比，我对当地冰川旅游发展更满意	—	—	—	0.797	—	—	—	0.886
G3 当地冰川旅游发展现状符合我的期望	—	—	—	0.771	—	—	—	
G4 当地冰川旅游发展潜力大	—	—	—	0.560	—	—	—	

注：总体抽样适合性检验 KMO=0.937，克朗巴哈系数 Cronbach's α=0.945，7 个公因子的贡献率 =67.587%

使用 Amos23.0 进行验证性因子分析，需要检验居民旅游感知与态度模型的效度和拟合度。标准载荷大于 0.5 且 P 值显著即达到收敛效度要求，28 个指标的标准载荷在 0.610～0.902，均大于 0.5，各潜变量的平均方差萃取量 AVE 值在 0.501～0.762，均大于 0.5 的要求（表 5-32），问卷内容具有很好的收敛性。组合信度 CR 均大于 0.78，聚敛效度理想，说明该模型拟合理想。同时选取卡方自由度 CMIN/DF、调整的拟合优度指数 AGFI、近似误差的均方根 RMSEA、比较拟合指数 CFI、规范拟合指数 IFI、非规范拟合指数 TLI、赤池信息准则 AIC、一致性赤池信息准则 CAIC 等指标来检验模型拟合优度，其中，卡方自由度 CMIN/DF 为 2.225，在理想值 1～3，AGFI（0.890）一般要求＞0.90，若接近 0.90 也可接受，RMSEA（0.059）小于 0.1，CFI（0.932）、IFI（0.932）、TLI（0.924）均大于 0.9，AIC（826.929）、CAIC（1134.403）符合越小越好要求（表 5-33）。表明 7 个公因子结构拟合较好。以上数据表明该模型拟合理想。

表 5-32 验证性因子分析

维度	观测变量	标准载荷	平均方差萃取量（AVE）	组合信度（CR）
地方依恋	A4	0.783***	0.609	0.862
	A3	0.795***		
	A2	0.824***		
	A1	0.716***		
居民获益	B5	0.652***	0.501	0.827
	B4	0.702***		
	B3	0.653***		
	B2	0.763***		
	B1	0.725***		

续表

维度	观测变量	标准载荷	平均方差萃取量（AVE）	组合信度（CR）
环境感知	C4	0.776***	0.607	0.86
	C3	0.829***		
	C2	0.778***		
	C1	0.730***		
情感团结	D1	0.767***	0.553	0.789
	D2	0.685***		
	D3	0.780***		
安全感	E1	0.693***	0.506	0.802
	E2	0.764***		
	E3	0.766***		
	E4	0.610***		
支持度	F1	0.822***	0.762	0.905
	F2	0.902***		
	F3	0.892***		
满意度	G1	0.790***	0.667	0.889
	G2	0.856***		
	G3	0.858***		
	G4	0.757***		

*** 表示 P 在 0.001 水平显著。

表 5-33 模型的拟合优度指数

指标类型	指标名称	适配标准	检验值	判断
绝对拟合指数	卡方自由度 CMIN/DF	1～3	2.225	是
	调整的拟合优度指数 AGFI	＞0.90	0.890	一般要求＞0.90，若接近 0.90 也可接受
	近似误差的均方根 RMSEA	＜0.80	0.059	是
相对拟合指数	比较拟合指数 CFI	＞0.90	0.932	是
	规范拟合指数 IFI	＞0.90	0.932	是
	非规范拟合指数 TLI	＞0.90	0.924	是
精简拟合指数	赤池信息准则 AIC	越小越好	826.929	是
	一致性赤池信息准则 CAIC	越小越好	1134.403	是

4. 居民旅游感知与态度模型分析

利用 Amos23.0 得到居民旅游感知与态度模型图（图 5-35）和路径系数（表 5-34）。结果显示，地方依恋、居民获益和环境感知的协方差分别为 0.72、0.68 和 0.24（图 5-35），表明该模型的各观测变量能反映其对应潜变量的情况。路径系数 β 体现了模型各构面之间影响的重要程度，本节提出的 6 个假设均得到验证（表 5-34）。

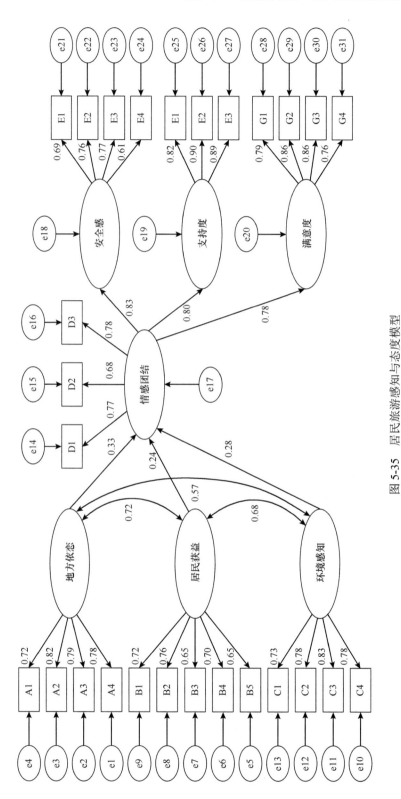

图 5-35　居民旅游感知与态度模型

表 5-34　模型拟合路径系数

路径	路径系数 β	标准误 S.E.	t 值	P 值	假设结果
地方依恋——情感团结	0.331	0.066	4.343	***	H_1 成立
居民获益——情感团结	0.245	0.078	2.741	**	H_2 成立
环境感知——情感团结	0.282	0.055	4.026	***	H_3 成立
情感团结——安全感	0.829	0.073	11.284	***	H_4 成立
情感团结——支持度	0.799	0.061	13.051	***	H_5 成立
情感团结——满意度	0.781	0.067	12.342	***	H_6 成立

** 表示 $P<0.01$；*** 表示 $P<0.001$。

1）地方依恋、居民感知与情感团结

地方依恋、居民获益、环境感知对情感团结均产生正向作用关系，地方依恋对其的影响最大，路径系数 β 为 0.331(t=4.343，$P<0.001$)，环境感知对情感团结的影响相对较弱，路径系数 β 为 0.282(t=4.026，$P<0.001$)，居民获益对情感团结的影响最弱，路径系数 β 为 0.245(t=2.741，$P<0.01$)。

（1）地方依恋维度。"在现居住地最适合做我喜欢的事""现居住地对我而言很重要""现居住地是最适合我生活的地方""在现居住地生活比其他地方更让我感到满意" 4 个观测变量对地方依恋潜变量均存在显著的正向影响。其中，路径系数最大的是"现居住地对我而言很重要"（0.82），说明居住地的重要性极大地影响居民对地方依恋维度的总体评价；"在现居住地最适合做我喜欢的事"路径系数较低（0.72），说明居民在居住地是否能做最喜欢的事情对地方依恋维度的总体评价影响较小。

（2）居民获益感知维度。"发展冰川旅游增加了我的工作机会""发展冰川旅游增长了我的见识""发展冰川旅游提高了我的社会地位""发展冰川旅游改善了本地交通状况""发展冰川旅游促进了我们地方文化的传承" 5 个测量变量对居民获益潜变量均存在显著的正向影响。其中，"发展冰川旅游增加了我的工作机会""发展冰川旅游增长了我的见识""发展冰川旅游改善了本地交通状况"路径系数较高，均大于 0.7，说明发展冰川旅游是否增加当地居民工作机会、是否增长居民见识以及改善本地交通状况的程度对居民获益维度的总体影响较大；而"发展冰川旅游提高了我的社会地位"和"发展冰川旅游促进了我们地方文化的传承"路径系数较低，均为 0.65，说明发展冰川旅游对是否提高社会地位和促进文化传承等对居民获益感知维度的总体评价影响较小。

（3）环境感知维度。"冰川旅游开发没有对当地自然景观造成破坏""冰川旅游开发没有打破我原本宁静的生活""冰川旅游开发没有造成当地生态环境恶化""冰川旅游开发没有使当地产生更多垃圾和污染" 4 个测量变量对环境感知潜变量均存在显著正向影响。其中，路径系数最大的是"冰川旅游开发没有造成当地生态环境恶化"（0.83），说明冰川旅游开发是否恶化当地生态环境对环境感知维度的总体评价影响最大；"冰川旅游开发没有对当地自然景观造成破坏"路径系数较低（0.73），说明冰川旅游开发是否破坏当地自然景观对环境感知维度的总体评价影响相对较小。

（4）情感团结维度。"我很开心游客能来到我家附近""到访游客对当地发展做出了贡献""我平等地对待到访的游客"3 个测量变量对情感团结潜变量均存在显著的正向影响，其中，"我很开心游客能来到我家附近"（0.77）、"我平等地对待到访的游客"（0.78）对情感团结维度的路径系数较大，说明居民对游客的欢迎程度、是否平等地对待游客对情感团结维度的总体评价影响较大。

2）情感团结与居民旅游态度

情感团结对居民旅游态度（安全感、支持度、满意度）均产生正向作用关系，情感团结对支持度、满意度的路径系数 β 均在 0.7～0.8，影响较小，而对安全感影响相对较大，路径系数 β 为 0.83(t=13.051，$P<0.001$)。

安全感维度。"很少有游客发生犯罪行为""到访的游客没有给我带来忐忑和不安""到访游客友善包容，尊重当地的风俗习惯""到访的游客素质总体较高"4 个测量变量对安全感均存在显著的正向影响。其中，"到访的游客没有给我带来忐忑和不安""到访游客友善包容，尊重当地的风俗习惯"的路径系数分别为 0.76、0.77，说明到访游客是否给居民带来忐忑和不安，游客是否友善包容、尊重当地的风俗习惯均对居民安全感维度的总体评价存在较大影响。

支持度维度。"我非常支持当地冰川旅游的发展""我希望当地冰川旅游发展得越来越好""我希望有更多游客前来游玩"3 个测量变量对支持度潜变量均存在显著的正向影响，路径系数均大于 0.82，说明居民是否支持当地冰川旅游的发展、是否希望当地冰川旅游发展得越来越好、是否希望有更多游客前来游玩均对支持度维度的总体评价存在较大影响。

满意度维度。"我对当地冰川旅游发展现状满意""与其他地方比，我对当地冰川旅游发展更满意""当地冰川旅游发展现状符合我的期望""当地冰川旅游发展潜力大"4 个测量变量对满意度潜变量均存在显著的正向影响，路径系数均大于 0.76，说明当地冰川旅游发展现状、与其他地方对比后的发展状况、当地冰川旅游发展现状是否符合居民期望、当地冰川旅游的发展潜力均对满意度维度的总体评价存在较大影响。

5. 情感团结的中介效应分析

情感团结在地方依恋、居民感知与居民旅游态度的关系中起到一定的中介作用，采用 Hayes 推荐的 Bootstrap 方法检验中介效应。将样本数设为 5000，若 95% 置信区间的上限 BootLLCI 和下限 BootULCI 之间不包含 0，则对应的中介效应存在。结果发现，情感团结在地方依恋、居民感知与居民旅游态度之间均存在中介效应（表 5-35）。情感团结在"地方依恋与满意度"之间的完全中介作用最大（56.56%），在"居民感知与安全感"之间的完全中介作用最小（33.11%）。情感团结在"地方依恋与支持度"之间的直接效应不成立，具有部分中介作用（73.61%），情感团结在"居民感知与支持度"之间的直接效应不成立，具有部分中介作用（70.34%）。

表 5-35 总效应、直接效应及中介效应分解表

类型		效应值	中介效应/%	间接效应的标准误差	95% 置信区间		判断
					下限	上限	
地方依恋 → 情感团结 → 居民旅游态度	总效应	0.409	56.94	0.032	0.346	0.471	成立
	直接效应	0.180		0.030	0.122	0.238	成立
	间接效应	0.229		0.039	0.155	0.311	成立
居民感知 → 情感团结 → 居民旅游态度	总效应	0.546	45.22	0.034	0.479	0.612	成立
	直接效应	0.294		0.033	0.229	0.360	成立
	间接效应	0.251		0.042	0.171	0.333	成立
地方依恋 → 情感团结 → 安全感	总效应	0.444	45.21	0.039	0.368	0.520	成立
	直接效应	0.243		0.041	0.1627	0.323	成立
	间接效应	0.201		0.038	0.127	0.277	成立
地方依恋 → 情感团结 → 支持度	总效应	0.344	73.61	0.037	0.272	0.417	成立
	直接效应	0.091		0.035	0.021	0.160	不成立
	间接效应	0.254		0.049	0.164	0.354	成立
地方依恋 → 情感团结 → 满意度	总效应	0.422	56.56	0.041	0.341	0.502	成立
	直接效应	0.183		0.042	0.101	0.266	成立
	间接效应	0.238		0.041	0.162	0.322	成立
居民感知 → 情感团结 → 安全感	总效应	0.612	33.11	0.042	0.530	0.694	成立
	直接效应	0.410		0.046	0.319	0.500	成立
	间接效应	0.203		0.043	0.123	0.293	成立
居民感知 → 情感团结 → 支持度	总效应	0.431	70.34	0.042	0.348	0.514	成立
	直接效应	0.128		0.042	0.045	0.210	不成立
	间接效应	0.303		0.054	0.198	0.410	成立
居民感知 → 情感团结 → 满意度	总效应	0.565	46.22	0.045	0.476	0.654	成立
	直接效应	0.304		0.049	0.210	0.400	成立
	间接效应	0.261		0.046	0.176	0.354	成立

6. 地方依恋的调节效应分析

结合社会交换理论与其他相关理论，探讨地方依恋的调节效应，更加合理地厘清居民感知、情感团结与居民旅游态度之间的关系以及居民旅游态度的形成机理。根据温忠麟等的建议，使用 SPSS 分层回归的方式检验地方依恋的调节作用。以地方依恋为调节变量，居民感知、情感团结为自变量，居民旅游态度为因变量，检验交互项的系数是否显著，即调节效应是否显著。结果表明，地方依恋与居民感知的交互项显著（$\beta=-0.069$，$P<0.05$），表明地方依恋负向调节居民感知与居民旅游态度的关系，地方依恋越高，居民感知对居民旅

游态度的影响越弱。地方依恋与情感团结的交互项极显著（$\beta=-0.096$，$P<0.001$），表明地方依恋负向调节居民旅游态度与情感团结的关系，地方依恋越高，情感团结对居民旅游态度的影响越弱（表 5-36）。

表 5-36 调节效应检验

因变量	自变量	非标准化系数	标准误 S.E.	t 值	P 值	95% 置信区间		说明
						下限	上限	
居民旅游态度	常数项	8.227	0.037	224.458	0.000	8.155	8.299	$R^2=0.018$，$F=11.911$，$P=0.001$
	居民感知	0.361	0.043	8.312	0.000	0.276	0.446	
	地方依恋	0.159	0.037	4.326	0.000	0.087	0.231	
	居民感知 × 地方依恋	−0.069	0.020	−3.451	0.001	0.109	0.030	
	常数项	8.236	0.032	261.049	0.000	8.174	8.298	$R^2=0.028$，$F=24.430$，$P=0.000$
	情感团结	0.415	0.038	10.862	0.000	0.340	0.490	
	地方依恋	0.163	0.029	5.687	0.000	0.107	0.219	
	情感团结 × 地方依恋	−0.096	0.019	−4.943	0.000	0.134	0.058	

7. 发展建议

根据海螺沟目前的发展状况，冰川旅游发展可立足于居民利益感知、居民对地方的情感两个方面，为冰川旅游目的地的发展管理提供理论依据和决策参考，以实现冰川旅游提质增效、促进区域经济可持续发展的目标。

（1）加强居民对旅游发展的利益感知。居民的利益感知显著影响居民和游客的情感团结和旅游发展态度。重点从增加当地居民机会、改善本地交通状况出发，帮助居民获益，增强居民的积极感知。旅游管理部门在制定政策时，既要致力改善居民生活水平，改善本地的交通状况等，又要进一步增加居民的就业机会，促进地方文化的传承，保护当地的生态环境，切实满足居民的需求。目前，冰川旅游目的地居民反映景区宣传力度不够，冰川旅游产品比较单一，游客游玩时间较短，对冰川旅游的可持续性发展不利。旅游地管理部门应加大营销，合理规划，使冰川旅游产品多样化，吸引更多游客前来游玩，增加经济收入、提高景区知名度和形象。

（2）提升居民对地方的情感。居民对地方的情感是影响主客情感团结与居民旅游态度的重要因素，居民对地方的情感越高，越倾向于投入自身资源与游客产生良好的情感关系和社会互动，进而支持冰川旅游的发展。旅游管理部门不仅要积极培养和引导居民对地方的情感，而且要鼓励居民积极参与社区活动，使居民能在本地找到自己喜欢做的事情，对地方产生依恋感。

5.5.3 游客对海螺沟冰川旅游的满意度

1. 数据与方法

1）数据及来源

冰川游客满意度数据来自纸质问卷调查。问卷由三部分组成：第一部分为游客的人口统计学特征；第二部分为游客对目的地形象满意度感知情况；第三部分为冰川旅游发展情况，包括发展潜力、制约因素、发展对策建议等问题。于 2019 年 7 月前往海螺沟冰川景区进行预调查，根据景区管理人员与游客反馈意见，对调查问卷进行了完善。此后，在同年国庆期间（2019 年 9 月 26 日至 10 月 6 日）进行了集中调查。问卷调查主要在景区入口所在的磨西镇，景区内的老观景台、三号营地、冰川城门洞等地点开展，调查对象为海螺沟冰川森林公园的游客。为保证问卷质量，此次调查均采取"一对一"的方式，现场发放和回收，共发放问卷 1812 份，回收有效问卷 1680 份，有效率达 92.72%。

2）研究方法

模糊多准则评价模型（fuzzy multi-criteria decision making，F-MCDM）是一种将模糊数学与多准则评价法相结合的分析方法，本节通过三角模糊数处理问卷量表数据，使用 MCDM 法对冰川旅游目的地形象进行综合评价，最后运用敏感性分析识别更具改进意义的形象。

（1）三角模糊数。三角模糊数是模糊数学的一种应用，是将模糊、不确定的语言变量转化为确定数值的一种方法，多用于管理学和工程学的决策分析。称 $\tilde{A}=(a_1, a_2, a_3)$ 为三角模糊数，则它的隶属函数为

$$\mu_A(x) = \begin{cases} \dfrac{x-a_1}{a_2-a_1}, & a_1 \leqslant x \leqslant a_2 \\ \dfrac{x-a_3}{a_2-a_3}, & a_2 \leqslant x \leqslant a_3 \\ 0, & \text{其他} \end{cases} \tag{5-27}$$

之后将游客所提供的语言答案转化为三角模糊数，对于五点式李克特量表的三角模糊数已有相关研究，此处参考 Martin 等（2019）对于该语言量表的三角模糊数标度（介于 0～100 的相对值），见表 5-37。

表 5-37 语言术语及三角模糊数

语言术语	三角模糊数
非常不满意	(0,0,30)
不满意	(20,30,40)
一般	(30,50,70)
满意	(60,70,80)
非常满意	(70,100,100)

游客对所有满意度属性的平均三角模糊数 $\tilde{A}=\left(a_1^{\,i},a_2^{\,i},a_3^{\,i}\right)$，可以表示为

$$\tilde{A}=\left(a_1,a_2,a_3\right)=\left(\frac{1}{n}\right)\cdot\left(\tilde{A}_1\oplus\tilde{A}_2\oplus\cdots\oplus\tilde{A}_n\right)$$

$$=\left(\frac{\displaystyle\sum_{i=1}^{n}a_1^{(i)},\sum_{i=1}^{n}a_2^{(i)},\sum_{i=1}^{n}a_3^{(i)}}{n}\right) \tag{5-28}$$

式中，$i=1,2,3,\cdots,n$，表示某一游客，n 为该类型游客总数。最后通过质心法进行去模糊计算，得出清晰值：$V=(a_1+2a_2+a_3)/4$。由于清晰值为游客对旅游地各指标去模糊化后的实际感知，因此可以理解为游客对各指标的实际满意度值，清晰值越大，游客实际满意度越高。

（2）TOPSIS。F-MCDM 法是基于理想解相似排序技术（technique for order preference by similarity to ideal solution，TOPSIS），通过测算评价单元与"理想解"和"负理想解"的贴近度，对各评价单元进行相对优劣排序获得每个分类的相对满意度指数（朱珠等，2012）。TOPSIS 至今仍是最流行的 MCDM 方法之一，其理想解与负理想解的计算方法如下：

$$A^{+}=\left\{\left(\max V_{ij}|j\in J\right),\left(\min V_{ij}|j\in J'\right),i=1,2,\cdots,m\right\} \tag{5-29}$$

$$A^{-}=\left\{\left(\min V_{ij}|j\in J\right),\left(\max V_{ij}|j\in J'\right),i=1,2,\cdots,m\right\} \tag{5-30}$$

式中，i 为游客类型；J 表示正向指标；J' 表示负向指标，本节 22 项满意度测评指标均属正向指标。当计算得出正、负理想解之后，每一类型游客的相对满意度指数可通过该类型游客的清晰值 V 与正、负理想解之间的贴近度来计算，如下所示：

$$S_i^{+}=\mathrm{dist}\left(V_i,A^{+}\right)=\sqrt{\sum_{j=1}^{n}\left(V_{ij}-A_j^{\,+}\right)^2}\qquad i=1,2,\cdots,m \tag{5-31}$$

$$S_i^{-}=\mathrm{dist}\left(V_i,A^{-}\right)=\sqrt{\sum_{j=1}^{n}\left(V_{ij}-A_j^{\,-}\right)^2}\qquad i=1,2,\cdots,m \tag{5-32}$$

$$\mathrm{DSAT}_i=\frac{S_i^{-}}{S_i^{+}+S_i^{-}}\qquad i=1,2,\cdots,m \tag{5-33}$$

式中，i 为游客类型；j 为满意度指标；S^+、S^- 分别为该类型游客的满意度清晰值与正、负理想解的贴近度；DSAT 为目的地游客的相对满意度（介于 0~1）。由式（5-33）可以看出，S^+ 越小或 S^- 越大，游客相对满意度越大；S^- 越小或 S^+ 越大，游客相对满意度越小。

（3）敏感性分析。引入经济学的需求弹性理论，用以分析各类型游客满意度对各属性的敏感性。为便于理解，将其定义为满意度敏感性。弹性概念建立在物理学基础之上，它被定义为当任何属性经历 1% 的相对变化时所引起的满意度变化百分比（Zha et al.，2018）。从数学上讲，任何属性 j 上每一游客分类 i 的满意度敏感性指数 η 可计算为

$$\eta_{ij} = \frac{\Delta\%\text{DSAT}_i}{\Delta\%V_{ij}} = \frac{\text{dDSAT}_i}{\text{d}V_{ij}} \frac{V_{ij}}{\text{DSAT}_i} \qquad (5\text{-}34)$$

依据需求弹性理论，当满意度敏感性指数大于 1 时，表明该项指标或该类游客满意度富有敏感性；当满意度敏感性指数等于 1 时，表明敏感性单一；当满意度敏感性指数小于 1 时，表明满意度缺乏敏感性。满意度敏感性指数可用于确定游客所看重的关键属性，从而为冰川旅游管理者和相关从业人员制定提高游客满意度的措施或战略提供参考，使得在既定成本下，能够投资那些更具满意度敏感性的旅游地属性。

2. 海螺沟冰川旅游满意度评价体系建构

游客满意度是衡量旅游地竞争力的关键要素之一，使用问卷调查法了解不同特征游客对冰川旅游的满意度情况，可为海螺沟冰川旅游发展提出有针对性的意见和建议。鉴于此，参考董观志和杨凤影（2005）构建的旅游景区游客满意度测评体系，并咨询海螺沟景区管理局相关专家，在遵循客观、实际、全面的原则下，从食、宿、行、游、购、娱、服务、设施 8 个方面制定了 22 项海螺沟冰川旅游满意度测评指标（表 5-38），并将其归纳为消费状况与交通、管理与服务、设施分布和景观特色四大类。此外，问卷还包括游客人口统计学特征以及游客对冰川旅游发展情况的看法等问题。

表 5-38 海螺沟冰川旅游满意度评价体系

维度	属性	维度	属性
消费状况与交通	餐饮价格	管理与服务	秩序维护
	餐饮质量		服务人员态度
	住宿价格		内部游览路线
	住宿质量		景区引导标识
	景区门票价格		当地居民态度
	交通便利性	设施分布	厕所分布
	纪念品种类		垃圾箱分布
	购物市场秩序		休息区分布
	景区二次收费	景观特色	冰川景观丰富性
管理与服务	景区保护		冰川景观特色性
	安全保障		民族文化元素融入程度

问卷人口统计学特征表现为男性游客略多于女性，占比分别为 55%（男性）和 45%（女性）；就年龄结构而言，主要集中在 19～45 岁，以 19～34 岁年龄段的游客最多；文化程度上，本科/大专的人数达到 1176 人，占总样本量的 70%；就游客居住地而言，以四川省内最多，占比达 65.3%。总体上，海螺沟冰川风景区游客呈现年轻、文化程度较高、近源的特征。在来访情况上，首次来访游客占比达 89.35%；具有重游意愿的游客约占 60.77%；愿意推荐游客达到总样本的 61.40%；认为旅行未达到期望的游客占比达 45.54%；游客消费多集中于 500～1000 元，详细信息见表 5-39。

表 5-39 海螺沟冰川游客人口统计学特征及类型细分

变量	样本量/份	游客占比/%	变量	样本量/份	游客占比/%
男性	924	55	多次来访	179	10.65
女性	756	45	愿意重游	1021	60.77
≤18 岁	136	8.10	不愿重游	659	39.23
19~34 岁	1065	63.39	500 元以下	256	15.24
35~45 岁	276	16.43	500~1000 元	876	52.14
>45 岁	203	12.08	1000~2000 元	447	26.61
初中及以下	133	7.92	2000 元以上	101	6.01
高中/中专	208	12.38	愿意推荐	1015	60.40
本科/大专	1176	70	不愿推荐	665	39.60
研究生及以上	163	9.70	超出期望	257	15.30
省内	1097	65.30	符合期望	658	39.17
省外	583	34.70	未达到期望	765	45.53
首次来访	1501	89.35			

3. 海螺沟冰川旅游满意度综合评价

1）基于旅游地属性的满意度特征分析

由前述方法计算得出海螺沟冰川形象满意度测评指标的清晰值，并将其绘制成聚类热力图（图 5-36），图中红色表示满意度高值，绿色表示满意度低值。总体上，管理与服务维度满意度最高，尤以秩序维护、景区保护、居民态度、服务人员态度等形象最高；其次为景观特色维度和设施分布维度，消费状况与交通维度的满意度最低。具体地，在消费状况与交通维度中，景区门票价格与景区二次收费的满意度尤低，其原因或为西部欠发达地区景区票价普遍高于中东部发达地区（保继刚，2019），同时冰川景点距离景区大门较远，只有乘坐观光车与缆车才能到达冰川观景点，游客选择少，因此对其满意度低。在管理与服务维度中，内部游览路线满意度相对较低，可能由于冰川分布于海拔高且坡度大的山区，受地形地势所限，同时冰川退缩与运动易造成落石，对游客安全造成威胁（Purdie et al.，2015），导致游览路线开发难度大、路线单一，游客游览自由度降低。从游客细分来看，不愿推荐、不愿重游以及认为此次旅行未达到期望的游客满意度最低，反观愿意重游、≤18 岁、高中及以下以及消费在 1000~2000 元的游客满意度最高。此外，聚类结果大致将形象和游客特征对应的满意度划分为 9 类，其中愿意重游、愿意推荐、≤18 岁等游客群体对于景区管理与服务维度形象的满意度最高，而不愿推荐、不愿重游和未达到期望游客群体对消费状况与交通形象的满意度最低。

2）基于游客细分的满意度特征分析

基于三角模糊数析出的各类游客实际满意度值，使用 TOPSIS 法对冰川旅游形象相对满意度进一步分析，得出各游客属性的相对满意度值，如图 5-37 所示。性别方面，男性游客

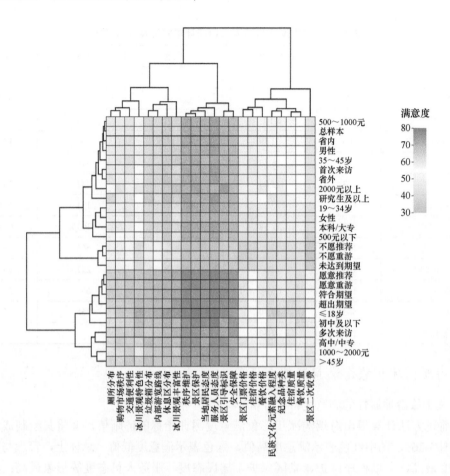

图 5-36　海螺沟冰川旅游形象满意度

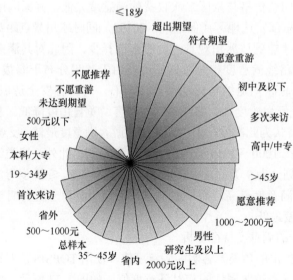

图 5-37　海螺沟冰川旅游景区游客细分满意度

满意度高于女性，其原因或为冰川旅游地分布在高海拔山区，气温低、空气较稀薄、地形陡峭，对游客身体素质要求较高，而男性其身体条件与适应能力通常优于女性，在相对恶劣的物理环境下其游玩体验感也会优于女性游客。在此次旅行的消费水平方面，高消费游客的满意度总体高于低消费游客，表明旅游消费的提高能带来更高的游客满意度。在游客忠诚度方面的细分中，愿意推荐游客的满意度高于不愿推荐游客，愿意重游游客的满意度高于不愿重游游客。与期望相比，超出和符合期望游客的满意度高于未达到期望游客，这与多数学者研究结果一致，验证了游客满意度与忠诚度之间的正向关系，同时支持了 Pizam等（1978）的期望–绩效理论。

游客满意度在年龄、受教育程度、客源地和到访次数上均显著不同。年龄方面，18 岁以上的游客其满意度随年龄增长而增高，但≤18 岁的游客满意度在所有游客年龄细分中最高，其原因或为该年龄段游客旅行目的以求知、猎奇、活动为主，而海螺沟冰川景区除山上的冰川景观外，山下还有国家级森林公园，物种丰富，可亲身体验，满足了该年龄段求知、猎新、求奇的心理需求。受教育程度方面，游客满意度总体随学历的增高而降低，以本科/大专游客群体满意度最低，该群体为当今旅游主体，其见识与要求更高，故满意度相对低于其他学历群体，同时教育程度为本科/大专的游客数占总样本的70%，这一结果应受到管理部门的重视。游客客源地方面，省外游客满意度低于省内游客。虽然地理距离与文化距离能带来一定的新颖性，但二者之间距离过大也可能带来风险性。游客身处他乡的陌生环境会更容易体验到不确定性带来的风险，以至于更为焦虑（Dowling and Staelin，1994），该结果也与书中多重距离对游客评论情感的结果相一致。对于到访次数，多次来访游客其满意度高于首次来访游客。多次来访是游客对景区忠诚度的一种表现，因此满意度可能相对更高。

4. 海螺沟冰川旅游满意度敏感性分析

1）基于旅游目的地属性的满意度敏感性分析

基于满意度敏感性概念及原理，计算得出海螺沟冰川旅游目的地形象满意度敏感性指数（表 5-40）。由该表可知，海螺沟冰川旅游各形象的满意度敏感性指数均低于1，属于缺乏敏感性，但分析其敏感性指数的相对大小，对于旅游管理者制定决策同样具有重要意义。在四大维度形象层面，景观特色的满意度敏感性最高，达到0.45，表明对其质量1%的改善会给该形象的游客满意度带来0.45%的提升；其次是管理与服务满意度敏感性，为0.32，消费状况与交通位列第三，设施分布的满意度敏感性最低，只有0.25。然而，尽管自然景观维度形象满意度敏感性最高，但自然景观通常由旅游地的资源禀赋所决定，其提升空间有限，因此在其达到一定质量后，可改变策略，将更多资源投入其他满意度敏感性较高的形象上。

表 5-40　海螺沟冰川旅游目的地形象满意度敏感性指数

维度	属性	敏感性	维度	属性	敏感性
消费状况与交通 0.28	餐饮价格	0.23	管理与服务 0.32	秩序维护	0.31

续表

维度	属性	敏感性	维度	属性	敏感性
消费状况与交通 0.28	餐饮质量	0.31	管理与服务 0.32	服务人员态度	0.35
	住宿价格	0.24		内部游览路线	0.31
	住宿质量	0.30		景区引导标识	0.31
	景区门票价格	0.31		当地居民态度	0.32
	交通便利性	0.30	设施分布 0.25	厕所分布	0.23
	纪念品种类	0.30		垃圾箱分布	0.23
	购物市场秩序	0.23		休息区分布	0.29
	景区二次收费	0.30	景观特色 0.45	冰川景观丰富性	0.51
管理与服务 0.32	景区保护	0.32		冰川景观特色性	0.49
	安全保障	0.30		民族文化元素融入程度	0.36

注：表中敏感性指数表示任何指标在发生 1% 的相对变动情况下所引起的满意度变动百分比。

　　在属性层面，冰川景观丰富性、冰川景观特色性、民族文化元素融入程度、服务人员态度、当地居民态度形象的满意度敏感性分别为 0.51、0.49、0.36、0.35、0.32（图 5-38），相对较高，改进回报率也相对较大。而垃圾箱分布、厕所分布、餐饮价格、购物市场秩序等形象满意度敏感性较低。高满意度敏感性的形象为后期景区游客满意度提高的关键所在，需重点改进其存在问题。

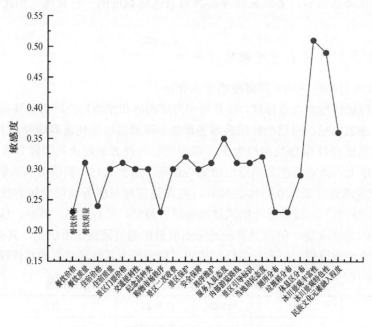

图 5-38　旅游目的地属性满意度敏感性指数

2）基于游客属性的满意度敏感性分析

图 5-39 显示了游客各属性的满意度敏感性，在性别方面，女性游客满意度敏感性指数为 0.41，高出男性游客 0.11，表明提高女性游客 1% 游玩体验带来的满意度要比同条件下男性满意度提升更为明显。年龄方面，除≤18 岁游客满意度敏感性最小外，其余年龄段的满意度敏感性同样随年龄减小而增大。文化程度方面，游客的满意度敏感性总体随文化程度增加而增高，其中以本科/大专群体最高。客源地方面，省内游客与省外游客的满意度敏感性基本一致。消费水平方面，满意度敏感性总体随消费水平增加而减小。游客忠诚度方面，不愿推荐游客高于愿意推荐，不愿重游游客高于愿意重游，并且不愿推荐、不愿重游满意度敏感性指数均在 1 以上，属于富满意度敏感性，需重点关注。在来访次数上，首次来访游客高于多次来访游客。在期望方面，认为此行未达到期望的游客其满意度敏感性均高于超出期望、符合期望的游客，其中认为旅行未达到期望游客的敏感性指数为 1.04，同样属于高满意度敏感性游客类型。根据该结果，相关部门后期可针对不同的游客群体采取不同的营销策略和改进措施。

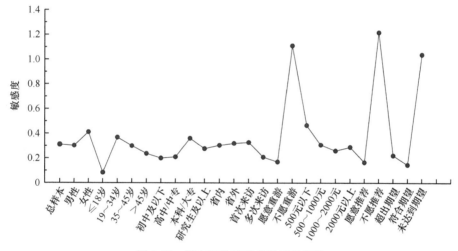

图 5-39 游客属性满意度敏感性指数

5.5.4 小结

游客与旅游目的地居民是旅游的重要主体，居民感知水平的高低反映冰川旅游发展带来的实际效益，影响冰川旅游的高质量、可持续发展及其社会效应的发挥，而游客对旅游目的地的满意度是衡量旅游地竞争力的关键因素之一。本节基于社会调查，在对整个大香格里拉地区居民冰川旅游参与及冰川旅游感知进行分析的基础上，进一步以海螺沟冰川森林公园为典型研究区，基于情感团结理论、地方依恋理论和社会交换理论，采用结构方程模型，以情感团结为中介变量，探究了地方依恋、居民感知对社区居民冰川旅游态度的影响。

在大香格里拉地区，受访者对冰川旅游发展的支持程度与外地游客的欢迎程度均超过

95%，而玉龙雪山地区居民对冰川旅游支持程度未超过区域总体水平，且近 1.97% 的受访者排斥外来游客，10.24% 的受访者对冰川旅游发展持无所谓态度，感知态度较消极。从冰川旅游居民参与方面来看，63.54% 的当地居民参与到冰川旅游发展中，但参与方式有限，主要为住宿餐饮业，其中梅里雪山风景区的居民参与率最低，仅为 50.64%；居民冰川旅游收入占全年总收入比重小，居民受益程度小，玉龙雪山风景区居民受益程度最小；模糊综合评价结果得出大香格里拉冰川旅游总体感知度评价较高，但未能突破客观生命周期的局限。主因子中，居民对"景区发展效果"的感知度最高，"景区发展前景"的感知度最低。通过不同景区居民感知度对比发现：玉龙雪山的"景区发展建设"感知度最高，达古冰川的"游客经营管理"感知度最低，梅里雪山"景区发展前景"属于"一般 → 较高水平"水平，其他四个景区均处于"一般"水平。IPA 象限图分析显示，在冰川旅游建设及影响感知方面，优势主要是景点知名度的提高；劣势主要集中在生态文明、交通条件、宣传推广、旅游产品方面。针对劣势因子，提出今后大香格里拉冰川旅游应重点推进生态文明建设和文化软实力提升，突出冰川旅游生态性、推进"智慧旅游"建设。

在海螺沟冰川森林公园景区，冰川旅游社区居民感知与态度的产生主要受到地方依恋、居民获益、环境感知、情感团结、安全感、支持度与满意度 7 个维度的共同影响。居民在参与冰川旅游发展的过程中，借助对冰川旅游地的地方依恋与认同，感知冰川旅游发展带来的经济、社会文化和环境的影响，有助于唤起居民对游客情感层面上的依恋，而且能够增强居民对冰川旅游的支持态度。地方依恋、居民获益和环境感知能够直接作用情感团结，且地方依恋对情感团结的积极影响最为显著，表明居民能通过对这个地方的依附感来直接表现出其对游客的情感团结。情感团结是形成居民旅游态度的前置变量。情感团结能直接影响安全感、支持度、满意度，其中，情感团结对安全感的影响效应最大，说明主客间这种良性互动、情感契合、相互认同的关系更能激发居民的积极情感，进而提升居民的安全感和居民支持旅游发展的意向。情感团结在地方依恋与居民旅游态度、居民感知与居民旅游态度之间具有中介效应。情感团结在地方依恋与支持度间的传导效应最好，占比达 73.61%。地方依恋和居民感知不仅直接影响居民旅游态度，还通过情感团结的中介传导产生间接影响，冰川旅游社区居民在地方依恋、居民感知基础上满足其与游客情感团结的需求会增强积极的旅游态度。地方依恋在居民感知、情感团结与居民旅游态度之间具有调节效应。当居民的地方依恋越高时，居民感知与居民旅游态度的相关关系越弱，同时，居民旅游态度会随着居民对游客的情感团结的增加而弱化其影响。对于高地方依恋的居民，更加重视其居住地的生态环境和文化传承，渴望通过保护和发展旅游地的自然与文化资源来提高生活质量和促进社区的发展，因此，居民对于冰川旅游的态度更多地基于对居住地的情感认同和利益考虑，而弱化了与游客的态度关系。

在海螺沟景区，游客对管理与服务形象满意度最高，对消费状况与交通维度满意度最低。在属性层形象中，景区门票价格、内部游览路线等满意度较低，购物市场秩序、冰川景观特色性等满意度较高。游客特征方面，男性游客满意度高于女性，高消费游客满意度高于低消费游客，愿意重游与愿意推荐的游客满意度高于不愿重游与不愿推荐游客，认为此行超过期望与符合期望的游客满意度高于未达到期望游客。此外，游客满意度随年龄、受教育程度的增加而降低，省外游客满意度低于省内，首次来访游客满意度低于多次来访游客。旅游地形象的满意度敏感性分析显示，景观特色的满意度敏感性最高，而设施分布、消费状况与交通维度的满意度敏感性则较低。游客类型方面，各类型游客间的满意度敏感性存在明显差异，但以不愿重游、不愿推荐和未达到期望游客的满意度敏感性最高。

5.6 本章小结

随着我国旅游业进入高质量发展阶段，冰雪"冷"资源日渐成为"热"经济，冰雪旅游已成为地区与国家绿色转型升级发展的重要抓手。本章首先从宏观视角切入，建构了中国"冰雪+"全域旅游发展模式及其体系，并基于大数据，从全球与中国尺度分析了冰川旅游目的地的形象。在此基础上，以中外闻名的大香格里拉地区为典型区，研究了该地区冰川旅游发展状况，并进一步量化了该地区海螺沟冰川森林公园冰川旅游发展对地区经济发展的贡献程度。基于社会调查，从冰川旅游目的地社区居民与游客两个层面，剖析了他们对冰川旅游发展的感知与态度，以期为各级政府部门提供冰雪旅游，尤其是冰川旅游的"全息"信息，服务其冰雪旅游规划与布局，为包括冰雪旅游投资者在内的不同利益相关者了解冰雪旅游，投资冰雪旅游提供科学依据。

（1）冰雪旅游的概念。冰雪旅游是以自然与人造冰雪资源为基础，以冰、雪自然景观及其产生的所有人文景观为旅游吸引物而开展的旅游活动或项目。根据吸引物的不同，可将冰雪旅游分为冰雪观光、冰雪运动、滑雪旅游、冰川旅游、冰雪艺术品欣赏、冰雪娱乐等形式。

（2）中国"冰雪+"全域旅游发展模式体系。中国"冰雪+"全域旅游发展模式以冰雪资源为核心，政府、企业、居民多元主体参与，交通、科技、住建、电信等多部门协调，食、住、行、游、购、娱、学、观、造多产业融合，从而实现生态、经济、社会效益多元目标。该模式地区差异显著，由东北冰雪产业发展模式、泛京津冀冰雪体育赛事模式、陕甘宁新与蒙西以丝路文化为特色的冰雪–丝绸之路文化发展模式、青海–西藏冰雪自驾探险与观光模式、大香格里拉冰川观光度假模式与南方地区室内外互补的冰雪休闲体验模式组成。

（3）冰川旅游目的地形象。随着旅游市场逐渐从产品主导的传统资源型市场转变为形象主导的信息开放型市场，积极塑造并维护良好的旅游目的地形象，已成为旅游市场的重要趋势。全球冰川旅游目的地形象体系由 14 个维度 53 个属性构成，自然景观形象的显著性为 30.83%，效价为 0.63；中国冰川旅游目的地形象体系构成少于全球，有 12 个维度 25 个属性，自然景观的显著性只有 16.06%，明显小于全球，但效价相当，为 0.62。不管是全球，还是中国冰川旅游目的地形象，均存在季节与区域性特征，全球冰川旅游市场主要集中于南美、北美和阿尔卑斯地区，并且不同区域有着各自的冰川旅游特色。中国冰川旅游市场主要集中于云南与四川两省，人文景观与民族文化是中国区别于全球冰川旅游目的地的特色形象。

（4）大香格里拉地区冰川旅游辐射范围与发展水平。大香格里拉地区冰川旅游辐射范围总面积为 $2.58\times10^5\text{km}^2$，包括 27 个区/县级行政单元。冰川旅游辐射范围可划分为核心圈层、紧密圈层和机会圈层三个圈层，其中，核心圈层包括 12 个区/县，占总辐射面积的 34.3%，圈层半径为 93.82km；紧密圈层包括 8 个区/县，占辐射范围总面积的 24.9%，圈层半径小于 1000km；机会圈层包括 7 个区/县，占辐射范围总面积的 40.8%。2008～2017 年，大香格里拉地区冰川旅游辐射区发展水平提升了 23.08%，但仍以中等及以下发展水平为主，各地区发展不平衡，发展水平差异呈现先扩大后缩小的趋势。高水平发展分布区不断扩展，受地形影响分布离散破碎，各县域发展相对独立；低水平和较低水平发展区主要分布在中部和西部地区，发展不稳健。冰冻圈资源是影响研究区区域发展水平的主导因素，经济和社会作用的凸显，在一定程度上抵消了冰冻圈资源萎缩的负面影响。

（5）冰川旅游对地区经济发展的影响。海螺沟景区冰川旅游业发展水平与甘孜州地区经济增长水平之间存在长期稳定的均衡关系。甘孜州地区经济增长对海螺沟景区旅游业发展具有较为显著的正向影响，州地区 GDP 每增长 1% 会带动海螺沟景区旅游综合收入增加 2.01%。甘孜州经济增长率与海螺沟景区旅游综合收入增长率之间存在不对称的依存关系，海螺沟景区旅游综合收入增长率对甘孜州地区经济增长的贡献率仅为 16%，对甘孜州地区经济发展的提质加速作用有限。

（6）冰川旅游目的地社区居民与游客对冰川旅游的感知与态度。在大香格里拉地区，当地居民对冰川旅游发展的支持程度与外地游客的欢迎程度均超过 95%，但玉龙雪山地区居民感知态度较消极，居民冰川旅游收入占全年总收入比重小，居民受益程度小，是社区居民感知态度消极的主要原因。大香格里拉地区 63.54% 的当地居民参与到冰川旅游发展中，但参与方式有限，主要为住宿餐饮业。在海螺沟冰川森林公园景区，冰川旅游社区居民感知与态度的产生主要受到地方依恋、居民获益、环境感知、情感团结、安全感、支持度与满意度 7 个维度的共同影响。居民对于冰川旅游的态度更多地取决于对居住地的情感认同和利益考虑，而与游客的态度关系较弱。在海螺沟景区，游客对管理与服务形象满意度最高，对消费状况与交通维度满意度最低。游客满意度随年龄、受教育程度的增加而降低，省外游客满意度低于省内，首次来访游客满意度低于多次来访游客，男性游客满意度高于女性，高消费游客满意度高于低消费游客，愿意重游与愿意推荐的游客其满意度高于不愿重游与不愿推荐游客，认为此行超过期望与符合期望的游客其满意度高于未达到期望游客。总体上，游客对海螺沟冰川景区的购物市场秩序、冰川景观特色性的满意度较高，而对景区门票价格、内部游览路线的满意度较低。

第6章 结论与展望

6.1 结　论

6.1.1 冰冻圈变化适应研究理论框架体系及其最新进展

冰冻圈变化的适应研究是针对冰冻圈变化引发的风险与脆弱性、服务能力与价值开展适应理论、方法和应用研究的科学，是冰冻圈科学学科体系中的重要分支和新兴研究领域。中国冰冻圈变化适应研究始于 2007 年，经过 2007~2015 年冰冻圈变化的脆弱性和适应研究与 2015 年以来冰冻圈变化适应研究两个阶段的探索，在理论体系方面建立了由冰冻圈变化影响（冰冻圈服务和冰冻圈灾害）–风险–恢复力–适应构成的中国冰冻圈变化适应研究理论与方法体系，并在实践研究方面从冰冻圈变化的气候、水文和生态社会经济影响研究深入细化成致利–冰冻圈服务与致害–冰冻圈灾害研究。

2012 年 "美丽中国" 提出后，冰冻圈变化适应研究理论在原有基础上，进一步延伸向探讨 "美丽冰冻圈" 及其与区域可持续发展关系的新方向，冰冻圈变化适应研究与新时代美丽中国建设同频共振，产生了 "美丽冰冻圈" 及其融入区域发展的途径与模式的最新内容，大大丰富了中国冰冻圈变化适应研究理论体系构成。"美丽冰冻圈" 是 "自然之美、社会经济服务之美、和谐之美" 的综合体，利与害的辩证统一体，"美丽冰冻圈" 区域发展的本质是由冰冻圈自然生态系统与社会经济系统组成的复杂 "人地关系地域系统"，即冰冻圈资源–生态–社会–经济耦合系统各要素、子系统间的良好运行和协调高效发展，是实现 "美丽冰冻圈" 区域高水平、可持续发展目标的关键。"美丽冰冻圈"、区域社会经济发展、民生福祉构成冰冻圈-区域社会经济复合命运共同体。在实践研究方面，从冰冻圈灾害风险研究、社会-生态系统对冰冻圈变化的脆弱性、恢复力与适应典型案例研究，进一步深入以问题为导向，针对干旱半干旱内陆地区冰冻圈水资源与绿洲经济、青藏高原高寒区冰冻圈灾害与畜牧业经济、冰冻圈旅游经济区冰冻圈旅游与区域经济核心问题，从实证视角研究冰冻圈融入不同地区的途径与模式。

6.1.2 "美丽冰冻圈" 融入干旱区绿洲经济的途径与模式

在西北干旱区，冰冻圈、绿洲、荒漠三者相依相生，冰冻圈资源主要以水源涵养、水量供给与径流调节形式，融入绿洲社会经济发展，并以绿洲工农业、生活与生态水效益体现其服务价值，是一种冰冻圈水资源支撑型区域发展模式。以西北干旱区天山南北坡不同冰川覆盖率的玛纳斯河流域、呼图壁河流域、木扎提河流域和库车河流域为研究流域，使用 VIC-VAS 模型，模拟预估了这些流域 1971~2050 年径流量与冰川径流量，分析了流域冰川水资源的供给和水文调节功能，计算了冰川水资源供给和调节服务价值，明晰了流域水资源与冰川水资源功能与服务的差异性。

1971～2013 年，玛纳斯河流域、呼图壁河流域、木扎提河流域和库车河流域水资源供给虽呈不同程度的增加趋势，但仍以平水年和偏枯水年为主，水资源供给能力也较低，以中、低供给为主，这四个流域中低供给占比分别为 60.46%、64.87%、53.49% 和 74.42%。过去40 余年，天山南北坡流域冰川水资源均呈减少趋势，其中玛纳斯河流域与木扎提河流域减少幅度较大，分别为 0.136 亿 m^3/10a 和 0.702 亿 m^3/10a。与 21 世纪 10 年代相比，21 世纪40 年代，SSP1-2.6 和 SSP5-8.5 情景下，玛纳斯河流域、呼图壁河流域、木扎提河流域和库车河流域冰川水资源供给量将分别减少 31.88% 和 33.94%、37.50% 和 40.63%、13.97% 和13.59%、42.86% 和 57.14%，致使天山南北坡流域（木扎提河流域除外）的冰川水资源主要呈现中低供给能力，冰川水文调节功能也在经历 20 世纪 70 年代～21 世纪前 10 年的最强调节期后，未来至 2050 年呈现下降趋势，SSP1-2.6（SSP5-8.5）情景下，四个流域的冰川水文调节功能分别降低 5.8%（3.0%）、4.2%（3.7%）、52.1%（54.9%）和 1.4%（1.2%）。受冰川水资源减少影响，未来到 21 世纪中期，除库车河流域外，其余三大河流域水资源供给量均呈减少趋势，供给功能也主要以中低供给为主。

1991～2050 年，天山南北坡流域冰川水资源服务价值呈波动增加趋势，木扎提河流域服务价值最高，达 472.51 亿元；库车河流域最低，为 6.27 亿元；玛纳斯河流域与呼图壁河流域分别为 258.87 亿元和 26.96 亿元。气候调节是干旱区流域冰川水资源最主要的服务功能，其服务价值介于 83%～92%，水文调节服务位居第二，服务价值为 5%～11%，供给服务与水力发电服务价值小于 5%。不同气候情景下，未来至 2050 年上述四个流域的供给服务和气候调节价值波动增加，而水力发电和水文调节服务价值却呈波动减小趋势。

6.1.3 "美丽冰冻圈"融入高寒畜牧业经济的途径与模式

青藏高原是一种冰冻圈生态支撑＋灾害影响型区域发展模式，高寒畜牧业经济与冰冻圈灾害风险相伴生。作为一种面状分布的灾害，雪灾对高原牧区生产生活和牧民生命安全构成严重威胁。雪灾风险是积雪事件危险性、承险体暴露度与脆弱性的综合。就积雪事件危险性而言，在 RCP 中、高气候情景下，未来至 2065 年，青藏高原雪灾危险性强度与范围均呈减小趋势。与历史基准时期（1986～2005 年）相比，未来近期（2016～2035年）、远期（2046～2065 年）雪灾危险性强度将分别降低 12.32%、14.20%（RCP4.5）和14.20%、17.16%（RCP8.5），雪灾危险区面积占青藏高原总面积的比例将分别减少 6%、11%（RCP4.5）和 6%、14%（RCP8.5）。空间上，藏北高原、冈底斯山脉、昆仑山脉西段、祁连山脉、三江源区和横断山脉地区积雪危险性较高。牧区牲畜是雪灾风险的承险体，基于"以草定畜"原则，模拟确定了雪灾危险性下青藏高原的牲畜暴露量。未来牲畜暴露量整体呈增加趋势，相较于历史基准时期，RCP4.5 和 RCP8.5 情景下未来近期与远期牲畜暴露量将分别增加 12.65%、16.07% 和 18.96%、7.68%。历史基准时期、RCP 中高情景下未来近期和远期雪灾危险性下牲畜暴露量占青藏高原总牲畜量的比例仍高于 75%，未来青藏高原牧区绝大多数牲畜仍可能受到雪灾的威胁。

在自然无设防措施情况下，青藏高原雪灾风险呈增多趋势。相较于历史基准时期，青藏高原牧区未来近期和远期牲畜年均损失量将分别增加 13.15%、30.74%（RCP4.5）和 11.34%、1.76%（RCP8.5），牧区牲畜暴露量增加是牲畜雪灾风险损失增加的主要原因。作为青藏高原的典型地区，未来三江源区雪灾风险呈降低趋势，其变化原因也与整个青藏高原不一致。相较于历史基准时期，除 RCP4.5 情景下三江源区未来近期牲畜年均损失量将增加 15.3% 之外，在 RCP4.5 情景下未来远期和 RCP8.5 情景下未来近期和远期源区牲畜年均损失量将分别减少 37.3%、11.3% 和 58.3%，雪灾风险损失减少主要源于雪灾危险性降低。仅以乡镇为单元的饲草料库这一设防措施可使三江源区雪灾风险降低 50% 以上，减损效果非常明显。但该措施存在救助点空间分布不均匀、对交通依赖严重与救助成本高的缺点。因多模式数据产品的不确定性、牲畜暴露量统计、脆弱性曲线构建所用数据以及气候变化等影响，雪灾风险评估结果存在一定的不确定性。

6.1.4 "美丽冰冻圈"融入区域旅游经济的途径与模式

在构建中国"冰雪＋"全域旅游发展模式及其体系的基础上，从全球、中国到局部典型区，研究视角逐级聚焦，既关注宏观冰川旅游目的地形象，又深入挖掘地区冰川旅游发展状况、冰川旅游贡献程度、居民与游客的感知与态度，全面呈现了冰川旅游的"全息"信息。

冰雪旅游是以自然与人造冰雪资源为基础，以冰、雪自然景观及其产生的所有人文景观为旅游吸引物而开展的旅游活动或项目。根据吸引物的不同，可将冰雪旅游分为冰雪观光、冰雪运动、滑雪旅游、冰川旅游、冰雪艺术品欣赏、冰雪娱乐等形式。中国"冰雪＋"全域旅游发展模式以冰雪资源为核心，政府、企业、居民多元主体参与，交通、科技、住建、电信等多部门协调，食、住、行、游、购、娱、学、观、造多产业融合，从而实现生态、经济、社会效益多元目标。该模式体系包括六大模式：东北冰雪产业发展模式、泛京津冀冰雪体育赛事模式、陕甘宁新与蒙西以丝路文化为特色的冰雪–丝绸之路文化发展模式、青海–西藏冰雪自驾探险与观光模式、大香格里拉冰川观光度假模式与南方地区室内外互补的冰雪休闲体验模式。

全球与中国冰川旅游目的地形象体系分别由 14 个维度 53 个属性和 12 个维度 25 个属性构成，自然景观形象均是二者的核心形象，但全球自然景观形象的显著性为 30.83%，中国的为 16.06%，小于全球，但效价相当，分别为 0.63 和 0.62。全球与中国冰川旅游目的地形象均存在季节与区域性特征，全球冰川旅游市场主要集中于南美、北美和阿尔卑斯地区，并且不同区域冰川旅游特色迥异。中国冰川旅游市场主要集中于云南与四川两省，人文景观与民族文化是中国区别于全球冰川旅游目的地的特色形象。

大香格里拉地区是中国最为著名的冰川旅游区，冰川旅游辐射范围总面积为 20.58 万 km²。冰川旅游辐射范围分为核心圈层、紧密圈层和机会圈层三个圈层，分别占总辐射面积的 34.3%、24.9% 和 40.8%。其中，核心圈层半径约 94km，紧密圈层半径小于 1000km。2008～2017 年，大香格里拉地区冰川旅游辐射区发展水平提升了 23.08%，但仍以中等及以下发展水平为主，各地区发展不平衡，发展水平整体呈缩小趋势。冰冻圈资源是影响该地区发展水平的主导因素，经济和社会的发展在一定程度上抵消了冰冻圈资源萎缩的负面影响。海螺沟景区冰川旅游业发展与甘孜州地区经济增长呈一种弹性关系，甘孜州地区 GDP 每增长 1% 会带动海螺沟景区旅游综合收入增加 2.01%，但海螺沟景区旅游综合收入增长率对甘孜州地区经济增长的贡献率仅为 16%，对甘孜州地区经济发展的提质加速作用有限。

从居民视角，社区居民对整个大香格里拉地区冰川旅游发展的支持程度与对外地游客的欢迎程度均超过 95%，但因居民受益程度小，玉龙雪山地区的居民感知态度较消极。大香格里拉地区 63.54% 的当地居民参与到冰川旅游发展中，但参与方式有限，主要为住宿餐饮业。在海螺沟冰川森林公园景区，社区居民的感知与态度主要受地方依恋、居民获益、环境感知、情感团结、安全感、支持度与满意度 7 个维度的共同影响。居民对于冰川旅游的态度更多地取决于对居住地的情感认同和利益考虑，而与游客的态度关系较弱。从游客视角，游客对海螺沟景区管理与服务形象满意度最高，对消费状况与交通维度的满意度最低。游客满意度随年龄、受教育程度的增加而降低，游客满意度还与性别、消费水平、来源地、旅游次数等有关。总体上，游客对海螺沟冰川景区的冰川景观特色性的满意度较高，而对景区门票价格、内部游览路线的满意度较低。

6.2 展 望

6.2.1 加强冰冻圈与区域社会经济系统双向互馈研究

冰冻圈系统与区域社会经济系统构成一种特殊的人地关系地域系统，二者相互作用、相互影响。书中以祁连山–河西地区、青藏高原三江源区和横断山大香格里拉地区分别代表冰冻圈水资源影响区、冰冻圈灾害影响区和冰冻圈旅游经济区，主要从冰雪水资源利用、雪灾害与高寒畜牧业、冰雪旅游与地区经济三个方面，理论解析了冰冻圈融入区域发展的不同途径与模式。在此基础上，选取天山南北坡玛纳斯河流域、呼图壁河流域、木扎提河流域与库车河流域为冰冻圈水资源影响的典型研究流域，对融入干旱区内陆河流域绿洲经济的水量供给与径流调节功能和服务进行了现状分析与预估研究；基于灾害形成机理，在自然无设防与有设防措施两种情况下，预估了青藏高原高寒牧区雪灾危险性下的牲畜损失；在大香格里拉地区，在界定冰川旅游辐射范围的基础上，明晰了冰川旅游发展水平，并以海螺沟冰川森林公园景区为案例研究区，模拟研究了冰川旅游对地区经济的贡献程度，明晰了不同冰冻圈变化影响区"美丽冰冻圈"融入途径与模式的差异与特征。这些研究细化了冰冻圈变化适应研究的内容，量化了冰冻圈服务价值与灾害损失，明晰了冰冻圈对区域社会经济作用的途径与影响程度。然而，这些研究仍然秉承当前冰冻圈研究领域的主流视角，从冰冻圈切入，主要聚焦冰冻圈的融入途径与模式，对区域社会经济系统对冰冻圈的影响方式、途径与程度虽有所涉猎，但仍然很有限。在气候持续变暖，冰冻圈快速变化对区域社会经济影响凸显的现实情况下，既需要了解与认识冰冻圈深刻变化对区域发展的影响，更需要打破传统研究定式，从社会经济系统切入，研究人类活动对冰冻圈变化的反向影响，社会经济系统对冰冻圈服务的高效利用途径与对冰冻圈灾害的有效应对和科学适应路径措施，因此，迫切需要加强冰冻圈与区域社会经济系统的双向互馈研究。

6.2.2　加强新方法、新技术在冰冻圈变化适应研究中的应用

方法一直是冰冻圈变化适应研究需突破的关键。在研究"美丽冰冻圈"融入内陆河流域绿洲系统的途径与模式时，除了使用模型工具，模拟预估不同情景的流域水资源量与冰川径流量之外，书中定义了一个冰川水文调节指数，使冰川径流调节功能研究由定性描述发展为量化刻画，提升了对干旱区内陆河流域冰川径流调节作用的认知。此外，使用市场价值法、影子价格法与影子工程法，分别估算了典型研究流域冰川水资源的供给服务、水力发电、气候调节与水文调节服务价值，进一步明晰了冰川水资源服务的贡献、流域差异、服务价值强弱、未来变化走势等。

关于青藏高原牧区雪灾风险研究，受限于青藏高原积雪数据，雪灾风险研究主要呈现两种情况：①使用指标体系法，对雪灾风险进行现状评价，并进行区域划分；②以间接方法，通过模拟研究气候要素（气温、降水、风等），预估雪灾风险。风险是潜在的损失，关注的是未来，前者只评价现状，并非真正的雪灾风险；后者虽然对不同情景的雪灾风险进行了预估，但又不涉及积雪及其变化，因此二者均具有一定局限性。鉴于上述两点原因，书中首先构建了反向传播神经网络雪深模拟模型（BPANNSSM），模拟了青藏高原逐日积雪深度，在此基础上，识别了雪灾危险性。牲畜是青藏高原雪灾风险的承险体，其空间分布不均，且只有当前实际牲畜数据，为规避牲畜在行政单元内均匀分布的局限性，书中采用网格单元，构建了气候生产潜力模型与甘草产量模型，模拟得到青藏高原牧区干草产量，并依据牲畜数量与产草量的关系，利用"以草定畜"方法，确定了青藏高原雪灾危险性下的牲畜暴露量，并构建了雪灾牲畜脆弱性曲线，从而预估了青藏高原雪灾风险。尽管由于多模式数据产品的不确定性、牲畜暴露量统计、脆弱性曲线构建所用数据等使评估结果存在一定不确定性，但其弥补了当前青藏高原雪灾风险研究中的不足。从模拟积雪深度切入的研究思路，提供了研究青藏高原雪灾风险的又一路径。

冰雪旅游是当前旅游学研究的热点，冰川旅游作为冰雪旅游的组成部分，其研究关注程度明显逊色于滑雪旅游与冰雪运动。书中基于游客在线评论大数据，使用 LDA 主题模型、显著效价分析、决策实验室法，在全球与中国两个尺度，评价了冰川旅游目的地形象；使用空间断裂点模型、场强模型、辐射半径模型，首次界定了大香格里拉地区冰川旅游辐射范围，明确了不同圈层的辐射半径；通过构建 VAR 模型，确定了海螺沟冰川旅游对甘孜州地区经济发展的贡献程度。这些研究创新性地回答了中国冰川旅游在全球冰川旅游中的地位，中国冰川旅游的区域差异与特征，冰川旅游对地区经济发展的贡献。

定义冰川水文调节指数、估算冰川水资源服务价值、构建 BPANNSSM、气候生产潜力模型与甘草产量模型、运用评论大数据与 LDA 模型等工具与手段，促进了冰冻圈与区域可持续发展的量化研究与细化研究。然而，冰川水文调节指数只是一个半定量模型，冰川水资源服务价值估算方法考虑因素有限，且价格因素受市场影响波动较大，尚需进一步完善；

冰川旅游目的地形象分析虽然使用了大数据与人工智能方法，但数据仅来自 TripAdvisor、携程旅行网等主流旅游服务网站，使用的 AI 模型相对简单，其他构建的模型在机理方面也比较欠缺，等等。因此，在目前构建与运用模型方法技术的基础上，还需进一步解放思想，敢于创新，将大数据、云计算、人工智能等技术方法引入冰冻圈变化适应研究中，以掌握冰冻圈自身变化的精确度、冰冻圈服务的纵深度、冰冻圈灾害风险的强度。

6.2.3 高度关注气候持续变暖情况下冰冻圈极端事件及其影响

本书主要从"平均态"变化视角、冰冻圈服务与冰冻圈灾害两个层面，对"美丽冰冻圈"融入绿洲经济、高寒畜牧业经济与区域旅游经济的途径与模式进行量化与分析，展现其区域差异，研究的关注点主要是未来情景变化与可能影响，并未涉及极端事件。然而，受气候变暖影响，中国冰冻圈环境已发生深刻变化，范围萎缩，不稳定性增加，冰冻圈极端事件日渐凸显。2016 年 7 月西藏阿里冰川跃动导致冰崩，2018 年 10 月雅鲁藏布江米林县派镇加拉村附近发生冰崩堵江事件，2023 年 1 月 17 日西藏林芝市派墨公路多雄拉隧道出口方向发生雪崩，这些极端事件造成财产损失与人员伤亡，引起了高度关注，未来此类极端事件将可能更加频发、高发。因此，冰冻圈变化适应研究应两手抓，在加强"平均态"研究的同时，更加关注冰冻圈极端事件及其影响，实施冰雪崩大调查，加大监测预警力度，提高对冰冻圈灾害的应急与处置能力。

参 考 文 献

阿旺, 张立荣, 孙建平, 等. 2021. 影响青藏高原高寒草地植物向高海拔或高纬度迁移的关键因素研究进展. 生态学杂志, 40(5): 1521-1529.

艾力帕尔·阿合买提. 2021. 库车河流域水资源开发利用现状及生态基流问题探析. 地下水, 43(1): 160-161.

白鹤松. 2016. 冰雪产业发展研究综述. 中国人口·资源与环境, 26(5): 452-455.

保继刚. 1996. 旅游开发研究: 原理、方法、实践. 北京: 科学出版社.

保继刚. 2019. 为什么西部景区门票价格居高不降?——门票地域性差异问题. 旅游学刊, 34(7): 12-16.

蔡兴冉. 2022. 天山和祁连山冰川服务及其与人类福祉关系研究. 兰州: 中国科学院西北生态环境资源研究院博士学位论文.

陈璐, 李勇泉. 2019. 海岛旅游社区居民的主客互动对幸福感的影响研究. 资源开发与市场, 35(4): 585-592.

陈仁升, 张世强, 阳勇, 等. 2019. 冰冻圈变化对中国西部寒区径流的影响. 北京: 科学出版社.

陈世平, 乐国安. 2001. 城市居民生活满意度及其影响因素研究. 心理科学, (6): 664-666, 765.

陈亚宁, 李稚, 范煜婷, 等. 2014. 西北干旱区气候变化对水文水资源影响研究进展. 地理学报, 69(9): 1295-1304.

程溪苹, 孙虎. 2012. 基于IPA方法的中国历史文化名城游客满意度分析——以韩城市为例. 资源科学, (7): 1318-1324.

程志会, 刘锴, 孙静, 等. 2016. 中国冰雪旅游基地适宜性综合评价研究. 资源科学, 38(12): 2233-2243.

邓茂芝, 刘寿东, 张洪广, 等. 2011a. 干旱区内陆河流域不同特征居民对气候变化及冰冻圈变化的感知差异分析: 以乌鲁木齐河流域为例. 冰川冻土, 33(5): 1074-1080.

邓茂芝, 张洪广, 毛炜峄, 等. 2011b. 乌鲁木齐河流域普通民众对冰冻圈变化的感知及适应性对策选择. 气候变化研究进展, 7(1): 65-72.

邓培华, 梁洪娟. 2017. 阿坝牧区冬春草料储备技术. 养殖与饲料, (11): 32-35.

丁永建, 效存德. 2013. 冰冻圈变化及其影响研究的主要科学问题概论. 地球科学进展, 28(10): 1067-1076.

丁永建, 杨建平, 等. 2019. 中国冰冻圈变化的脆弱性与适应研究. 北京: 科学出版社.

丁永建, 杨建平, 刘时银, 等. 2003. 长江黄河源区生态环境范围的探讨. 地理学报, 58(4): 519-526.

丁永建, 张世强, 陈仁升. 2020a. 冰冻圈水文学: 解密地球最大淡水库. 中国科学院院刊, 35(4): 413-424.

丁永建, 赵求东, 吴锦奎, 等. 2020b. 中国冰冻圈水文未来变化及其对干旱区水安全的影响. 冰川冻土, 42(1): 23-32.

丁永建, 张世强, 吴锦奎, 等. 2020c. 中国冰冻圈水文过程变化新进展. 水科学进展, 31(5): 690-702.

董观志, 杨凤影. 2005. 旅游景区游客满意度测评体系研究. 旅游学刊, (1): 27-30.

杜春玲, 李颖. 2011. 黑龙江省冰雪旅游形象设计研究. 冰雪运动, 33(6): 88-92.

段克勤, 姚檀栋, 王宁练, 等. 2022. 21世纪亚洲高山区冰川平衡线高度变化及冰川演化趋势. 中国科学: 地球科学, 52(8): 1603-1612.

范丹丹. 2019. 新疆冰雪旅游发展SWOT分析及对策研究. 辽宁体育科技, 41(3): 23-26.

方一平, 朱付彪, 宜树华, 等. 2019. 多年冻土对青藏高原草地生态承载力的贡献研究. 气候变化研究进展, 15(2): 150-157.

甘静, 徐哲. 2013. 基于 SWOT-PEST 模型的吉林省冰雪旅游市场分析. 通化师范学院学报（人文社会科学）, 34(6): 30-33.

高铁梅. 2006. 计量经济分析方法与建模: EViews 应用及实例. 北京: 清华大学出版社.

郭存芝, 彭泽怡, 丁继强. 2016. 可持续发展综合评价的 DEA 指标构建. 中国人口·资源与环境, 26(3): 9-17.

郭建平, 高素华, 潘亚茹. 1995. 东北地区农业气候生产潜力及其开发利用对策. 气象, (2): 3-9.

郭小英, 何东健. 2011. 人工神经网络在农村土地利用分类中的应用. 农机化研究, 33(1): 190-194.

韩杰, 韩丁. 2001. 中外滑雪旅游的比较研究. 人文地理, 16(3): 26-30.

郝汉舟, 汤进华, 翟文侠, 等. 2017. 湖北省绿色发展指数空间格局及诊断分析. 世界地理研究, 26(2): 91-100.

何调霞. 2006. 长三角旅游中心地等级体系及职能优化研究. 芜湖: 安徽师范大学硕士学位论文.

何调霞. 2010. 旅游中心地的内涵及成长机制研究. 无锡商业职业技术学院学报, 10(2): 27-30.

何毅, 柏林, 陈强. 2014. 黑龙江省冬季旅游与冰雪运动相融合对策浅析. 佳木斯大学社会科学学报, 32(4): 71-72.

胡美娟, 沈一忱, 郭向阳, 等. 2019. 长三角城市群旅游场强时空异质性及演化机理. 长江流域资源与环境, 28(8): 1801-1810.

胡学平, 王式功, 许平平, 等. 2014. 2009-2013 年中国西南地区连续干旱的成因分析. 气象, (10): 1216-1229.

黄辉, 陈旭, 蒋功成, 等. 2012. 洪泽湖水环境质量模糊综合评价. 环境科学与技术, 35(10): 186-190.

黄婧, 曾克峰. 2009. 川藏线沿线区域冰川旅游资源开发的对策研究. 特区经济, (2): 137-138.

黄一民, 章新平. 2007. 青藏高原四季降水变化特征分析. 长江流域资源与环境, (4): 537-542.

冀钦, 杨建平, 陈虹举, 等. 2020. 基于综合视角的近 55a 青藏高原气温变化分析. 兰州大学学报（自然科学版）: 56(6): 755-764.

颉佳, 王世金, 窦文康, 等. 2022. 1989~2019 年中国滑雪场时空特征及其演变规律. 地理科学, 42(6): 1064-1072.

晋子振. 2019. 基于 VIC 模型疏勒河上游不同景观及其变化对径流的影响. 兰州: 中国科学院西北生态环境资源研究院硕士学位论文.

孔祥彬. 2007. 城市经济腹地及其空间范围的界定. 成都: 西南交通大学硕士学位论文.

赖菲菲, 谢朝武, 黄锐. 2021. 两阶段情景下多维距离因素对中国出境旅游影响研究. 地理与地理信息科学, 37(4): 128-136.

兰宇翔, 林丽丽, 傅伟聪, 等. 2016. 基于模糊综合评价法的福州市免费公园游客满意度评价. 山东农业大学学报（自然科学版）, 47(6): 920-926.

劳伦特·凡奈特. 2019 全球滑雪市场报告——滑雪度假村关键行业数据的概述（中文版）. https://www.vanat.ch/international-report-on-snow-mountain-tourism.shtml[2019-9-12].

勒格措, 求准, 王科, 等. 2013. 高寒牧区牲畜暖棚的建设与利用. 当代畜牧, (2): 13-14.

冷建飞, 高旭, 朱嘉平. 2016. 多元线性回归统计预测模型的应用. 统计与决策, 451(7): 82-85.

李晨毓, 王晓明, 丁永建, 等. 2020. 冰冻圈资源可持续利用探讨. 气候变化研究进展, 16(5): 570-578.

李金洁, 王爱慧, 郭东林, 等. 2019. 高分辨率统计降尺度数据集 NEX-GDDP 对中国极端温度指数模拟能力的评估. 气象学报, 77(3): 579-593.

李蕾蕾. 2000. 旅游目的地形象的空间认知过程与规律. 地理科学, (6): 563-568.

李曼, 杨建平, 杨圆, 等. 2015. 疏勒河双塔灌区农业种植结构调整优化研究. 干旱区资源与环境, 29(2): 126-131.

李培基, 米德生, 1983. 中国积雪的分布. 冰川冻土, 5(4): 12-14.

李秋成, 周玲强, 范莉娜. 2015. 社区人际关系、人地关系对居民旅游支持度的影响——基于两个民族旅游村寨样本的实证研究. 商业经济与管理, (3): 75-84.

李松梅. 2012. 国外滑雪产业发展现状与主要经验分析. 哈尔滨体育学院学报, 30(4): 6-9.

李铁松. 1999. 梅里雪山明永冰川旅游资源的优势及可持续发展. 四川师范学院学报（自然科学版）, 20(4): 351-354.

李霞. 2015. 近40年横断山冰川变化的遥感监测研究. 兰州: 兰州大学硕士学位论文.

李颜颜, 康国华, 张鹏岩, 等. 2018. 基于Thornthwaite Memorial模型的近54年河南省农业气候生产力时空变化特征分析. 江苏农业科学, 46(7): 287-293.

李耀军, 丁永建, 上官冬辉, 等. 2021. 1961~2016年全球变暖背景下冰川物质亏损加速度研究. 中国科学: 地球科学, 51(3): 453-464.

厉新建, 张凌云, 崔莉. 2013. 全域旅游: 建设世界一流旅游目的地的理念创新——以北京为例. 人文地理, 28(3): 130-134.

林纾, 李红英, 党冰, 等. 2014. 甘肃河西走廊地区气候暖湿转型后的最新事实. 冰川冻土, 36(5): 1111-1121.

刘彩虹, 余锦华, 方珂, 等. 2020. 青藏高原雪灾变化对热带海洋海温异常响应的数值模拟. 气象科学, 40(6): 810-818.

刘春萍. 2014. 吉林省冰雪旅游文化开发与经济可持续发展的融合创新战略探究. 吉林广播电视大学学报, 11(155): 120-121.

刘国民, 张彩云. 2018. "互联网＋冰雪旅游"产业发展路径选择. 学习与探索, 1(270): 130-134.

刘剑. 2012. 加快冬季冰雪旅游发展构建阿勒泰"全天候, 全覆盖"旅游发展新格局. 新远见, (4): 56-59.

刘丽敏, 钟林生, 虞虎. 2019. 冰川旅游研究进展与启示. 地理科学进展, 38(4): 533-545.

刘巧, 范继辉, 张文敬. 2005. 中国香格里拉生态旅游区冰川旅游资源的特征及其开发. 四川地质学报, 25(4): 242-245.

刘巧, 范继辉, 程根伟, 等. 2006. 川滇藏三省交界地区冰川旅游资源的特征及其开发. 国土与自然资源研究, (1): 63-64.

刘仁辉, 李玉新, 吴颖. 2014. 欧美滑雪文化的流变及对中国滑雪文化传承与传播的启示. 沈阳体育学院学报, 33(4): 56-62.

刘时银, 姚晓军, 郭万钦, 等. 2015. 基于第二次冰川编目的中国冰川现状. 地理学报, 70(1): 3-16.

刘万波, 朱正晖, 王利. 2019. 基于场强模型的辽宁沿海港口腹地划分. 资源开发与市场, 35(5): 618-624.

刘文佳, 姜淼淼. 2016. 冰雪旅游资源的价值及其体系构建. 冰雪运动, 38(2): 90-96.

刘一静, 孙燕华, 钟歆玥, 等. 2020. 从第三极到北极: 积雪变化研究进展. 冰川冻土, 42(1): 140-156.

刘艳平, 保继刚, 黄应淮, 等. 2019. 基于GPS数据的自驾车游客时空行为研究——以西藏为例. 世界地理研究, 28(1): 149-160.

刘哲, 李奇, 陈懂懂, 等. 2015. 青藏高原高寒草甸物种多样性的海拔梯度分布格局及对地上生物量的影响. 生物多样性, 23(4): 451-462.

卢松, 张捷, 李东和, 等. 2008. 旅游地居民对旅游影响感知和态度的比较——以西递景区与九寨沟景区为例. 地理学报, (6): 646-656.

鲁萌萌, 吴仁广, 杨崧, 等. 2020. 欧亚大陆冷季积雪与亚洲夏季风的关系: 区域特征与季节性. 大气科学学报, 43(1): 93-103.

路幸福, 陆林. 2015. 边缘型地区旅游发展的居民环境认同与旅游支持——以泸沽湖景区为例. 地理科学, 35(11): 1404-1411.

罗永忠, 成自勇, 郭小芹. 2011. 近40a甘肃省气候生产潜力时空变化特征. 生态学报, 31(1): 221-229.

吕鑫, 王卷乐, 康海军, 等. 2018. 基于遥感估产的2006～2015年青海果洛与玉树地区草畜平衡分析. 自然资源学报, 33(10): 1821-1832.

马晓路, 许霞. 2011. 海螺沟景区旅游资源的梯度分异规律与开发对策. 安徽农业科学, 39(13): 7964-7966.

马兴刚, 王世金, 琼达, 等. 2019. 中国冰川旅游资源深度开发路径: 以西藏米堆冰川为例. 冰川冻土, 41(5): 1264-1270.

明庆忠, 陆保一. 2019. 冰川旅游发展系统性策略研究. 云南师范大学学报（哲学社会科学版）, 51(2): 48-57.

莫崇勋, 王大洋, 钟欢欢, 等. 2016. 人工神经网络在澄碧河年径流预测中的应用研究. 水力发电, 42(9): 25-28.

莫兴国. 2020. 1980年以来青藏高原草地生产力数据. 国家青藏高原科学数据中心, doi:10.11888/Ecolo. tpdc.270430.

南平, 姚永鹏, 张方明. 2006. 甘肃省城市经济辐射区及其经济协作区研究. 人文地理, (2): 89-92, 98.

聂敏. 2016. 基于SWAT模型的呼图壁河流域水资源配置研究. 乌鲁木齐: 新疆大学硕士学位论文.

牛方曲, 封志明, 刘慧. 2019. 资源环境承载力综合评价方法在西藏产业结构调整中的应用. 地理学报, 74(8): 1563-1575.

潘晓东, 李品, 冯兆忠, 等. 2019. 2000～2015年中国地级市化肥使用量的时空变化特征. 环境科学, 40(10): 4733-4742.

彭建, 王剑. 2012. 旅游研究中的三种社会心理学视角之比较. 旅游科学, 26(2): 1-9, 28.

气候变化国家评估报告编写委员会. 2011. 第二次气候变化国家评估报告. 北京: 科学出版社.

秦大河, 丁永建. 2009. 冰冻圈变化及其影响研究——现状、趋势及关键问题. 气候变化研究进展, 5(4): 187-195.

秦大河, 姚檀栋, 丁永建, 等. 2016. 冰冻圈科学词汇. 北京: 气象出版社.

秦大河, 姚檀栋, 丁永建, 等. 2017a. 冰冻圈科学概论. 北京: 科学出版社.

秦大河, 任贾文, 朱涛. 2017b. 关于提升我国冰冻圈服务功能研究及其应用水平的政策建议. 中国科学报, 7版 [2017-7-17].

秦大河, 姚檀栋, 丁永建, 等. 2018. 冰冻圈科学概论（修订版）. 北京: 科学出版社.

秦大河, 姚檀栋, 丁永建, 等. 2020. 面向可持续发展的冰冻圈科学. 冰川冻土, 42(1): 1-10.

洒文君. 2012. 青藏高原高寒草地生产力及载畜量动态分析研究. 兰州: 兰州大学硕士学位论文.

石玲, 李淑艳, 程兆豪. 2013. 国际滑雪旅游业发展模式研究. 北京林业大学学报（社会科学版）, 12(3): 75-80.

石英, 高学杰, 吴佳, 等. 2010. 全球变暖对中国区域积雪变化影响的数值模拟. 冰川冻土, 32: 216-221.

史储瑞. 2018. 产业融合视阈下吉林省冰雪旅游产业发展模式研究. 当代体育科技, 8(20): 217, 221.

史培军, 孙劭, 汪明, 等. 2014. 中国气候变化区划 (1961～2010年). 中国科学: 地球科学, 44(10): 2294-2306.

孙承华, 张鸿俊, 于洋, 等. 2022. 中国滑雪产业发展报告（2020～2022）. 北京: 社会科学文献出版社.

孙栋元, 胡想全, 王忠静, 等. 2019. 疏勒河流域径流变化与预测研究. 水利规划与设计, (9): 1-4, 118.

孙久文, 姚鹏. 2014. 低碳经济发展水平评价及区域比较分析——以新疆为例. 地域研究与开发, 33(3): 127-132.

孙美平, 马维谦, 姚晓军, 等. 2021. 祁连山冰川服务价值评估及其时空特征. 地理学报, 76(1): 178-190.

孙秀忠, 罗勇, 张霞, 等. 2010. 近46年来我国降雪变化特征分析. 高原气象, 29(6): 1594-1601.

谭虹, 张守信, 2014. 黑龙江冰雪旅游营销误区与对策研究. 冰雪运动, 36(1): 89-92.

唐凡, 杨建平, 贺青山, 等. 2021a. 目的地属性对冰川旅游游客满意度的影响: 基于非对称影响分析. 干旱区资源与环境, 35(11): 200-208.

唐凡, 杨建平, 贺青山, 等. 2021b. 基于 F-MCDM 的冰川旅游游客满意度综合评价及敏感性分析. 冰川冻土, 43(5): 1571-1581.

唐珊珊, 于东明. 2019. 基于模糊综合评价法的写生者满意度研究——以峨庄片区美术写生目的地为例. 山东农业大学学报 (自然科学版), 50(2): 335-341.

唐晓云. 2015. 古村落旅游社会文化影响: 居民感知、态度与行为的关系——以广西龙脊平安寨为例. 人文地理, 30(1): 135-142.

田洁, 熊俊楠, 张一弛, 等. 2021. 定量评估气候变化和人类活动对阿勒泰地区草地净初级生产力的影响. 资源与生态学报 ,12(6): 743-756.

田里. 2016. 旅游经济学. 3 版. 北京: 高等教育出版社.

万欣, 康世昌, 李延峰, 等. 2013. 2007~2011 年西藏纳木错流域积雪时空变化及其影响因素分析. 冰川冻土, 35(6): 1400-1409.

王安东, 张炎. 2019. "一带一路" 沿线冰雪产业融合发展研究. 当代体育科技, 9(11): 251, 253.

王纯阳, 屈海林. 2014. 村落遗产地社区居民旅游发展态度的影响因素. 地理学报, 69(2): 278-288.

王聪, 孔闪闪, 魏宝祥. 2018. 客源国经济距离与入境旅游规模——来自中国西北五省的经验证据. 产经评论, 9(4): 99-112.

王丹. 2018. "四个维度" 探索吉林特色冰雪旅游新路径. 城市旅游规划, 2: 85-87.

王海军, 岳志荣, 赵恩华, 等. 2011. 冰雪旅游体验的符号学解析——以吉林长白山雪域旅游为例. 冰雪运动, 33(5): 83-87.

王佳月, 李秀彬, 辛良杰. 2018. 中国土地流转的时空演变特征及影响因素研究. 自然资源学报, 33(12):2067-2083.

王建, 朱张倩. 2017. 冰雪产业发展现状及趋势研究——基于知识图谱的可视化分析. 赤峰学院学报（自然科学版）, 33(9): 115-117.

王劲峰, 徐成东. 2017. 地理探测器: 原理与展望. 地理学报, 72(1): 116-134.

王宁练, 刘时银, 吴青柏, 等. 2015. 北半球冰冻圈变化及其对气候环境的影响. 中国基础科学, (6): 9-14.

王世金, 赵井东. 2011. 中国冰川旅游发展潜力评价及其空间开发策略. 地理研究, 30(8): 1528-1542.

王世金, 汪宙峰, 2017. 冰湖溃决灾害综合风险评估与管控: 以中国喜马拉雅山区为例. 北京: 中国社会科学出版社.

王世金, 车彦军. 2019. 山地冰川与旅游可持续发展. 北京: 科学出版社 .

王世金, 效存德. 2019. 全球冰冻圈灾害高风险区: 影响与态势. 科学通报, 64(9): 891-901.

王世金, 何元庆, 何献中, 等. 2008. 我国海洋型冰川旅游资源的保护性开发研究——以丽江市玉龙雪山景区为例. 云南师范大学学报（哲学社会科学版）, 40(6): 38-43.

王世金, 秦大河, 任贾文. 2012a. 中国冰川旅游资源空间开发布局研究. 地理科学, 32(4): 464-470.

王世金, 焦世泰, 牛贺文. 2012b. 中国冰川旅游资源开发模式与对策研究. 自然资源学报, 27(8): 1276-1285.

王世金, 赵井东, 何元庆. 2012c. 气候变化背景下山地冰川旅游适应对策研究——以玉龙雪山冰川地质公园为例. 冰川冻土, 34(1): 207-213.

王世金, 丁永建, 效存德. 2018. 冰冻圈变化对经济社会系统的综合影响及其适应性管理策略. 冰川冻土, 40(5): 863-874.

王世金, 齐翠姗, 周蓝月, 等. 2019. 达古冰川旅游目的地客源时空结构特征、问题透视及其结构优化. 云南师范大学学报 (哲学社会科学版), 51(2): 58-67.

王伟, 张佳莹, 彭东慧, 等. 2019. 中国区域旅游发展潜力演变格局与影响因素分析. 干旱区地理, 42(7): 953-960.

王玮, 梁天刚, 黄晓东, 等. 2014. 基于遥感和 GIS 的青藏高原牧区雪灾预警研究 // 中国气象学会. 第 31 届中国气象学会年会论文集, 北京.

王媛, 冯学钢, 孙晓东. 2014. 旅游地形象的时间演变与演变机制. 旅游学刊, 29(10): 20-30.

魏玲玲. 2014. 玛纳斯河流域水资源可持续利用研究. 石河子: 石河子大学博士学位论文.

温克刚. 2007. 中国气象灾害大典·青海卷. 北京: 气象出版社.

温克刚. 2008. 中国气象灾害大典·西藏卷. 北京: 气象出版社.

邬光剑, 姚檀栋, 王伟财, 等. 2012. 青藏高原及周边地区的冰川灾害. 中国科学院院刊, 34: 1285-1292.

吴金梅. 2017. 创新背景下中国冰雪旅游发展分析. 知与行, 3(20): 117-120.

吴明隆. 2010. 问卷统计分析实务. 重庆: 重庆大学出版社.

吴杨. 2007. 基于遥感和地面数据的藏北积雪动态分布和影响因素的研究. 南京: 南京信息工程大学硕士学位论文.

伍斌. 2020. 中国滑雪产业白皮书 (2019). 北京: 社会科学文献出版社.

伍斌, 魏庆华. 2016. 中国滑雪产业白皮书 (2015). 北京: 社会科学文献出版社.

伍斌, 魏庆华. 2018. 中国滑雪产业白皮书 (2017). 北京: 社会科学文献出版社.

伍斌, 魏庆华, 张鸿俊, 等. 2019. 中国滑雪产业发展报告 (2019). 北京: 社会科学文献出版社.

伍斌, 李宇, 魏庆华. 2020. 中国滑雪产业核心数据报告 (2015~2019). 北京: 中国经济出版社.

伍蕾, 陈海蓉. 2019. 旅游地主客之间的情感凝聚对居民旅游发展态度的影响研究. 中国旅游评论, (2): 80-97.

伍立群, 郭有安, 付保红. 2004. 云南冰川资源价值及合理开发研究. 人民长江, 35(10): 35-37.

肖杰, 杨建平, 哈林, 等. 2022. 冰冻圈直接影响区综合发展水平研究. 中国农业资源与区划, 43(3): 173-186.

肖星. 1998. 兰州旅游中心城市建设的构想. 丝绸之路, (3): 22.

效存德, 王世金, 秦大河. 2016. 冰冻圈服务功能及其价值评估初探. 气候变化研究进展, 12(1): 45-52.

效存德, 苏勃, 王晓明, 等. 2019. 冰冻圈功能及其服务衰退的级联风险. 科学通报, 64(19): 1975-1984.

效存德, 王晓明, 苏勃. 2020. 冰冻圈人文社会学的重要视角: 功能与服务. 中国科学院院刊, 35: 504-513.

效存德, 杨佼, 张通, 等. 2022. 冰冻圈变化的可预测性、不可逆性和深度不确定性. 气候变化研究进展, 18(1):1-11.

胥兴安, 薛凯妮, 王立磊. 2021. 感知社区关爱对居民持续参与旅游发展的影响研究——基于心理契约理论的视角. 人文地理, 36(4): 80-87.

徐敬东. 2012. 2011 年库车县地下水动态分析. 地下水, 34(4): 78-80.

徐柯健, 殷继成, 孙传敏. 2002. 四川海螺沟冰川公园可持续发展模式探讨. 旅游资源与管理, 6: 131-134.

徐中民, 程国栋. 2001. 可持续发展系统评价的属性细分理论与应用. 地理科学, 21(1): 7-11.

袭希, 刘琢, 于欢. 2022. 生态旅游游客特征及其消费偏向行为研究—基于网络游记文本数据的情感分析. 价格理论与实践, 453(3): 143-146, 205.

闫琦. 2019. 青藏高原典型牧区畜群结构及载畜量研究. 兰州: 兰州大学硕士学位论文.

杨立公, 朱俭, 汤世平. 2013. 文本情感分析综述. 计算机应用, 33(6): 1574-1578, 1607.

杨建平, 张廷军. 2010. 我国冰冻圈及其变化的脆弱性与评估方法. 冰川冻土, 32(6): 1084-1096.

杨建平, 丁永建, 沈永平, 等. 2004. 近 40a 来江河源区生态环境变化的气候特征分析. 冰川冻土, 26(1): 7-16.

杨建平, 丁永建, 方一平, 等. 2015. 冰冻圈及其变化的脆弱性与适应研究体系. 地球科学进展, 30(5): 517-529.

杨建平, 丁永建, 方一平. 2019. 中国冰冻圈变化的适应研究: 进展与展望. 气候变化研究进展, 15(2): 178-186.

杨岁桥, 杨建平, 王世金, 等. 2012. 生态–经济系统对冰冻圈变化的适应能力评价——以玉龙雪山地区为例. 冰川冻土, 34(2): 485-493.

杨向东, 2003. 利用 NOAA AVHRR 数据研究北半球雪盖气候学特征. 国土资源遥感, (1): 16-19.

杨小明. 2013. 大香格里拉旅游业发展竞合关系研究. 地域研究与开发, 32(3): 72-76.

杨圆, 杨建平, 李曼, 等. 2015. 冰川变化及其影响的公众感知与适应措施分析. 冰川冻土, 37(1): 70-79.

杨针娘. 1991. 中国冰川水资源. 兰州: 甘肃科学技术出版社.

姚俊强. 2015. 干旱内陆河流域水资源供需平衡与管理. 乌鲁木齐: 新疆大学博士学位论文.

姚檀栋, 秦大河, 沈永平, 等. 2023. 青藏高原冰冻圈变化及其对区域水循环和生态条件的影响. 自然杂志, 35(3): 179-186.

姚檀栋, 余武生, 邬光剑, 等. 2019. 青藏高原及周边地区近期冰川状态失常与灾变风险. 科学通报, 64(27): 2770-2782.

姚永慧, 张百平. 2015. 青藏高原气温空间分布规律及其生态意义. 地理研究, 34(11): 2084-2094.

姚作林, 涂建军, 牛慧敏, 等. 2017. 成渝经济区城市群空间结构要素特征分析: 经济地理, 37(1): 82-89.

叶柏生, 韩添丁, 丁永建. 1999. 西北地区冰川径流变化的某些特征. 冰川冻土, 21(1): 54-58.

叶柏生, 丁永建, 焦克勤, 等. 2012. 我国寒区径流对气候变暖的响应. 第四纪研究, 32(1): 103-110.

叶庆华, 程维明, 赵永利, 等. 2016. 青藏高原冰川变化遥感监测研究综述. 地球信息科学学报, 18(7): 920-930.

叶远斌. 2018. 神经网络深度学习算法在地理国情监测中的应用研究. 西部资源, (4): 147-149.

应雪, 吴通华, 苏勃, 等. 2019. 冰冻圈服务评估方法探讨. 冰川冻土, 41(5): 1271-1280.

遇华仁, 刘悦男. 2013. 黑龙江省冰雪经济发展模式浅析. 黑龙江金融, (9): 64-65.

院玲玲, 何元庆, 何献中, 等. 2008. 游客人体释放热量对玉龙雪山冰川退化是否有影响. 冰川冻土, 3(2): 356-357.

尹忠明, 秦蕾. 2020. 文化距离对中国入境旅游的影响—以 "一带一路" 沿线国家为例. 云南财经大学学报, 36(11): 90-99.

翟金英. 2012. 从国际滑雪产业集聚区发展变迁看黑龙江省滑雪产业集群发展. 冰雪运动, 34(6): 73-76, 93.

张丛林, 陈伟毅, 黄宝荣, 等. 2020. 国家公园旅游可持续性管理评估指标体系——以西藏色林错–普若岗日冰川国家公园潜在建设区为例. 生态学报, 40(20): 7299-7311.

张贵海. 2017. 黑龙江省 "大亚布力" 全域旅游开发与建设研究. 对外经贸, 4(274): 32-36.

张国俊, 邓毛颖, 姚洋洋, 等. 2019. 广东省产业绿色发展的空间格局及影响因素分析. 自然资源学报, 34(8): 1593-1605.

张冀震, 吴锦宇, 杨德云. 2009. 中国省级区域综合发展水平的地区差异研究. 西北民族大学学报 (哲学社会科学版), (1): 92-98.

张兰生, 方修琦, 任国玉. 2005. 全球变化. 北京: 高等教育出版社.

张敏, 李忠魁. 2005. 藏东南冰川地质旅游资源优势及其开发思路. 林业调查规划, 30(6): 57-60.

张琦. 2021. 青藏高原草地流转对畜牧业生产率的影响——以甘肃和青海为例. 兰州: 兰州大学硕士学位论文.

张雪莹, 张正勇, 刘琳. 2018. 新疆冰雪旅游资源适宜性评价研究. 地球信息科学, 20(11): 1604-1612.

张镱锂, 李炳元, 郑度. 2014.《论青藏高原范围与面积》一文数据的发表——青藏高原范围界线与面积地理信息系统数据. 地理学报, 69(S01): 65-68.

张宇欣, 李育, 朱耿睿. 2019. 青藏高原海拔要素对温度、降水和气候型分布格局的影响. 冰川冻土, 41(3): 505-515.

张正勇. 2018. 玛纳斯河流域产流区水文过程模拟研究. 石河子: 石河子大学博士学位论文.

赵林, 盛煜. 2019. 青藏高原多年冻土及变化. 北京: 科学出版社.

赵敏燕, 董锁成, 苏腾伟, 等. 2016. 世界滑雪旅游产业时空格局与发展趋势研究. 冰雪运动, 38(5): 58-64.

赵求东. 2011. 寒区流域陆面水文过程模拟研究. 兰州: 中国科学院寒区旱区环境与工程研究所博士学位论文.

赵求东, 赵传成, 秦艳, 等. 2020. 天山南坡高冰川覆盖率的木扎提河流域水文过程对气候变化的响应. 冰川冻土, 42(4): 1285-1298.

赵霞, 王平, 龚亚丽, 等. 2010. 基于 GIS 的锡林郭勒盟雪灾救助区划. 自然灾害学报, 19(1): 70-77.

赵亚莉, 孔海军, 隋红, 等. 2019. "互联网＋"视域下新疆冰雪旅游发展现状与对策研究. 吉林体育学院学报, 35(2): 85-88.

郑度, 赵东升. 2017. 青藏高原的自然环境特征. 科技导报, 35(6): 13-22.

钟镇涛, 黎夏, 许晓聪, 等. 2018. 1992—2010 年中国积雪时空变化分析. 科学通报, 63(25): 2641-2654.

周芳如. 2017. 地理距离和感知距离对旅游目的形象影响的比较研究. 西安: 陕西师范大学硕士学位论文.

周蓝月, 王世金, 孙振亓. 2020. 世界冰川旅游发展进程及其研究述评. 冰川冻土, 42(1): 243-253.

朱婧, 孙新章, 何正. 2018. SDGs 框架下中国可持续发展评价指标研究. 中国人口·资源与环境, 28(12): 9-18.

朱晓柯, 杨雪磊, 薛亚硕, 等. 2018. 冰雪旅游游客满意度感知及提升策略研究——以哈尔滨市冰雪旅游为例. 干旱区资源与环境. 32(4): 189-195.

朱珠, 张琳, 叶晓雯, 等. 2012. 基于 TOPSIS 方法的土地利用综合效益评价. 经济地理, 32(10): 139-144.

邹琼, 和赴宇, 王珂. 2019. 丽江玉龙雪山景区应对气候变化探索和实践. 环境科学导刊, 38(4): 22-25.

Akaike H. 1974. A new look at the statistical model identification. IEEE Transactions on Automatic Control, 19(6): 716-723.

Allison E A. 2015. The spiritual significance of glaciers in an age of climate change. WIREs Climate Change, 6(5): 493-508.

AMAP. 2011. Snow, water, ice and permafrost in the Arctic (SWIPA): Climate change and the cryosphere. Arctic Monitoring and Assessment Programme (AMAP), Oslo, Norway.

AMAP. 2017a. Snow, water, ice and permafrost in the Arctic (SWIPA) 2017. Arctic Monitoring and Assessment Programme (AMAP), Oslo, Norway.

AMAP. 2017b. Adaptation actions for a changing Arctic I: Perspectives from the Barents area. Arctic Monitoring and Assessment Programme (AMAP), Oslo, Norway.

AMAP. 2017c. Adaptation actions for a changing Arctic II: Perspectives from the Bering-Chukchi-Beaufort region. Arctic Monitoring and Assessment Programme (AMAP), Oslo, Norway.

AMAP. 2017d. Adaptation actions for a changing Arctic III: Perspectives from the Baffin Bay/Davis Strait region. Arctic Monitoring and Assessment Programme (AMAP), Oslo, Norway.

AMAP. 2019. Climate change update 2019: An update to key findings of snow, water, ice and permafrost in the Arctic (SWIPA) 2017. Arctic Monitoring and Assessment Programme (AMAP), Oslo, Norway.

Arctic Council. 2016. Arctic Resilience Report//Carson M, Peterson G. Stockholm Environment Institute and Stockholm Resilience Centre, Stockholm.

Bao Y, Wen X. 2017. Projection of China's near- and long-term climate in a new high-resolution daily downscaled dataset NEX-GDDP. Journal of Meteorological Research, 31(1): 236-249.

Beniston M. 2012. Impacts of climatic change on water and associated economic activities in the Swiss Alps. Journal of Hydrology, 412-413: 291-296.

Bhadwal S, Groot A, Balakrishnan S, et al. 2013. Adaptation to changing water resource availability in Northern India with respect to Himalayan Glacier retreat and changing monsoons using participatory approaches. Science of the Total Environment, 468-469 (S): 152-161.

Blei D M, Ng A Y, Jordan M I. 2003. Latent dirichlet allocation. Journal of Machine Learning Research, 3: 993-1022.

Boelens R. 2014. Cultural politics and the hydrosocial cycle: Water, power and identity in the Andean highlands. Geoforum, 57: 234-247.

Boy M, Thomson E S, Acosta Navarro J C, et al. 2019. Interactions between the atmosphere, cryosphere and ecosystems at northern high latitudes. Atmospheric Chemistry and Physics, 19: 2015-2061.

Bui V, Alaei A R, Vu H Q, et al. 2021. Revisiting tourism destination image: A holistic measurement framework using big data. Journal of Travel Research, 61(6): 1287-1307.

Cannon A J, Sobie S R, Murdock T Q. 2015. Bias correction of GCM precipitation by quantile mapping: How well do methods preserve changes in quantiles and extremes? Journal of Climate, 28(17): 6938-6959.

Carey M, Huggel C, Bury J, et al. 2012. An integrated socio-environmental framework for glacier hazard management and climate change adaptation: Lessons from Lake 513, Cordillera Blanca, Peru. Climatic Change, 112:733-767.

Carey M, McDowell G, Huggel C, et al. 2014a. Integrated Approaches to Adaptation and Disaster Risk Reduction in Dynamic Socio-cryospheric Systems//Haeberli W, Whiteman C. Snow and Ice-related Hazards, Risks and Disasters. Amsterdam: Elsevier.

Carey M, Baraer M, Mark B G, et al. 2014b. Toward hydro-social Modeling: Merging human variables and the social sciences with climate-glacier runoff models (Santa River, Peru). Journal of Hydrology, 518: 60-70.

Castree N, Kitchin R, Rogers A. 2013. A Dictionary of Human Geography. Oxford: Oxford University Press.

Che T, Li X, Jin R, et al. 2008. Snow depth derived from passive microwave remote-sensing data in China. Annals of Glaciology, 49(1): 145-154.

Chen H J, Yang J P, Ding Y J, et al. 2021. Simulation of daily snow depth data in China based on the NEX-GDDP. Water, 13: 3599.

Chen H P, Sun J Q, Li H X. 2017. Future changes in precipitation extremes over China using the NEX-GDDP high-resolution daily downscaled data-set. Atmospheric and Oceanic Science Letters, 10(6): 403-410.

Chen J, Kang S, Chen C, et al. 2020. Changes in sea ice and future accessibility along the Arctic Northeast Passage. Global and Planetary Change, 195: 103319.

Chen J, Ohmura A. 1990. On the influence of alpine glaciers on runoff//Lang H, Musy A. Hydrology in Mountainous Regions. IAHS Publication, 193: 117-125.

Comeau L E L, Pietroniro A, Demuth M N. 2009. Glacier contribution to the North and South Saskatchewan

Rivers. Hydrological Processes, 23: 2640-2653.

Committee on Himalayan Glaciers, Hydrology, Climate Change, and Implications for Water Security. 2012. Himalayan Glaciers: Climate Change, Water Resources, and Water Security. Washington DC: The National Academies Press.

Dickey D A. 1979. Fuller W A. Distribution of the estimators for autoregressive time series with a unit root. Journal of the American Statistical Association, 74(366a): 427-431.

Ding Y, Zhang S, Zhao L, et al. 2019. Global warming weakening the inherent stability of glaciers and permafrost. Science Bulletin, 64: 245-253.

Ding Y, Mu C, Wu T, et al. 2021. Increasing cryospheric hazards in a warming climate. Earth Science Reviews, 213: 103500.

Dong W K, William P S. 2002. A structural equation model of residents' attitudes for tourism development. Tourism Management, 23(5): 521-530.

Dowling G R, Staelin R. 1994. A model of perceived risk and intended risk-handling activity. Journal of Consumer Research, 21(1): 119-134.

Deng J, Che T, Xiao C, et al. 2019. Suitability analysis of ski areas in China: An integrated study based on natural and socioeconomic conditions. The Cryosphere, 13: 2149-2167.

Engle R F, Granger C W J. 1987. Co-integration and error correction: Representation, estimation, and testing. Econometrica: Journal of the Econometric Society: 251-276.

Espiner S. 2001. The phenomenon of risk and its management in natural resource recreation and tourism settings: A case study of Fox and Franz Josef Glaciers, Westland National Park, New Zealand. Lincoln University, New Zealand.

Espiner S, Becken S. 2014. Tourist towns on the edge: Conceptualising vulnerability and resilience in a protected area tourism system. Journal of Sustainable Tourism, 22(4): 646-665.

Eum H I, Cannon A J. 2017. Intercomparison of projected changes in climate extremes for South Korea: Application of trend preserving statistical downscaling methods to the CMIP5 ensemble. International Journal of Climatology, 37(8): 3381-3397.

Fang Y, Qin D, Ding Y, et al. 2011. The impacts of permafrost change on NPP and implications: A case of the source regions of Yangtze and Yellow Rivers. Journal of Mountain Science, 8:437-447.

Fang Y, Chen Z, Ding Y, et al. 2016. Impacts of snow disaster on meat production and adaptation: An empirical analysis in the Yellow River source region. Sustainability Science, 11: 246-260.

Farinotti D, Usselmann S, Huss M, et al. 2012. Runoff evolution in the Swiss Alps: Projections for selected high-alpine catchments based on ENSEMBLES scenarios. Hydrological Processes, 26: 1909-1924.

Field C B, Barros V R, Mach K J, et al. 2014. Technical summary//Field C B, Barros V R, Dokken D J, et al. Climate Change 2014: Impacts, Adaptation, and Vulnerability. Part A: Global and Sectoral Aspects. Contribution of Working Group II to the Fifth Assessment Report of the Intergovernmental Panel on Climate Change Cambridge, United Kingdom and New York, NY, USA: Cambridge University Press.

Fountain A G, Tangborn W V. 1985. The effect of glaciers on streamflow variations. Water Resources Research, 21(4): 579-586.

Fredrickson B L, Cohn M A, Coffey K A, et al. 2008. Open hearts build lives: Positive emotions, induced through loving-kindness meditation, build consequential personal resources. Journal of Personality and Social Psychology, 95(5): 1045-1062.

Fryer G J, Odegard M E. Sutton G H. 1975. Deconvolution and spectral estimation using final prediction error. Geophysics, 40(3): 411-425.

Granger C W J. 1969. Investigating causal relations by econometric models and cross-spectral methods. Econometrica: Journal of the Econometric Society, 37(3): 424-438.

Grover V I, Axel B, Jürgen H B, et al. 2015. Impact of Global Changes on Mountains: Responses and Adaptation. New York: CRC Press.

Guo W Q, Liu S Y, Xu J L, et al. 2015. The second Chinese glacier inventory: Data, methods and results. Journal of Glaciology, 61(226): 357-372.

Guo Y, Barnes S J, Jia Q. 2017. Mining meaning from online ratings and reviews: Tourist satisfaction analysis using latent dirichlet allocation. Tourism Management, 59: 467-483.

Haeberli W, Whiteman C. 2014. Snow and Ice-related Hazards, Risks and Disasters. Amsterdam: Elsevier.

Hamilton J D. 1994. Time Series Analysis. Princeton: Princeton University Press.

Hamman J J, Nijssen B, Bohn T J, et al. 2018. The Variable Infiltration Capacity model version 5 (VIC-5): Infrastructure improvements for new applications and reproducibility. Geoscientific Model Development, 11(8): 3481-3496.

Hammarström G. 2005. The construct of intergenerational solidarity in a lineage perspective: A discussion on underlying theoretical assumptions. Journal of Aging Studies, 19(1): 33-51.

He J, Yang K, Tang W J, et al. 2020. The first high-resolution meteorological forcing dataset for land process studies over China. Scientific Data, 7: 25.

He Y, Wu Y F, Liu Q F. 2012. Vulnerability assessment of areas affected by Chinese cryospheric changes in future climate change scenarios. Chinese Science Bulletin, 57: 4784-4790.

Heckler C E. 1994. A step-by-step approach to using the SAS system for factor analysis and structural equation modeling. Technometrics, 38(3): 296-297.

Hegglin E, Huggel C. 2008. An integrated assessment of vulnerability to glacial hazards: A case study in the Cordillera Blanca, Peru. Mountain Research and Development, 28(3): 299-309.

Hill M. 2013. Adaptive capacity of water governance: cases from the Alps and the Andes. Mountain Research and Development, 33:248-259.

Hinojosa L, Mzoughi N, Napoleone C, et al. 2019. Does higher place difficulty predict increased attachment? The moderating role of identity. Ecological Economics, 165(11): 1-7.

Hofstede G J, Minkov M. 2010. Cultures and Organizations: Software of the Mind. 3rd Edition. New York: McGraw-Hill.

Hopkinson C, Young G J. 1998. The effect of glacier wastage on the flow of the Bow River at Banff, Alberta, 1951—1993. Hydrological Processes, 12: 1745-1762.

Horton P, Schaefli B, Mezghani A, et al. 2006. Assessment of climate-change impacts on alpine discharge regimes with climate model uncertainty. Hydrological Processes, 20(10): 2091-2109.

Huggel C, Haeberli W, Kääb A, et al. 2004. An assessment procedure for glacial hazards in the Swiss Alps. Canadian Geotechnical Journal, 41: 1068-1083.

Huggel C, Scheel M, Albrecht F, et al. 2015. A framework for the science contribution in climate adaptation: Experiences from science-policy processes in the Andes. Environmental Science & Policy, 47: 80-94.

Hugh F, Olav S. 2012. Changing cold environments: A Canadian perspective. Chichester: John Wiley & Sons, Ltd.

Huss M. 2011. Present and future contribution of glacier storage change to runoff from macroscale drainage basins in Europe. Water Resources Research, 47: W07511.

Immerzeel W W, Lutz A F, Andrade M, et al. 2020. Importance and vulnerability of the world's water towers. Nature, 577:364-369.

Immerzeel W W, van Beek L P H, Bierkens M F P. 2010. Climate change will affect the Asian water towers. Science, 328(5984): 1382-1385.

Immerzeel W, Beek L P, Konz M, et al. 2012. Hydrological response to climate change in a glacierized catchment in the Himalayas. Climatic Change, 110: 721-736.

IPCC. 2007. Climate change 2007: The physical science basis. Contribution of Working Group I to the Fourth Assessment Report of the Intergovernmental Panel on Climate Change. Cambridge: Cambridge University Press.

IPCC. 2014. Climate Change 2014: Impacts, Adaptation and Vulnerability. Cambridge: Cambridge University Press.

Jakle, John A. 1974. Topophilia: Study of environmental perception, attitudes, and values. Englewood Cliffs: Prentice-Hall. Journal of Historical Geography, 29(1): 32.

Jin Z, Zhao Q, Qin X, et al. 2021. Quantifying the impact of landscape changes on hydrological variables in the alpine and cold region using hydrological model and remote sensing data. Hydrological Processes, 35(10): e14392.

Johannesdottir G R. 2010. Landscape and Aesthetic values: Not only in the eye of the beholder//Benediktsson K, Lund K A. Conservations with Landscape. Farnham: Ashgate, 109-124.

Kääb A, Leinss S, Gilbert A, et al. 2018. Massive collapse of two glaciers in western Tibet in 2016 after surge-like instability. Nature Geoscience, 11:114-120.

Kim S, Joo K, Kim H, et al. 2021. Regional quantile delta mapping method using regional frequency analysis for regional climate model precipitation. Journal of Hydrology, 596: 125685.

Konchar K M, Staver B, Salick J, et al. 2015. Adapting in the shadow of Annapurna: A climate tipping point. Journal of Ethnobiology, 35(3): 449-471.

Kotlarski S, Jacob D, Podzun R, et al. 2010. Representing glaciers in a regional climate model. Climate Dynamics, 34(1): 27-46.

Krimmel R M, Tangborn W V. 1974. South cascade glacier: The moderating effect of glaciers on runoff. Proceedings of the Western Snow Conference, 42nd Annual Meeting, Anchorage, Alaska.

Lai I K W, Hitchcock M. 2017. Local reactions to mass tourism and community tourism development in Macau. Journal of Sustainable Tourism, 25(4): 451-470.

Leathers D J, Luff B L. 1997. Characteristics of snow cover duration across the Northeast United States of America. International Journal of Climatology, 17(14): 1535-1547.

Lei H J, Li H Y, Zhao H Y, et al. 2021. Comprehensive evaluation of satellite and reanalysis precipitation products over the eastern Tibetan plateau characterized by a high diversity of topographies. Atmospheric Research, 259: 105661.

Lewicka M. 2008. Place attachment, place identity, and place memory: Restoring the forgotten city past. Journal of Environmental Psychology, 28(3): 209-231.

Li X, Wan Y K P. 2017. Residents' support for festivals: Integration of emotional solidarity. Journal of Sustainable Tourism, 25(4): 517-535.

Liang X, Wood E F, Lettenmaier D P. 1996. Surface soil moisture parameterization of the VIC-2L model: Evaluation and modification. Global and Planetary Change, 13(1): 195-206.

Lieth H, Box E. 1972. Evapotranspiration and primary productivity. Publications in Climatology, 25: 37-46.

Lin C L, Tzeng G H. 2009. A value-created system of science (technology) park by using DEMATEL. Expert Systems with Applications, 36(6): 9683-9697.

Liu T. 2016. The influence of climate change on tourism demand in Taiwan national parks. Tourism Management Perspectives, (20): 269-275.

Liu S, Sun W, Shen Y, et al. 2003. Gl acier changes since the Little Ice Age maximum in the western Qilian Shan, northwest China, and consequences of glacier runoff for water supply. Journal of Glaciology, 49(164): 117-124.

Luo Y, Arnold J, Liu S, et al. 2013. Inclusion of glacier processes for distributed hydrological modeling at basin scale with application to a watershed in Tianshan Mountains, northwest China. Journal of Hydrology, 477: 72-85.

Manandhar S, Vogt D, Perret S, et al. 2011. Adapting cropping systems to climate change in Nepal: A cross-regional study of farmers' perception and practices. Regional Environmental Change, 11(2): 335-348.

Martin J C, Saayman M, Plessis E D. 2019. Determining satisfaction of international tourist: A different approach. Journal of Hospitality and Tourism Management, 40: 1-10.

Masson-Delmotte V, Zhai P M, Pirani A, et al. 2021. Climate Change 2021: The Physical Science Basis. Contribution of Working Group I to the Sixth Assessment Report of the Intergovernmental Panel on Climate Change. Cambridge: Cambridge University Press.

McDowell G, Ford J D, Lehner B, et al. 2012. Climate-related hydrological change and human vulnerability in remote mountain regions: A case study from Khumbu, Nepal. Regional Environment Change, 13(2): 299-310.

Meier M F, Tangborn W V. 1961. Distinctive characteristics of glacier runoff. US Geological Survey Professional Paper, 424(B): 14-16.

Miles E, McCarthy M, Dehecq A, et al. 2021. Health and sustainability of glaciers in High Mountain Asia. Nature Communications, 12: 2868.

Moghavvemi S, Woosnam K M, Paramanathan T, et al. 2017. The effect of residents' personality, emotional solidarity, and community commitment on support for tourism development. Tourism Management, 63: 242-254.

Moreira M J. 2003. A conditional likelihood ratio test for structural models. Econometrica, 71(4): 1027-1048.

Nijssen B, Schnur R, Lettenmaier D P. 2001. Global retrospective estimation of soil moisture using the variable infiltration capacity land surface model, 1980—93. Journal of Climate, 14(8): 1790-1808.

Nolin A W, Phillippe J, Jefferson A, et al. 2010. Present-day and future contributions of glacier runoff to summertime flows in a Pacific Northwest watershed: Implications for water resources. Water Resources Research, 46(12): W12509.

Nunkoo R, Gursoy D. 2012. Residents' support for tourism an identity perspective. Annals of Tourism Research, 39(1): 243-268.

Olav S, Richard E J K. 2007. The Cryosphere and Global Environmental Change. Oxford: Blackwell Publishing.

Olefs M, Obleitner F. 2007. Numerical simulations on artificial reduction of snow and ice ablation. Water Resources Research, 43: W06405.

Ouyang Z, Gursoy D, Sharma B. 2017. Role of trust, emotions and event attachment on residents' attitudes toward tourism. Tourism Management, 63: 426-438.

Paerregaard K. 2013. Bare rocks and fallen angels: Environmental change, climate perceptions and ritual practice in the Peruvian Andes. Religions, 4(2): 290-305.

Palmer A, Koenig-Lewis N, Jones L E M. 2013. The effects of residents' social identity and involvement on their advocacy of incoming tourism. Tourism Management, 38: 142-151.

Park S, Yang Y, Wang M. 2019. Travel distance and hotel service satisfaction: An inverted U-shaped relationship. International Journal of Hospitality Management, (76): 261-270.

Pellicciotti F, Carenzo M, Bordoy R, et al. 2014. Changes in glaciers in the Swiss Alps and impact on basin hydrology: Current state of the art and future research. Science of the Total Environment, 493: 1152-1170.

Perdue R R, Long P T, Allen L. 1990. Resident support for tourism development. Annals of Tourism Research, 17(4): 586-599.

Pizam A, Neumann Y, Reichel A. 1978. Dimensions of tourist satisfaction with a destination area. Annals of Tourism Research, 5(3): 314-322.

Prayag G, Ryan C. 2012. Antecedents of tourists' loyalty to Mauritius: The role and influence of destination image, place attachment, personal involvement, and satisfaction. Journal of Travel Research, 51(3): 342-356.

Purdie H, Gomez C, Espiner S. 2015. Glacier recession and the changing rockfall hazard: Implications for glacier tourism. New Zealand Geographer, 71(3): 189-202.

Qin D H, Ding Y J, Xiao C D, et al. 2018. Cryospheric Science: Research framework and disciplinary system. National Science Review, 5 (2):255-268.

Ramkissoon H, Smith L D G, Weiler B. 2013. Relationships between place attachment, place satisfaction and pro-environmental behaviour in an Australian national park. Journal of Sustainable Tourism, 21(3): 434-457.

Richter-Menge J, Overland J E, Mathis J T, et al. 2017. Arctic Report Card 2017. http://www.arctic.noaa.gov/Report-Card/Report-Gard-2017/[2020-3-10].

Salim E, Gauchon C, Ravanel L. 2021. Seeing the ice: An overview of Alpine glacier tourism sites, between post- and hyper-modernity. Journal of Alpine Research, Revue de Géographie Alpine, 109(4), doi: 10.4000/rga. 8358.

Schwarz G. 1978. Estimating the dimension of a model. The Annals of Statistics, 6: 461-464.

Sims C A. 1972. Money, income, and causality. The American Economic Review, 62(4): 540-552.

Sims C A. 1980. Macroeconomics and reality. Econometrica: Journal of the Econometric Society, 48(1):1-48.

Sin C Y, White H. 1996. Information criteria for selecting possibly misspecified parametric models. Journal of Econometrics, 71(1-2): 207-225.

Streletskiy D, Anisimov O, Vasiliev A. 2014. Permafrost degradation//Haeberli W, Whiteman C. Snow and Ice-related Hazards, Risks and Disasters. Amsterdam: Elsevier.

Su B, Xiao C, Chen D, et al. 2019. Cryosphere services and human well-being. Sustainability, 11(16): 4365.

Su B, Xiao C, Chen D, et al. 2022. Glacier change in China over past decades: Spatiotemporal patterns and influencing factors. Earth Science Reviews, 226:103926.

Suess C, Woosnam K M, Erul E. 2020. Stranger-danger? Understanding the moderating effects of children in the household on non-hosting residents' emotional solidarity with Airbnb visitors, feeling safe, and support for Airbnb. Tourism Management, 77(4): 1-14.

Sun M, Ma W, Yao X, et al. 2020. Evaluation and spatiotemporal characteristics of glacier service value in the Qilian Mountains. Journal of Geographical Sciences, 30(8): 1233-1248.

Taecharungroj V. 2022. An analysis of tripadvisor reviews of 127 urban rail transit networks worldwide. Travel Behaviour and Society, 26: 193-205.

Taecharungroj V, Mathayomchan B. 2019. Analysing TripAdvisor reviews of tourist attractions in Phuket, Thailand. Tourism Management, 75: 550-568.

Tang F, Yang J, Wang Y, et al. 2022. Analysis of the image of global glacier tourism destinations from the perspective of tourists. Land, 11: 1853.

Tong Y, Gao X, Han Z, et al. 2021. Bias correction of temperature and precipitation over China for RCM simulations using the QM and QDM methods. Climate Dynamics, 57(5): 1425-1443.

Uhlmann B, Jordan F, Beniston M. 2013. Modelling runoff in a Swiss glacierized catchment—part II: Daily discharge and glacier evolution in the Findelen basin in a progressively warmer climate. International Journal of Climatology, 33(5): 1301-1307.

Vaughan D G, Comiso J C, Allison I J, et al. 2013. Observations: Cryosphere// Stocker T F, et al. Climate Change 2013: IPCC AR5. Cambridge: Cambridge University Press.

Vergara W, Deeb A M, Valencia A M, et al. 2007. Economic impacts of rapid glacier retreat in the Andes. Eos Transactions American Geophysical union, 88: 261-264.

Vikhamar D, Solberg R. 2003. Snow-cover mapping in forests by constrained linear spectral unmixing of MODIS data. Remote Sensing of Environment, 88(3): 309-323.

Wang J, Wang C. 2022. Analysis of airbnb's green user emotional characteristics: How do human, geographical, housing, and environmental factors influence green consumption? Frontiers in Environmental Science, 10: 993677.

Wang R, Hao J, Law R, et al. 2019. Examining destination images from travel blogs: A big data analytical approach using latent Dirichlet allocation. Asia Pacific Journal of Tourism Research, 24(11): 1092-1107.

Wang S J, Qin D H, Xiao C D. 2015. Moraine-dammed lake distribution and outburst flood risk in the Chinese Himalaya. Journal of Glaciology, 61(225): 115-126.

Wang S J, Xie J, Zhou L Y. 2020. China's glacier tourism: Potential evaluation and spatial planning. Journal of Destination Marketing & Management, 18: 100506.

Wang X, Yang T, Xu C Y, et al. 2019. Understanding the discharge regime of a glacierized alpine catchment in the Tianshan Mountains using an improved HBV-D hydrological model. Global and Planetary Change, 172: 211-222.

Williams D R, Patterson M E, Roggenbuck J W, et al. 1992. Beyond the commodity metaphor: Examining emotional and symbolic attachment to place. Leisure Studies, 14(1): 29-46.

Woosnam K M. 2012. Using emotional solidarity to explain residents' attitudes about tourism and tourism development. Journal of Travel Research, 51(3): 315-327.

Woosnam K M, Norman W C. 2010. Measuring residents' emotional solidarity with tourists: Scale development of Durkheim's theoretical constructs. Journal of Travel Research, 49(3): 365-380.

Woosnam K M, Norman W C, Ying T. 2009. Exploring the theoretical framework of emotional solidarity between residents and tourists. Journal of Travel Research, 48(2): 245-258.

Woosnam K M, Shafer C S, Scott D, et al. 2015. Tourists' perceived safety through emotional solidarity with residents in two Mexico–United States border regions. Tourism Management, 46: 263-273.

Woosnam K M, Aleshinloye K D, Strzelecka M, et al. 2018. The Role of Place Attachment in Developing Emotional Solidarity with Residents. Journal of Hospitality and Tourism Research, 42(7): 1058-1066.

World Bank. 2011. Andean countries: Adaptation to the impact of rapid glacier retreat in the tropical Andes project: Restructuring: Main report (English). Washington DC: World Bank. http://documents.worldbank.org/curated/en/711821468194336875/Main-report [2018-05-20].

Wu B. 2022. China Ski Industry White Book (2021—2022). http://vanat.ch/publications.shtml [2022-09-14].

Xiao C D, Wang S J, Qin D H. 2015. A preliminary study of cryosphere service function and value evaluation. Advance Climate Change Research, (6):181-187.

Yang J, Li M, Tan C, et al. 2019. Vulnerability and adaptation of an oasis social–ecological system affected by glacier change in an arid region of northwestern China. Sciences in Cold and Arid Regions, 11(1):29-40.

Yang Y, Wu L, Yang W. 2018. Does time dull the pain? The impact of temporal contiguity on review extremity in the hotel context. International Journal of Hospitality Management, 75: 119-130.

Yuksel A, Yuksel F, Bilim Y. 2010. Destination attachment: Effects on customer satisfaction and cognitive, affective and conative loyalty. Tourism Management, 31(2): 274-284.

Zha S S, Guo Yu, Huang S H, et al. 2018. A hybrid MCDM approach based on ANP and TOPSIS for facility layout selection. Transactions of Nanjing University of Aeronautics and Astronautics, 35(6): 1027-1037.

Zhang Z, Deng S, Zhao Q, et al. 2019a. Projected glacier meltwater and river run-off changes in the Upper Reach of the Shule River Basin, north-eastern edge of the Tibetan Plateau. Hydrological Processes, 33(7): 1059-1074.

Zhang Z, Liu L, He X, et al. 2019b. Evaluation on glaciers ecological services value in the Tianshan Mountains, Northwest China. Journal of Geographical Sciences, 29(1): 101-114.

Zhang Z, Qiao S, Chen Y, et al. 2022. Effects of spatial distance on consumers' review effort. Annals of Tourism Research, 94: 103406.

Zhao Q D, Ding Y J, Wang J, et al. 2019. Projecting climate change impacts on hydrological processes on the Tibetan Plateau with model calibration against the glacier inventory data and observed streamflow. Journal of Hydrology, 573: 60-81.

Zhao Q, Zhang S, Ding Y J, et al. 2015. Modeling hydrologic response to climate change and shrinking glaciers in the highly glacierized Kunma Like River Catchment, Central Tian Shan. Journal of Hydrometeorology, 16(6): 2383-2402.